再論舉業津梁：
坊刻舉業用書的淵源與發展

沈俊平 著

臺灣 學生書局 印行

再論舉業津梁：
坊刻舉業用書的淵源與發展

目　次

壹、坊刻舉業用書的淵源 ………………………………… 1

貳、元代坊刻舉業用書的生產活動 ……………………… 13

　一、元代坊刻舉業用書的出版概況 …………………… 13
　二、元代坊刻舉業用書的種類 ………………………… 18
　三、舉業用書在元中葉以後的坊間大量流通的原因 … 53
　四、結語 ………………………………………………… 62

參、明代坊刻舉業用書出版的沉寂與復興的考察 ……… 63

　一、明初坊刻舉業用書出版的沉寂 …………………… 64
　二、明中晚期以後坊刻舉業用書出版的發展契機 …… 66
　三、明中晚期坊刻舉業用書出版的規模 ……………… 70
　四、結語 ………………………………………………… 96

肆、明中晚期坊刻舉業用書的出版及
　　朝野人士的反應 ………………………………… 97

　　一、明代坊刻舉業用書的出版概況………………… 97
　　二、明中晚期坊刻舉業用書出版的正面影響……… 114
　　三、明中晚期朝野人士對坊刻舉業用書的態度…… 123
　　四、結語……………………………………………… 137

伍、清代坊刻舉業用書的影響與朝廷的回應………… 139

　　一、清代坊刻舉業用書出版的發展狀況…………… 139
　　二、朝野人士對舉業用書的態度…………………… 157
　　三、朝廷對舉業用書帶來的負面影響的回應……… 165
　　四、結語……………………………………………… 180

陸、清代坊刻四書舉業用書的生產活動……………… 181

　　一、清代坊刻四書舉業用書的生產規模…………… 181
　　二、清代坊刻四書舉業用書的內容與
　　　　形式特點及其價值……………………………… 196
　　三、結語……………………………………………… 206

柒、晚清石印舉業用書的生產與流通：以 1880-1905 年
　　的上海民營石印書局為中心的考察……………… 217

　　一、石印舉業用書的興起與發展…………………… 219
　　二、石印舉業用書的種類與演變…………………… 230
　　三、石印舉業用書的營銷與流通…………………… 251

|　　四、結語 ………………………………………… 263

捌、點石齋石印書局及其舉業用書的生產活動……… 267
|　　一、緒言 ………………………………………… 267
|　　二、點石齋石印書局的成立與發展 ……………… 269
|　　三、舉業用書的生產活動的起落 ………………… 280
|　　四、結論 ………………………………………… 301

附錄　晚清同文書局的興衰起落與經營方略………… 303
|　　一、緒論 ………………………………………… 303
|　　二、同文書局的崛起 ……………………………… 304
|　　三、同文書局的經營方針與策略 ………………… 312
|　　四、同文書局的沒落 ……………………………… 330
|　　五、結論 ………………………………………… 336

參考書目 ………………………………………………… 339

後　記 …………………………………………………… 359

壹、坊刻舉業用書的淵源

在科舉考試制度施行的大約一千三百多年間,為了通過這條求取功名富貴的管道,士人只得全力鑽研政府規定的應考書籍。但是,如果備考時只讀政府規定的應考書籍,像元代規定的朱熹(1130-1200)的《四書章句集註》、《詩集傳》、《易本義》、程頤的《易程傳》、蔡沈(1167-1230)的《書集傳》、《春秋》三傳、胡安國(1074-1138)的《春秋胡氏傳》等書籍,對一些士子來說還是不足夠的。為了滿足這些士子的迫切需要,坊間就出現了林林總總準備參加考試的輔助讀物。

舉業用書在唐代隨著科舉考試制度的確立便已開始出現,這極可能和當時已發明的雕版印刷術有關。[1]值得關注的是,其內容隨著考試內容的更動而改變。[2]

---

[1] 後人根據後來發現的資料,指出唐貞觀年間已有雕板書,意即雕板書起源於唐初。曹之在《中國印刷術的起源》(武漢:武漢大學出版社,1994)一書中根據出土的兩件唐代初期的印刷品:武則天長安四年(704)至唐玄宗天寶十年(751)之間刻印的《無垢淨光大陀羅尼經咒》以及武則天在位期間(684-704)刻印的《妙法蓮花經》,再配合當時的社會需求、物質基礎、技術基礎三個方面全面衡量,乃定唐初為雕板書肇始的時代。

[2] 周彥文,〈論歷代書目中的制舉類書籍〉,《書目季刊》31.1(1997.6),頁1-3;劉祥光,〈印刷與考試:宋代考試用參考書初

在唐代，科舉考試包括多種科目，[3]計有秀才、明經、進士、明法、明書、明算等科，而其中以進士科佔據主要的地位，其次是明經。在唐代科舉取士中，明經往往與進士並稱。明經科的一個特點，就是要求應舉者熟讀並背誦儒家經典（包括其註疏）。明經的考試專案為第一場帖文，第二場口試，第三場試策文。《文獻通考》中記載帖文的考試方法說：「凡舉司課試之法，帖經者，以所習經掩其兩端，中間開唯一行，裁紙為帖。凡帖三字，隨時增損，可否不一。或得四，或得五，或得六為通。」[4]照現在的說法，就是填充，目的是為了測驗考生對經書的熟悉程度。所以參加明經科的考生中，就有人把經書中的章句斷裂，編成「帖括」，也就是單句的經文，以便記憶。周彥文引《舊唐書·選舉志》所記「明經者有但記帖括」這段話來論證在唐代就有這類的參考書了，他更進一步指出新、舊《唐書·藝文志》的經部禮類中著錄任預的《禮論帖》，《續唐書·經籍志》的春秋類中著錄蜀進士蹇遵品的《春秋傳帖經新義》，以及《新唐志》的類書類中所著錄白居易（772-846）的《白氏經史事類》、盛均的《十三家帖》等，都是這類舉業用書。[5]

經幾番改變後，唐代進士科的三場考試大約在中唐時確定為

探〉，《國立政治大學歷史學報》17（2000.5），頁59。
[3] 關於唐代科舉考試的研究，可參閱吳宗國，《唐代科舉考試研究》（瀋陽：遼寧大學出版社，1997）；傅璇琮，《唐代科舉與文學》（西安：陝西人民出版社，2003），頁23-41。
[4] 馬端臨《文獻通考》（《十通》第7種，杭州：浙江古籍出版社，2000），卷29〈選舉考二〉，頁271。
[5] 周彥文，〈論歷代書目中的制舉類書籍〉，頁2。

第一場詩賦,第二場帖經,第三場策文,[6]其中首場是決定去留的關鍵。[7]唐代進士考試將詩賦列於首位,一方面固然是受到社會上重視詩歌的影響,另一方面也因為進士試的詩賦都是律詩律賦,有格律聲韻可尋,對於考試官員來說,容易掌握一定的標準。正因如此,詩賦的試題中往往就明確規定了字數和繁瑣的用韻要求,不合於要求者必然落第。根據傅璇琮的研究,在這種繁瑣的用韻要求下,使得中唐開始,韻書便大為發達,《切韻》及有關《切韻》的補缺刊謬本的需求量極大,在社會上廣為流行;有年輕女子竟能以抄售《切韻》為生,也可以看出社會上對這類圖書的廣泛需要。[8]不過要指出的是,這類舉業用書在性質上比較偏向工具書,學生可隨時拿來翻閱。第二場帖經科的考試內容與形式和明經科相同,故所用的參考書亦同。至於供第三場考試用的參考書則有杜嗣先的《兔園策府》、張大素的《策府》等。《崇文總目》著錄了白居易的《禮部策》,據鄭樵(1104-1162)在《通志·藝文略》中所載《禮部策》的小註:「唐白居易應制舉,自著策問,而以禮部試策附於卷末。」[9]據此可知此書為一部供試策參考用的舉業用書。

唐代科舉,及第後並不授官,要進入仕途,還需經過吏部的

---

[6] 關於唐代進士科考試的詳細情況,可參閱傅璇琮,《唐代科舉與文學》,頁160-190;吳宗國,《唐代科舉考試研究》,頁144-163。

[7] 晚唐詩人黃滔在〈下第〉詩中說:「昨夜孤燈下,濡於泣數行。辭家從早歲,落第在初場。」這裏所說的初場,就是指詩賦。黃滔,《黃御史集》(《景印文淵閣四庫全書》第1084冊,臺北:臺灣商務印書館,1983),卷2,頁108。

[8] 傅璇琮,《唐代科舉與文學》,頁160-178。

[9] 鄭樵,《通志》(《十通》第4種),卷70〈策類〉頁828。

考試,稱為省試。考試的內容有四個方面:一曰身,二曰言,三曰書,四曰判。判,是唐代省試的重要內容,對士子的命運影響很大。所以,唐人對判非常重視,無不熟習。當時坊間出版供研習判用的圖書有張鷟(660-732)的《龍筋鳳髓判》、《判決錄》、白居易的《甲乙判》等。[10]

從上文所舉的舉業用書中,可以發現有不少是以類書的形式現世的。《四庫全書總目・類書類》小序云:「類事之書,兼收四部。而非經、非史、非子、非集,四部之內,乃無何類可歸。」[11]類書是中國古代采輯或雜抄各種古籍的有關資料,分門別類加以整理,編次排列於從屬類目之下,以供人們查閱的工具書。當時坊間所以出現大量供舉業用的類書,是因為科舉考試要求士人們博觀廣取,以備臨試應用。因此抄錄古書,分類排比以儲積資料,即成為一種普遍的需要。張滌華指出:「科舉學盛,人皆欲速其讀書,故多自作類書,以為作文預備;而書賈牟利,亦多所刊佈。」[12]王應麟(1223-1296)《辭學指南》亦稱:

> 西山先生(指真德秀)曰……(題目)又有不可測者,如宣和間順州〈進枸杞表〉,固非場屋中出;萬一試日或遇此題,平時不知枸杞為何物,豈能作靈根夜吠之語哉?須燈窗之暇,將可出之題,件件編類,如《初學記》、《六帖》、《藝文類聚》、《太平御覽》、《冊府元龜》等

---

[10] 王道成,《科舉史話》(北京:中華書局,2004),頁169。

[11] 永瑢等撰,《四庫全書總目》(北京:中華書局,1995),卷135〈子部類書類一〉,頁1141。

[12] 張滌華,《類書流別》(北京:商務印書館,1985),頁28。

書,廣收博覽,多為之備。[13]

唐代供科場用的類書,包括了前述的《白氏經史事類》、《十三家帖》、《兔園策府》、《策府》、《龍筋鳳髓判》等。

到了宋代以後,雕版印刷術更為發達,技術臻於完善。元儒吳澄指出:「宋三百年間,鋟板成市,板本佈滿天下,而中秘所儲,莫不家藏而人有。不惟是也,凡世所未嘗有與所不必有,亦且日新月光,書彌多而彌易。學者生於今之時,何其幸也。」[14]說明宋代是一個書籍刊印數量大增的時代,而且刊本較手抄本便宜許多。[15]科舉制度在宋代更加完備。[16]再加上印刷業的發展,不但使得舉業用書的印製成本降低,而且發行量也大為增加。[17]

宋初,考試亦重於詩賦,和唐代進士科考試一樣,考生用韻須正確,否則也免不了名落孫山。為了幫助學生,朝廷出版《禮部韻略》以為參考之用。除此之外,也有學者編纂這類書籍,如

---

[13] 王應麟,《玉海》(《景印文淵閣四庫全書》第 948 冊),卷 203〈辭學指南〉,頁 310-311。

[14] 吳澄,《吳文正集》(《景印文淵閣四庫全書》第 1197 冊),卷 34〈贈鬻書人楊良甫序〉,頁 19。

[15] 翁同文,〈印刷術對於書籍成本的影響〉,收入於《宋史研究集》(臺北:中華叢書編審委員會,1975),頁 489。

[16] 關於宋代科舉考試的詳細情況,可參閱賈志揚(John Chaffee),《宋代科舉》(臺北:東大圖書公司,1995),頁 71-175;李弘祺,《宋代官學教育與科舉》(臺北:聯經出版事業公司,2004),頁 155-193。

[17] 周彥文,〈論歷代書目中的制舉類書籍〉,頁 2;祝尚書,《宋代科舉與文學考論》(鄭州:大象出版社,2006),頁 261;劉祥光,〈宋代的時文刊本與考試文化〉,《臺大文史哲學報》75(2011.11),頁 43-45。

宋寧宗時代（1195-1225）的孫奕所撰的《履齋示兒遍》中就有一卷以上的篇幅討論作詩賦用韻用字應該注意的事項。[18]《崇文總目》在經部小學類中著錄邱雍的《韻略》，陳振孫（1183-1262）的《直齋書錄解題》在經部小學類中載錄秦泰昌的《韻略分豪補註字譜》，集部總集類中著錄的《指南賦箋》、《指南賦經》，黃虞稷（1629-1691）的《千頃堂書目》，在正文後的「補宋」中所著錄的段昌武的《詩義指南》，《四庫全書總目》在總集類存目中著錄的《大全賦會》等，都是屬於這類的舉業用書。

此外，「策」和「論」也是進士科考生的必考專案，考官往往從歷史上找出某些政策問題，給出對這些政策的某些顯然矛盾的闡釋，專以考察考生對這些闡釋的調和能力。[19]為考「策」而出的參考書叫「策括」。它們將經史及時務的主要內容編成簡括材料，來幫助士子應付科舉策試。蘇軾（1037-1101）於熙寧四年（1071）在〈議學校貢舉狀〉中提到「策括」之「害」說：「近世士人纂類經史，綴輯時務，謂之策括。待問條目，搜抉略盡，臨時剽竊，篡易首尾，以眩有司。有司莫能辨也。」[20]在蘇軾眼裏，應試士子讀策括而全不用功，和作弊沒有差別。其奏議說明這類參考書對應試士子有極大的用處，故極受他們的歡迎。陳傅良的《止齋論祖》、葉適的《進卷》、無名氏的《十先生奧

---

[18] 劉祥光，〈印刷與考試：宋代考試用參考書初探〉，頁 59。
[19] 李弘祺，《宋代官學教育與科舉》（臺北：聯經出版事業公司，2004），頁 170。
[20] 蘇軾，《蘇東坡全集》（上海：中國書店，1986），卷 1〈奏議卷〉，頁 399。

論》、《精選皇宋策學繩尺》,以及《直齋書錄解題》在集部總集類中著錄的《攫犀策》、《攫象策》等皆是供試策論用的舉業用書。[21]

為了滿足考生掌握歷史以便在策論中旁徵博引的需要,當時的坊間也流通著不少節縮自大型史書的歷史輔助讀物。這些坊刻史書節本「採取史集要義之言而成」,是適應科舉制度產生的輔助讀物,「特以科舉之習,不容不纂取其要」,[22]以幫助考生在短時間內掌握古今重要的歷史事件。其中有在兩宋之際節縮自司馬光(1019-1086)《資治通鑑》的江贄的《通鑑節要》。《通鑑節要》被認為是詳略適中的最佳歷史輔助讀物,「少微先生(即江贄)因其舊文,纂為《通鑑節要》之書,以正百王之大統,千三百餘年之理亂興衰得失,至是昭然可考矣」[23]。到了南宋,在坊間流通的歷史輔助讀物有錢端禮(1109-1177)的《諸史提要》、洪邁(1123-1202)的《史記法語》、《南朝史精語》、呂祖謙(1137-1181)的《十七史詳節》、《眉山新編十七史策要》、《東漢精華》、劉深源、劉時舉的《宋朝長編》、呂中的《宋大事記講義》等,其中有不少是由福建建陽書坊出版。[24]

---

21 祝尚書,《宋代科舉與文學考論》,頁 273-276。
22 邵寶〈兩漢文鑑序〉,梁夢龍輯,《史要編》(《四庫全書存目叢書》史部冊 138,濟南:齊魯書社,1996),卷 7,頁 524。
23 劉弘毅,〈通鑑節要續編序〉,收錄於梁夢龍輯,《史要編》,卷 4,頁 500。四庫館臣考論是書云:「是書取司馬光《資治通鑑》刪存大要,然首尾賅貫,究不及原書。」見永瑢等撰,《四庫全書總目》,卷 48〈史部編年類存目〉,頁 432。
24 錢茂偉,《明代史學的歷程》(北京:社會科學文獻出版社,2003),頁 60。

科舉考試的內容和格式到了北宋中期有了較大的改變，尤其是王安石變法（1071）之後，對學生的要求也不同，因此舉業用書的形態亦隨之改變。[25]在考試改革方面，這次改革是注重於考「經義」；考生必須選通一經，接受考試。其目的是在於考察應試士子將儒家經典知識有效地應用於論辯的能力。[26]考生不僅要明經義，寫作的格式也必須符合一定的程式。不符合程式的，就無法被錄取。當時供準備經義考試的圖書，有王雱的《書義》、夏僎的《柯山書解》、王昭禹的《周禮詳解》、呂祖謙的《左氏博議》等。

另外，當時坊間還可以見到不少試墨彙編。何薳（1077-1145）《春渚紀聞》載：

> 李偕，（字）晉祖……被薦，赴試南宮。試罷，夢訪其同舍陳元仲。既相揖，而陳手執一黃被書，若書肆所市時文者，顧視不輟，略不與客言。晉祖心怒其不見待……奪書而語曰：「子竟不我談，我去矣！」元仲徐授其書於晉祖，曰：「子無怒我乎，視此乃今歲南省魁選之文也。」晉祖視之，即其程文，三場皆在。而前書云：「別試所第一人李偕。」方欲更視其後，夢覺，聞扣戶之聲，報者至焉。後刊新進士程文，其帙與夢中所見無纖毫異者。[27]

---

[25] 關於王安石對宋代科舉考試的內容和形式所做出的改革，可參閱賈志揚，《宋代科舉》，頁 101-117。
[26] 李弘祺，《宋代官學教育與科舉》，頁 171。
[27] 何薳，《春渚紀聞》（北京：中華書局，1983），卷 1〈李偕省試夢應〉，頁 6。

這個夢告訴我們試墨彙編在當時可以在書肆中購買得到,是深受應試士子歡迎的讀物。可能是為了與其他種類的書籍有所區分,這一類書籍是以黃色封面裝訂,以方便辨識購買。同時,這種試墨彙編的內容包括了三場考試:經義、策論以及詩賦,並收集有前幾名進士所寫的答卷。對於還在準備考試的士子而言。這些中式的試卷自然成為他們研習揣摩的對象,由此可見進士的試墨彙編在當時頗有市場。[28]像《崇文總目》的集部總類著錄的《中書省試詠題詩》和樂史(930-1007)編的《唐登科文選》,也都是一些試墨彙編。

另外是恰如現今的「考前猜題」之類的舉業用書。[29]《通志・藝文略》的子部類書類中著錄錢昌宗的《慶曆萬題》、《千題適變》、《玉山題府》、《題海》、《續題海》、《壬寅題寶》、《熙寧題髓》、鄭齊的《羣書解題》、周識的《註疏解題》、許冠的《韻海》、張孟的《韻類解題》等都是這類參考書。[30]

就類書的發展來說,宋代可說是類書之風初盛的階段。[31]宋人在前代的基礎上,繼續編纂與出版不少供舉業用的類書,並在數量上和種類上超越唐代,采擇材料的範圍,也比唐人更廣。《四庫全書總目》卷六五《南北史精語》提要云:

28　劉祥光,〈印刷與考試:宋代考試用參考書初探〉,頁62。
29　劉祥光,〈印刷與考試:宋代考試用參考書初探〉,頁61。
30　周彥文,〈論歷代書目中的制舉類書籍〉,頁4。
31　趙含坤,《中國類書》(石家莊:河北人民出版社,2005),頁74-75。

> 南宋最重詞科，士大夫多節錄古書，以備遣用。其排比成編者，則有王應麟《玉海》、章俊卿《山堂考索》之流。[32]

又卷一三五《源流至論》提要云：

> 宋神宗罷詩賦，用策論取士，以博綜古今參考典制相尚，而又苦其浩瀚，不可猝窮，於是類事之家，往往排比連貫，薈萃成書，以供場屋采掇之用，其時麻沙書坊，刊本最多。[33]

南宋人岳珂（1183-1243）也曾說：

> 自國家取士場屋，世以決科之學為憑，故凡編類條目，撮載綱要之書，稍可以便檢閱者，今充棟汗牛矣。建陽書肆，方日輯月刊，時異而歲不同，以冀速售。而四方轉致傳習，率攜以入棘闈，務以眩有司，謂之懷挾，視為故常。[34]

徐松《宋會要輯稿》亦載有政和四年（1114）一名官員的奏摺：「比年以來，於時文中，采摭陳言，區別事類，編次成集，便於

---

[32] 永瑢等撰，《四庫全書總目》，卷65〈史部史鈔類存目〉，頁578。
[33] 永瑢等撰，《四庫全書總目》，卷135〈子部類書類一〉，頁1151。
[34] 岳珂，《愧郯錄》（《景印文淵閣四庫全書》第865冊），卷9，〈場屋類編之書〉，頁156。

剽竊,謂之《決科機要》,偷惰之士往往記誦以欺有司。」[35]在朝廷看來,應試士子研讀這些參考書無異於作弊和走捷徑,故乃申令禁止。這些類書在當時絕大多數由建陽書坊刊行,發行量非常可觀。其中官修的有《太平廣記》、《冊府元龜》。私人編纂的有王應麟(1223-1296)的《玉海》、祝穆(？-1255)的《事文類聚》、章俊卿的《山堂考索》、謝維新的《古今合璧事類備要》、林駉的《源流至論》、呂祖謙的《歷代制度詳說》、吳淑的《事類賦》、高承的《事物紀源》、孔傳的《後六帖》、楊伯嵓的《六帖補》、蘇易簡的《文選雙字類要》、劉攽的《文選類林》、劉達可的《璧水羣英待問會元選要》、劉班的《兩漢蒙求》、詹光大的《羣書類句》、朱景元的《經學隊仗》等。[36]

除了上述提到的舉業用書外,也有一些指導考生如何寫考試程文的舉業用書。這些舉業用書往往從古籍中錄出成篇的文章,編輯成冊,供應試士子熟讀之用,其中有呂祖謙的《古文關鍵》、真德秀(1178-1235)的《文章正宗》及謝枋得(1226-1289)的《文章軌範》。《古文關鍵》選取韓、柳、歐、曾、蘇洵、蘇軾等唐宋名家散文為一編。呂祖謙不僅對每一個作家有總體上的評議,並且第一次開始涉及到直接對作品的評議。[37]《文

---

[35] 徐松輯,《宋會要輯稿》(北京:中華書局,1957),卷 21777〈刑法二〉,頁 6519。

[36] 關於唐、宋兩代重要類書的討論,可參閱胡道靜,《中國古代的類書》(北京:中華書局,1982),頁 77-153;戚志芬,《中國的類書、政書和叢書》(北京:商務印書館,1996),頁 38-76。

[37] 孫琴安,《中國評點文學史》(上海:上海社會科學院出版社,1999),頁 28-34;吳承學,〈現存評點第一書:論《古文關鍵》的編選、評點及其影響〉,《文學遺產》2004.2(2004.3),頁 72-84。

章正宗》成於紹定五年（1232），真德秀解釋書名說：「正宗云者，以後世文辭之多變，欲學者識其源流之正也。」[38]該書在經書、史籍、文集等選取文章予以評註，而分為「辭命」、「議論」、「敘事」、「詩賦」等四部分。[39]《文章軌範》收錄自漢晉唐宋之範文六十九篇，其中韓愈文占了三十一篇，柳宗元（773-819）、歐陽修文各五，蘇洵（1009-1066）文四、蘇軾文十二等等。他把書中收集的文章分為「小心文」和「放膽文」，每篇文後均加評語。在明代王陽明還為該書作序，李廷機、鄒守益（1491-1562）、歸有光（1507-1571）、焦竑（1540-1620）等也有批語。[40]此外，謝枋得的學生魏天應曾編有《論學繩尺》，它收羅了編者認為可作為典範文章的程文，每篇都注明出處、立說，並加上自己或他人甚至考官的批語，文中或文末也做了注解。

　　唐宋舉業用書的出版經驗給予後世民間出版商提供了可資效仿和借鑒的「榜樣」，他們根據不同時代的要求出版了各式各樣的舉業用書來滿足考生的備考需要。

---

[38] 真德秀，《文章正宗》（《景印文淵閣四庫全書》第1355冊），〈序〉，頁5。

[39] 李弘毅，〈《文章正宗》的成書、流傳及文化價值〉，《西南師範大學學報（哲學社會科學版）》1997.2（1997.4），頁106-110。

[40] 劉祥光，〈時文稿：科舉時代的考生必讀〉，《近代中國史研究通訊》22（1996），頁51。

貳、元代坊刻舉業用書的生產活動

入元以後，舉業用書的出版經歷了皇慶以前一段時間的沉寂後，在皇慶初年科舉考試的恢復執行後死灰復燃，坊間充斥著各種各樣滿足士子們全方位備考需要的舉業用書，這股出版熱潮持續到元朝滅亡。那麼，元中葉以後坊刻舉業用書大量出版的原因為何？這短短的半世紀間坊間廣為流通的舉業用書又有哪些？這些都是本文要探討的問題。

一、元代坊刻舉業用書的出版概況

元代從建國號到滅亡雖不及百年，但元代刻印的書籍數量之多，卻不遜於國祚較長的宋代。據錢大昕《補元史藝文志》的統計，元代刻印、流通的圖書凡三千一百四十二種。不少學者推測元代的出書總數決不會遜色於宋代。[1]對於前後歷史不到百年的元朝，有如此多的書籍傳播在社會上，不能不說是可觀的盛況

1　卡特著，吳澤炎譯，《中國印刷術的發明和它的西傳》（北京：商務印書館，1991），頁 75；田建平，《元代出版史》（石家莊：河北人民出版社，2003），頁 69-70。

了。[2]

　　元代的刻書事業，跟宋代一樣，分官府刻書、私人刻書和書坊刻書三大系統。官府刻書機構有中央政府和地方政府之分。中央政府刻書有秘書監的興文署，藝文監的廣成局，太史院的印曆局，以及太醫院的廣惠局或醫學提舉司等。地方政府刻書主要是以各路儒學刻書和書院刻書為最著名。[3]在政府刻書風氣影響之下，元代私家刻書較宋代有更大的發展。私人刻書家有所增加，刻印書籍品種齊全，質量也不斷提高，僅《書林清話》收錄的元代私人刻書就有四十餘家。[4]

　　元代的坊刻書比官刻、家刻本數量多、規模更大，流傳也比較廣遠。據葉德輝（1864-1927）的觀察：「元時書坊所刻之書，較之宋刻尤夥。蓋世愈近則傳本多，利愈厚則業者眾，理固然也。」若經營得當的話，刊書亦是一個獲利頗厚的行業，故而參與其事者頗眾。據葉德輝的考察，元代有坊號可考的約有四十家。[5]至於其分佈，在宋、金刻書地區分佈的基礎上，元代的刻書地區繼續有所發展，坊肆的刻書遍及全國，不勝枚舉，並形成

---

[2] 陳紅彥，《元本》（南京：江蘇古籍出版社，2002），頁8。

[3] 張秀民，《中國印刷史》（上海：上海人民出版社，1989），頁 282；李致中，〈元代刻書述略〉，收錄於上海新四軍歷史研究會印刷印鈔分會編，《中國印刷史料選輯之三：歷代刻書概況》（北京：印刷工業出版社，1991），頁 227-236。關於元代官刻的詳細情況，可參閱陳紅彥，《元本》（南京：江蘇古籍出版社，2002），頁 9-20；田建平，《元代出版史》，頁 1-10。

[4] 葉德輝，《書林清話》（北京：北京燕山出版社，1999），卷 4〈元私宅家塾刻書〉，頁 108-114。

[5] 葉德輝，《書林清話》，卷4〈元時書坊刻書之盛〉，頁 114-122。

了北方以大都（北京）、平陽為中心。南方以杭州、建陽為中心的分佈格局。[6]

元代大都最著名的書坊是燕山竇桂芳活濟堂，主要刊印醫書，有《新刊黃帝明堂針灸經》、《傷寒百證經絡圖》、《針灸四書》等。此外，北京也是元曲、雜劇的主要出版地，其中有《大都新編關張雙赴西蜀夢》、《楚昭王疏者下船》、《公孫汗衫記》等。[7]大都城內設有專門的「文籍市」，其位置在今北京市長安街一帶，經營全國出版的各類圖書，面向全國及域外銷售。[8]

早在金代，平陽即已成為全國出版中心之一，元代一仍其舊，其刻書注重質量，側重印賣四書五經以及語言文字工具書等。元代平陽可考的印書作坊有九家，包括平陽晦明軒張宅、平陽府梁宅、平水中和軒王宅、平水許宅、平水曹氏進德宅、平水高昂霄尊賢堂、平陽段子成、平水劉敏仲、平陽司家頤真堂。其中，晦明軒張宅、中和軒王宅都是從金代就有的老字號。前者曾刊印《重修政和證類本草》、《通鑑節要》、《增節標目音註精義資治通鑑》、《經史證類大觀本草》等。後者則刻印過《重刊新本禮部韻略》、《滏水文集》等。[9]

6　陳紅彥，《元本》，頁21。
7　陳紅彥，《元本》，頁21-23。
8　田建平，《元代出版史》，頁10。
9　葉德輝，《書林清話》，卷4〈金時平水刻書之盛〉，頁99-100；張秀民，《中國印刷史》，頁286-287；陳紅彥，《元本》，頁223-24；田建平，《元代出版史》，頁10；于霞裳〈金元時期平水印刷業初探〉，收錄於上海新四軍歷史研究會印刷印鈔分會編，《中國印刷史料選輯之三：歷代刻書概況》（北京：印刷工業出版社，1991），頁215-218。

元代杭州比較有名的書坊有杭州書棚南經坊沈二郎、杭州睦親坊沈八郎、杭州勤德堂、武林沈氏尚德堂等四家。沈二郎、沈八郎均刊《妙法蓮花經》，沈氏尚德堂曾刊《四書集註》。此地書坊除繼續面向士人印賣經史子集等書籍外，也刊印大量通俗文藝書如平話小說、雜劇、戲文等，不過由於時間久遠，很多書籍都沒有能流傳下來。[10]

　　福建建寧府是書坊聚居的地方，刻書最多，而建陽、建安兩縣尤為出名，這是沿著南宋風氣發展下來的。[11]此地出版的圖書，以價格廉宜著稱，在市場競爭中佔有優勢。[12]其中刻書較多的書坊有余氏勤有堂、葉氏廣勤堂、虞氏務本堂、劉氏日新堂和鄭氏宗文書堂等。勤有堂自宋代以來就刻書印賣，於元代繼續刻有《增註太平惠民和劑局方》、《元板分類補註李太白詩集》、《集千家註分類杜工部詩》、《書蔡氏傳輯錄纂註》、《四書通證》、《四書通》、《孟子通》、《國朝名臣事略》、《易源奧義》、《易學辨惑》、《漢書考證》、《後漢書考證》、《詩童子問》、《詩傳綱領》、《書蔡氏傳旁通》、《詩輯》、《春秋後傳》等。繼余氏之後，有葉日增、葉景逵的廣勤堂。其刻書也很多，較著名的刊本有《新刊王氏脈經》、《針灸資生經》等。虞氏務本堂有一百多年的刻書歷史，從元初到明初持續刻書、賣書，較有名的刻本包括《增刊校正王狀元集註分類東坡先生

---

[10] 張秀民，《中國印刷史》，289；陳紅彥，《元本》，頁 24-25；田建平，《元代出版史》，頁 10。

[11] 張樹棟、龐多益、鄭如斯，《簡明中華印刷通史》（桂林：廣西師範大學出版社，2004），頁 95。

[12] 田建平，《元代出版史》，頁 11。

詩》、《趙子昂詩集》、《四書待問》、《周易程朱傳義音訓》和《新刊全相平話五種》等。[13]日新堂的坊主劉錦文是較具知識水準的文人書商,他「博學能文,教人不倦,多所著述。凡書板磨滅,校正補刊,尤善於詩」[14],所刻圖書以經部和集部為主,圖書質量也較高。其刻書也不乏舉業用書,包括曾堅的《答策秘訣》、俞皋的《春秋集傳釋義大成》、倪士毅的《四書輯釋》、《詩義斷法》、《書義主意》、《漢唐事箋對策機要前集》、朱倬的《詩經疑問》、汪克寬的《春秋胡氏傳纂疏》、趙天麟的《太平金鏡策》、劉瑾的《詩傳通釋》、《新增說文韻府羣玉》、《增修互註禮部韻略》等。鄭天鐸宗文書堂也是元代經營刻書時間較長的一家。至順元年(1330)刻元劉因《靜修先生文集》,又刻《增廣太平惠民和劑局方》、《指南總論》、《藝文類聚》。鄭氏宗文書堂從元代後期至明嘉靖間,均有刻書印書流傳,時間近二百餘年。[15]

此外,建安高氏日新堂、陳氏余慶堂、雙桂書堂、南澗書堂、朱氏與耕堂、同文堂、萬卷堂、胡氏古林書堂、積德書堂、楊氏清江書堂,多為建安書肆,也都刻有經學、醫藥、諸子、文

13　葉德輝,《書林清話》,卷4〈元建安葉氏刻書〉,頁122-124;謝水順、李珽,《福建古代刻書》(福州:福建人民出版社,2001),頁184-202;張樹棟、龐多益、鄭如斯,《簡明中華印刷通史》(桂林:廣西師範大學出版社,2004),頁95。

14　馮繼科纂修,韋應詔補遺,胡子器編次,(嘉靖)《建陽縣誌》卷12(《天一閣藏明代方志叢刊》第10冊,臺北:新文豐出版公司,1985),頁546-547。

15　葉德輝,《書林清話》,卷4〈元時書坊刻書之盛〉,頁114-115,121-122;謝水順、李珽,《福建古代刻書》,頁193-195。

集等各類書籍傳世。[16]

葉德輝據其掌握的資料對元代書坊刻書進行考察後得出這樣的結論:「大抵有元一代,坊行所刻,無經史大部及諸子善本,惟醫書及帖括經義淺陋之書傳刻最多。由其時朝廷以道學籠絡南人,士子進身儒學與雜流並進。百年國祚,簡陋成風,觀於所刻之書,可以覘一代之治忽矣。」[17]故而有元一代,刊印的圖書主要是以適應科舉需要的圖書以及醫學等日常生活用書居多。經營書坊是一種商業行為,書坊以出版暢銷書來謀利,實也無可厚非。另外,隨著文學事業的發展,唐、宋、金、元人的詩文集、戲曲、小說的刻印也日益增多。[18]

二、元代坊刻舉業用書的種類

科舉考試在 1275 年因南宋京城臨安陷於蒙古人手中而中斷。[19]這對一般讀書人是一個打擊,對圍繞著科舉考試為生的出版業也衝擊甚巨。不過,元初雖未行科舉,但在這期間仍有零星

---

[16] 葉德輝,《書林清話》,卷 4〈元時書坊刻書之盛〉,頁 115-122;謝水順、李珽《福建古代刻書》,頁 204-211。
[17] 葉德輝,《書林清話》,卷 4〈元時書坊刻書之盛〉,頁 122。
[18] 張秀民,《中國印刷史》,頁 294-324;張樹棟、龐多益、鄭如斯,《簡明中華印刷通史》,頁 96;陳力,《中國圖書史》(臺北:文津出版社,1996),頁 237。
[19] 關於元代對科舉考試制度的態度和特點,可參閱徐黎麗,〈略論元代科舉考試制度的特點〉,見《西北師大學報(社會科學版)》35.2(1998.3),頁 42-46;秦新林,〈試論元代的科舉考試及其特點〉,《殷都學刊》2(2003),頁 40-44。

的與科舉相關的著作,如元儒歐陽玄(1283-1357)記其父為宋太學生,鑽研《春秋》,1275 年臨安陷落,科舉停廢,其父不忍前代時文散佚,於是選集彙編,並告示歐陽兄弟:「黃冊子會有行世時,兒曹勿忽也。」[20]又如元初何異孫所著的《十一經問對》,黃虞稷(1629-1691)在注語中稱該書「設為經疑,以為科場對答之用。」[21]

在思想和制度上做好充分準備的前提下,元仁宗(1311-1320 年在位)在皇慶二年(1313)十一月詔告天下復行科舉。《元史·選舉志》載:

> 仁宗皇慶二年十月,中書省臣奏:「科舉事,世祖、裕宗累嘗命行,成宗、武宗尋亦有旨,今不以聞,恐或有沮其事者。夫取士之法,經學實修己治人之道,詞賦乃摛章繪句之學,自隋、唐以來,取人專尚詞賦,故士習浮華。今臣等所擬將律賦省題詩小義皆不用,專立德行明經科,以此取士,庶可得人。」帝然之。十一月,乃下詔曰:「惟我祖宗以神武定天下,世祖皇帝設官分職,徵用儒雅,崇學校為育材之地,議科舉為取士之方,規模宏遠矣。朕以眇躬,獲承丕祚,繼志述事,祖訓是式。若稽三代以來,取士各有科目,要其本末,舉人宜以德行為首,試藝則以經術為先,詞章次之。浮華過實,朕所不取。爰命中書,

---

20 歐陽玄,《圭齋文集》(《景印文淵閣四庫全書》第 1210 冊),卷 14〈彭功遠先世手澤〉,頁 157。
21 黃虞稷《千頃堂書目》(《叢書集成續編》第 67 冊,上海:上海書店出版社,1994),冊 67,卷 3〈經部經類·補元代部分〉,頁 57。

參酌古今,定其條制。其以皇慶三年八月,天下郡縣,興其賢者能者,充賦有司,次年二月會試京師,中選者朕將親策焉。具合行事宜於後:科場,每三歲一次開試。舉人從本貫官司於諸色戶內推舉,年及二十五以上,鄉黨稱其孝悌,朋友服其信義,經明行修之士,結罪保舉,以禮敦遣,資諸路府。其或徇私濫舉,並應舉而不舉者,監察御史、肅政廉訪司體察究治。」[22]

考試程式方面,規定蒙古和色目人「蒙古、色目人,第一場經問五條,《大學》、《論語》、《孟子》、《中庸》內設問,用朱氏《章句集註》。其義理精明,文辭典雅者為中選。第二場策一道,以時務出題,限五百字以上」。漢人和南人則稍有不同,「第一場明經經疑二問,《大學》、《論語》、《孟子》、《中庸》內出題,並用朱氏《章句集註》,復以己意結之,限三百字以上;經義一道,各治一經,《詩》以朱氏為主,《尚書》以蔡氏為主,《周易》以程氏、朱氏為主,已上三經,兼用古註疏,《春秋》許用三傳及胡氏傳,《禮記》用古註疏,限五百字以上,不拘格律。第二場古賦詔誥章表內科一道,古賦詔誥用古體,章表四六,參用古體。第三場策一道,經史時務內出題,不矜浮藻,惟務直述,限一千字以上成。」[23]顯然,四等人的考試科目、答題的要求都不盡相同,漢人和南人的試題難度和答題要求遠遠高於蒙古人和色目人,即所謂的「蒙易漢難」。

---

[22] 宋濂等撰,《元史》(北京:中華書局,1976),卷 81〈選舉一〉,頁 2018-2019。

[23] 宋濂等撰,《元史》,卷 81〈選舉一〉,頁 2019。

三場考試也集中表現了元代科舉「取士之法」的特色,即「經疑經義,以觀其學之底蘊;古賦詔誥章表,以著其文章之華藻;復策之以經史時務,以考其用世之才。」[24]由於三場考試有它們各自的作用,故這些內容都不是隨意規定的,可謂經學、文辭、用世,兼而有之,既嚴且詳,朝廷希望通過這嚴格的規定選取「全材」來為它效命。那麼,在實際錄取中,這三場考試的地位又如何呢?元代理學家吳澄(1249-1333)曾多次被委任為鄉試主考,對這三場考試的重要性有深刻的了解。他說:「往年予考鄉試程文,備見羣士之作。初場在通經而明理,次場在通古而善辭,末場在通今而知務。長於此或短於彼得,其一或失其二其,間兼全而俱優者不多見也。」[25]吳澄雖然沒有進一步指出有優劣時如何評定高下,卻給了一個最高標準,就是三場都要求同等優秀,意即三場中並無主次要的分別。

　　元代恢復科舉考試之後,坊間也隨之出現了圍繞著朝廷所規定的科舉考試的內容與形式的舉業用書,如陳悅道所著的《書義斷法》書前即冠有「科場備用」四字,一看便知是為了考試之用。陳櫟(1252-1334)在延祐復科赴京趕考途中,在杭州就曾翻閱了當時「書坊所刊《會試程文》」,[26]說明書坊在朝廷復科後幾乎立即應時地出版了舉業用書來滿足考生的備考需求。舉業

24　鄭玉,《師山集》(《景印文淵閣四庫全書》第1217冊),卷3〈送唐仲實赴鄉試序〉,頁20-21。

25　吳澄,《吳文正集》(《景印文淵閣四庫全書》第1197冊),卷63〈跋吳君正程文後〉,頁616。

26　陳櫟,《定宇集》(《景印文淵閣四庫全書》第1205冊),卷10,〈上秦國公書〉,頁297-298。

用書在當時大量地在坊間生產,並在當時的圖書市場中廣為流通傳佈。據我們的考察,當時在坊間較為常見的舉業用書有以下幾種:

(一)三場試墨與範文彙編。元代自皇慶二年(1313)十一月頒行科舉制度,其後又自元統三年(1335)廢止五年,再於後至元六年(1340)底下詔復科,最後延續至元代滅亡為止,總共舉行鄉試十七科,會試殿試十六科。在當時編選中選士子的考卷刊行於世,以便利士子的模擬,是非常賺錢的生意,自然是書坊不會輕易放棄的商機,紛紛將應試高中的考卷集編刻印。每科過後,市面上幾乎立刻就出現考生中魁試卷的《鄉試程文》和《會試程文》,但這些試卷彙編絕大多數已亡佚,已難得一見。目前知見的考卷彙編有收錄歷科考卷的《新刊類編歷舉三場文選》和辛巳鄉試、壬午會試、廷試中選者考卷的《元大科三場文選》(書內題名為《皇元大科三場文選》)。

劉仁初所編的《新刊類編歷舉三場文選》的現存刊本有元末務本書堂本(藏於日本靜嘉堂文庫)、勤德堂刊本(分為十集,七十二卷,十二冊;藏於藏於日本靜嘉堂文庫和中國國家圖書館),以及朝鮮翻刻本(殘卷,存「古賦」八卷二冊、「對策」八卷三冊;藏於日本內閣文庫)。

劉仁初名貞,仁初是其字號,江西吉安人。卷首有署「至正辛巳六月既望吉安安成後學劉貞仁初」的〈三場文選序〉。此書序曰:

> 行同倫,書同文。朝廷文治天下,文明未有盛於此時者。已設科取士,觀士以文,無蜍志厭厭之陋,無西崑扎茁之

怪，灝灝噩噩，直將與三代同風。上之人所以望者如此，今之士所以期者亦以此，豈特志富貴、要人爵而已哉？歷科之文，簡帙重大，試加會集，積案盈箱，未鈎其玄，未擇其精，新學之士苦焉。山林日長，風雲意遠，因與諸益友快讀細論，而錄其尤者成編，題之曰《三場文選》。蓋欲與便觀覽，明矜式，以授其徒，初非敢妄評天下之文也。建安虞君賀夫見之，索其本而傳諸梓，屢辭不獲，謹不敢藏。至若識趣之狹、採摭之疏，吾黨之士幸正之。[27]

此書收錄延祐二年（1315）到至元元年（1335）八次科舉考試的鄉試、會試、廷試試卷，共為十集，計七十二卷，包括：

甲集，經疑，凡八科計八卷。

乙集，《易》義，凡八科計八卷。

丙集，《書》義，凡八科計八卷。

丁集，《詩》義，凡八科計八卷。

戊集，《禮記》義，凡八科計八卷。

己集，《春秋》義，凡八科計八卷。

庚集，古賦，凡八科計八卷。

辛集，詔誥章表，凡三科計三卷。

壬集，對策，凡八科計八卷。

癸集，御試策，凡七科計五卷。

各集皆先目錄後正文，如甲集先有「類編歷舉三場文選・經疑目

---

[27] 劉仁初，《新刊類編歷舉三場文選》，劉仁初，〈三場文選序〉，轉引自黃仁生，《日本稀見元明文集考證與提要》（長沙：岳麓書社，2004），頁50。

錄」，然後分卷排列正文，每科試題和所選考卷為一卷，如第一卷選錄實行科舉後的第一科「延祐甲寅鄉試」、「延祐乙卯會試」的試題和答卷，每科鄉試、會試編為一卷。

《元大科三場文選》有至正四年（1344）刊本。編輯者周專生平不詳，江西吉安人。此書共十五卷，按文選科目分卷，各卷皆先目錄後正文。卷一《易》義、卷二《書》義、卷三《詩》義、卷四《禮記》義、卷五《春秋》義、卷六《易》疑義、卷七《書》疑、卷八《詩》疑、卷九《禮記》疑、卷十《春秋》疑、卷十一《四書》疑、卷十二詔誥、卷十三表、卷十四古賦、卷十五策。[28]書末有劉時懋跋曰：

> 古今決科，以文取士，其來尚矣。體制雖有不同，然未有不資於文者。夫文以氣為主，故凡一代之興，必有一代之文。於此可見今朝以經明行修取士，非可泛泛擬。科廢而興，興而後盛，體制精密，文字折衷，非其真能明乎經者不得其貫通之妙，如禪宗悟入，頭頭見性，其以是夫。使能益修其行以持身，充其氣以為文，顧不美哉！三朝文選已行於前，今摭後科之英復鐫於梓，庶以廣後來之見聞，昭一代文氣之盛大，覽者必將有取焉。[29]

劉時懋跋所謂「今摭後科之英復鐫於梓」，當是指周專所選為至正元年（1341）辛巳鄉試、次年壬午會試、廷試中選者的考卷，

---

[28] 黃仁生，《日本稀見元明文集考證與提要》，頁 57-59。
[29] 周專，《元大科三場文選》，劉時懋，〈跋〉，轉引自黃仁生，《日本稀見元明文集考證與提要》，頁 59。

實可作為上述劉仁初所編《新刊類編歷舉三場文選》的續書來看待。所選錄的有江西舒慶遠、涂潛生、顏六奇、曾貫,江浙董彝、陸以衡、傅貴全、丁宜孫,湖廣譚圭、陳頤、李原同、區德元、許進、陳元明等人鄉試考卷,以及虞執中、傅亨、譚圭、傅貴全、邵公任、程養全、羅涓等人會試的考卷。有的文章還附有考官的評語,如江浙鄉試第四名董彝文前,有黃子肅評語曰:「一破已得大意,其下文如破竹,節節皆通,必深於義者,可取無疑。」黃仁生指出,此書與靜嘉堂文庫所藏元刊本《新刊類編歷舉三場文選》可並稱「為現存最早且最完整的元代科舉文獻的雙璧」。[30]

(二)經義寫作指導用書。在元代恢復科舉考試後,指導士子寫作經義的舉業用書也紛紛出現,大致可析分為講章和制義兩大類。所謂「講章」一類,大抵皆是為科舉而作的講義,以便於士子了解經書中的意旨。而制義類的用途與講章相仿,前者重在經義的解釋,有倪士毅的《重訂四書輯釋》、陳悅道的《書義斷法》、朱祖義的《尚書句解》、熊良輔的《周易本義集成》、胡一桂的《易學啟蒙翼傳》、涂潛生《易主意》等;後者重在章法結構的討論,其中有倪士毅的《作義要訣》、王充耘的《書義矜式》、涂潛生的《易義矜式》、林泉生的《詩義矜式》等。

《重訂四書輯釋》的作者倪士毅字仲宏,歙縣(一作休寧)人,約元文宗至順初前後在世。嘗學於陳櫟,後隱居祁門山,潛心講學,學者稱道川先生。[31]《重訂四書輯釋》共二十卷,《四

---

[30] 黃仁生,《日本稀見元明文集考證與提要》,頁 57-60。
[31] 馮從吾,《元儒考略》(《景印文淵閣四庫全書》第 453 冊),卷 4,頁 800;趙弘恩、黃之雋等編纂,《江南通志》(《景印文淵閣四庫全

庫全書》所據為浙江巡撫採進本。《四庫全書總目》考察此書的成書及書名由來說：

> 是書前有至正丙戌（至正六年，1346）汪克寬〈序〉，稱近世儒者取朱子平日所以語諸學者及其弟子訓釋之詞，疏於《四書》之左。真氏有《集義》，祝氏有〈附錄〉，蔡氏、趙氏有《集疏》、《纂疏》，相繼成編，而吳氏最晚出。但辨論未為完備，去取頗欠精審。定宇陳氏、雲峰胡氏因其書行於東南，輾轉承誤，陳氏因作《四書發明》，胡氏因作《四書通》。陳氏晚年又欲合二書為一而未遂。士毅受業於陳氏，因成此書。至正辛巳（至正元年，1341），刻於建陽。越二年又加刊削，而克寬為之序。卷首有士毅〈與書賈劉叔簡書〉，述改刻之意甚詳。此《重訂》所由名也。[32]

四庫館臣發現所據之本的全名為《重訂輯釋章圖通義大成》，指

書》第 511 冊），卷 164，頁 703。
[32] 永瑢等撰，《四庫全書總目》，卷 37〈經部四書類存目〉，頁 308-309。顧炎武在《日知錄》中對《四書輯釋》的成書緣起也進行考論：「自朱子作《大學中庸章句或問》、《論語孟子集註》之後，黃氏（幹）有《論語通釋》，而採語錄附於朱子章句之下則始自真氏（德秀），名曰《集義》，止《大學》一書，祝氏（宗道）乃仿而足之，為《四書附錄》。後有蔡氏（模）《四書集疏》，趙氏（順孫）《四書纂疏》、吳氏（真子）《四書集成》。昔之論者病其泛溢，於是陳氏（櫟）作《四書發明》，胡氏作《四書通》。而定宇之門人倪氏合二書為一，頗有刪正，名曰《四書輯釋》。」

出此書「糅雜蒙混，紛如亂絲，不可復究其端緒」。這是因為它「已為書賈所改竄」，而「非士毅之舊矣」。此書後來成為了胡廣等人編纂《四書大全》時的藍本，再補以諸儒之說。[33]

四庫館臣對《書義斷法》的作者陳悅道的生平的考證頗不深入，僅簡略記「其自題鄒次，不知何許人也」。[34]吳澄對陳悅道的文章學頗為讚賞，云：「前進士宜黃鄒次陳悅道甫精於時文，少年魁鄉貢成科名，名成而不及仕，隱居講授，日從事於文，若古近詩，若長短句，若駢儷語，固時文之支緒其工也。宜餘力間作古文，浸浸逼古之人。蓋其才氣優裕，義理明習，故文有根柢，非徒長於辭而已。」[35]後因宜黃城亂事而遷居士林，名其居「一樂堂」。[36]其《書義斷法》共六卷。《四庫全書總目》載：此書「書首冠以『科場備用』四字。蓋亦當時坊本，為科舉經義而設者也。其書不全載經文，僅摘錄其可以命題者載之，逐句詮解，各標舉作文之窾要。」並指出此書猶如「今之講章」。[37]此書之後並附有倪士毅的《作義要訣》一卷。

---

[33] 永瑢等撰，《四庫全書總目》，卷37〈經部四書類存目〉，頁309。該書的〈凡例〉即明文寫道：「凡《集成》、《輯釋》（吳真子《四書集成》、倪士毅《四書輯釋》）所取諸儒之說有相發明者，採附其下，其背戾者不取。凡諸家語錄、文集，內有發明經註，而《集成》、《輯釋》遺漏者，今悉增入。」

[34] 永瑢等撰，《四庫全書總目》，卷12〈經部書類二〉，頁98。

[35] 吳澄，《吳文正集》（《景印文淵閣四庫全書》第1197冊），卷22〈遺安集序〉，頁232。

[36] 趙文，《青山集》（《景印文淵閣四庫全書》第1195冊），卷3〈一樂堂記〉，頁33。

[37] 劉祥光，〈時文稿：科舉時代的考生必讀〉，頁52-53；永瑢等撰，《四庫全書總目》，卷12〈經部書類二〉，頁98。

《尚書句解》的作者朱祖義，字子由，江西廬陵人。[38]《四庫全書總目》說明此書性質曰：

> 考《元史‧選舉志》，延祐中定經義取士之制，《尚書》以古註疏及蔡沈《集傳》為宗。故王充耘《書義矜式》尚兼用孔《傳》。迨其末流，病古註疏之繁，而蔡《傳》遂獨立於學官。業科舉者童而習之，莫或出入。祖義是書，專為啟迪幼學而設，故多宗蔡義，不復考證舊文。於訓詁名物之間，亦罕所引據。然隨文詮釋，辭意顯明，使殷盤周誥詰詘聱牙之句，皆可於展卷之下了然於心口。[39]

元時將蔡沈《書集傳》獨立於學官，為考《尚書》一經的學子所必讀的書。朱祖義的這部書即專為啟發學習《尚書》的學子而設，所以多宗蔡沈傳義。其缺點是對舊文不復加考證，對名物訓詁也罕有引據。但由於它隨文詮釋，辭義顯明，即使一些詰屈聱牙的句子，也可於展卷之下，了然於心口，故不能以此小疵或因其淺近而予忽視。

《周易本義集成》為熊良輔所作。熊良輔字任重，江西南昌人，為熊凱之門人。[40]《周易本義集成》共十二卷，從書名便可以看出它是羽翼朱子易學的書，全書大旨主要是在演繹朱子的

---

[38] 永瑢等撰，《四庫全書總目》，卷12〈經部書類二〉，頁98。
[39] 永瑢等撰，《四庫全書總目》，卷12〈經部書類二〉，頁98。
[40] 馮從吾，《元儒考略》，卷2：熊凱「南昌人，精義理之學。以明經開塾四十年，時稱遙溪先生」。「同邑熊良輔受學於凱。」（《景印文淵閣四庫全書》第453冊，頁783）

《周易本義》。《四庫全書總目》曰：

> 是書前有良輔〈自序〉，稱「丁巳以《易》貢，同志信其借說，閔其久勤，出工費鋟梓。」丁巳即延祐四年。元舉鄉試始於延祐甲寅，是科其第二舉也。考《元史·選舉志》，是時條制，漢人、南人試經疑二道、經義一道，《易》用程氏、朱氏，而亦兼用古註疏。不似明代之制，惟限以程朱，後並祧程而專尊朱。故其書大旨雖主於羽翼《本義》，而與《本義》異者亦頗多也。[41]

此書在延祐四年（1317）刊行。它雖本於朱子，不過也有不少與朱子《本義》相異之處。

除《周易本義集成》這部《易經》講義外，還有胡一桂（1247-1314？）的《易學啟蒙翼傳》。一桂字庭芳，徽州婺源人。一桂生而穎悟，好讀書，尤精於《易》。宋景定甲子（1264），一桂年十八，試禮部不第，退而講學，遠近師之，號雙湖先生。其學出自父親胡方平，方平又從沈貴寶、董夢程受學，董、沈本又都是朱熹弟子黃榦的學生。[42]除了《易學啟蒙翼傳》外，胡一桂還著有《易本義附錄纂疏》、《朱子詩傳附錄纂疏》、《十七史纂古今通要》等。其《易學啟蒙翼傳》共四卷，《四庫全書總目》曰：

---

[41] 永瑢等撰，《四庫全書總目》，卷4〈經部易類四〉，頁24-25。
[42] 宋濂等撰，《元史》，卷189〈胡一桂本傳〉，頁4322。

> 一桂之父方平,嘗作《易學啟蒙通釋》,一桂更推闡而辨明之,故曰《翼傳》。〈自序〉稱去朱子才百餘年,而承學漸失。如圖書已厘正矣,復仍劉牧之謬者有之。卜筮之數灼如丹青矣,復祖尚玄旨者又有之。因於《本義附錄纂疏》外,復輯為是書。凡為《內篇》者三:一曰〈舉要〉,以發辭變象佔之義。二曰〈明筮〉,以考史傳卜筮卦佔之法。三曰〈辨疑〉,以辨《河圖》、《洛書》之同異。皆發明朱子之說者也。……大致與其父之書互相出入,而方平主於明本旨,一桂主於辨異學,故體例各殊焉。[43]

《易學啟蒙翼傳》以朱子《易學啟蒙》為宗,不過《翼傳》在體例上與其父所著的《易學啟蒙通釋》主於闡明本旨有所不同,《翼傳》著重分辨異說,並發明朱子學說。

除指導士子寫作經義的講章外,坊間還出版了不少討論寫作經義的章法結構的舉業用書。「自宋之神宗,朝廷以經義取士,元代因之。當時攻舉業者,莫不各習一經,朝夕以摘題作文為要務。而老生宿儒,且命題若干則,選時人名著若干篇,以備學子觀覽揣摩,其旨趣以獲中為準繩。書之本義,所不計也。」[44]其中,以倪士毅的《作義要訣》在當時最為流行。四庫館臣謂《作義要訣》「皆當時經義之體例」。[45]它「分冒題、原題、講題、

---

[43] 永瑢等撰,《四庫全書總目》,卷4〈經部易類四〉,頁22。
[44] 中國科學院圖書館整理,《續修四庫全書總目提要・經部》(北京:中華書局,1993),頁217。
[45] 永瑢等撰,《四庫全書總目》,卷196〈集部詩文評二〉,頁1791。

結題四則,又作文訣數則,尚具見當日程式。」[46]又云「是書所論,雖規模淺狹,未究文章之本源。然如云:『第一要識得道理透徹,第二要識得經文本旨分曉,第三要識得古今治亂安危之大體。』又云:『長而轉換新意,不害其為長;短而曲折意盡,不害其為短。務高則多涉乎僻,欲新則類入乎怪。下字惡乎俗,而造作太過則語澀;立意惡乎同,而搜索太甚則理背。』皆後來制藝之龜鑑也。」[47]

《書義矜式》的作者王充耘,字耕野,吉水人。元統初進士,授同知永新州事。後棄官養母,潛心《尚書》。除《書義矜式》外,還著有《讀書管見》、《書義主意》等。[48]據四庫館臣考論:

> 充耘以《書經》登第,此(《書義矜式》)乃所作經義程式也。自宋熙寧四年,始以經義取士,當時如張才叔〈自靖人自獻於先王義〉,學者稱為不可磨滅之文。呂祖謙編次《文鑑》,特錄此一篇,以為程式。元仁宗皇慶初,復行科舉,仍用經義,而體式視宋為小變。綜其格律,有破題、接題、小講,謂之冒子。冒子後入官題。官題下有原題,有大講,有餘意,亦曰從講。又有原經,亦曰考經。有結尾。承襲既久,以冗長繁復為可厭,或稍稍變通之。而大要有冒題、原題、講題、結題,則一定不可易。充耘

---

[46] 永瑢等撰,《四庫全書總目》,卷12〈經部書類二〉,頁98。
[47] 永瑢等撰,《四庫全書總目》,卷196〈集部詩文評二〉,頁1791。
[48] 嵇璜、曹仁虎等奉敕撰《欽定續文獻通考》(《景印文淵閣四庫全書》第630冊),卷146,頁65。

即所業之經篇,摘數題各為程文,以示標準。其「慎徽五典」一書,引孔《傳》「大錄萬幾」為說,不全從蔡《傳》。考《元史・選舉志》載書用蔡《傳》及註疏。當時經義,猶不盡廢舊說,故應試者得兼用之。此元代經學所以終勝明代也。[49]

王充耕在元以《書經》登第,《書義矜式》摘錄《尚書》各篇文句為題,各做範文一篇,以示墨程之標準。《四庫全書總目》也道破了此書和《書義斷法》的區別,指出此書的性質猶如「今之程墨」,而《書義斷法》則猶如「今之講章」。[50]除《書義矜式》外,王充耕尚有《書義主意》。此書「為作經義者之習題而設」,主要是「指示學子作經義時」,提供「審題謀篇之法」。「大抵全書,皆作義要訣」。[51]

　　(三)經疑舉業用書。除經義外,漢人、南人在首場還得考「明經經疑」二問。據四庫館臣觀察:經疑「以四書之文互相參對為題,或似異而實同,或似同而實異,或闡義理,或用考證,皆標問於前,列答於後。」經疑的大致內容,如宋人經義的合題,而以問為主,要士子在兩段話中比較同異,雖看起來似作文,實際上卻是答問。延祐恢復科舉考試時,這個考試項目在「《大學》、《論語》、《孟子》、《中庸》內出題,並用朱氏

---

[49] 永瑢等撰,《四庫全書總目》,卷12〈經部書類二〉,頁105-106。
[50] 劉祥光,〈時文稿:科舉時代的考生必讀〉,頁52-53;永瑢等撰,《四庫全書總目》,卷12〈經部書類二〉,頁98。
[51] 中國科學院圖書館整理,《續修四庫全書總目提要・經部》,頁217。

《章句集註》」,「復以己意結之」。[52]知見的四書疑舉業用書有何異孫的《十一經問對》[53]、陳天祥的《四書辨疑》、王充耘的《四書經疑貫通》、袁俊翁的《四書疑節》、涂溍生的《四書經疑主意》、董彝的《四書經疑問對》[54]、蕭鎰的《四書待問》、詹道傳的《四書纂箋》[55]等。

《四書辨疑》「凡《大學》十五條,《論語》一百七十三條,《孟子》一百七十四條,《中庸》十三條。」四庫館臣曾對該書的作者進行考證:

> (《四書辨疑》)不著撰人名氏。書中稱「自宋氏播遷江表,南北分隔才百五六十年,經書文字已有不同」,則元初人所撰矣。蘇天爵《安熙行狀》云:「國初有傳朱子《四書集註》至北方者,潯南王公雅以辨博自負,為說非之。趙郡陳氏獨喜其說,增多至若干言。」是書多引王若虛說,殆寧晉陳天祥書也。朱彝尊《經義考》曰:「《四書辨疑》,元人凡有四家:雲峰胡氏、偃師陳氏、黃岩陳成甫氏、孟長文氏。成甫、長文並浙人,雲峰一宗朱子,其為偃師陳氏之書無疑。」所說當矣。其曰偃師者,《元

---

[52] 宋濂等撰,《元史》,卷 81〈選舉一〉,頁 2019。
[53] 黃虞稷,《千頃堂書目》,卷 3〈經部經類・補元代部分〉,在該條有小註云:「設為經疑,以為科場對答之用。」(《叢書集成續編》第 67 冊,上海:上海書店出版社,1994),頁 57。
[54] 國立編譯館編,《新集四書注解群書提要》(臺北:華泰文化事業公司,2000),〈前言〉,頁 12-28。
[55] 甘鵬雲,《經學源流考》(臺北:維新書局,1983),頁 265。

史》稱天祥因兄祐仕河南,自寧晉家洛陽,嘗居偃師南山故也。天爵又謂安熙為書以辨之,其後天祥深悔而焚其書。今此本具存,或天爵欲張大其師學,所言未足深據也。[56]

四庫館臣認為此書乃陳天祥所作。然而,此書訛誤頗多,四庫館臣說:「其中如駁湯盤非沐浴之盤,謂盤乃淺器,難容沐浴,是未考《禮・喪大記》鄭《註》有『盤長二丈,深三尺』之文,頗為疏舛。又多移易經文以就己說,亦未見必然。然亦多平心剖析,各明一義,非苟為門戶之爭。說《春秋》者三《傳》並存,說《詩》者四家互異,古來訓詁,原不專主一人。各尊所聞,各行所知,固不妨存此一家之書,以資參考也。」[57]

《四書疑節》十二卷,為袁俊翁所作。俊翁字敏齊,袁州人。[58]四庫館臣根據袁俊翁自序「編成總題曰《待問集》」,而認為此書原名應是《待問集》,其中又細分「經史疑義」、「四書經疑」等項目:

> 考俊翁題詞,稱科目以四書設疑,以經史發策,因取四書經史門分而類析之。蓋《待問集》者其總名,「經史疑義」、「四書經疑」其中之子部。今「經史疑義」已佚,

---

[56] 永瑢等撰,《四庫全書總目》,卷36〈經部四書類二〉,頁299。
[57] 永瑢等撰,《四庫全書總目》,卷36〈經部四書類二〉,頁299。
[58] 嵇璜、曹仁虎等奉敕撰,《欽定續文獻通考》(《景印文淵閣四庫全書》第630冊),卷157,頁65。

故〈序〉與書兩不相應也。[59]

　　四庫館臣以為，此書內容原本包含甚廣，或就經史之疑發策；或就四書之疑問問難，有問必答，所以名為《待問集》。「經史疑義」部分在清代已經亡佚，只留存「四書經疑」部分。書名《四書疑節》應是後人「重刻時有所刪節，故改題曰『節』」。總之，《四書疑節》一書原名《待問集》，內容涵蓋經史疑、四書疑的問對。後來經史疑這部分亡佚，僅存的四書疑的部分又遭後人刪節，故成《四書疑節》這樣的書名。此書採用問答的方式寫作，「以《四書》之文互相參對為題」，「標問於前，列答於後」，對四書中「或似異而實同」，「或似同而實異」之處進行義理或考證上的辨析。其問答體例精簡明白，其辨析異同文條理暢，四庫館臣稱此書「雖亦科舉之學，然非融貫經義，昭晰無疑，則格閡不能下一語，非猶夫明人科舉之學也。」[60]洵非溢美之辭。

　　王充耕的《四書經疑貫通》在清初已亡佚，目前存世的四庫全書本《四書經疑貫通》乃是據范欽（1506-1586）天一閣舊鈔而來，卷一論《大學》，卷二至四《論語》，卷五至六《孟子》，卷七至八《中庸》。此書的寫作方法與《四書疑節》相同，都是採用問答的方式，取四書中似異而實同、似同而實異的篇章，互相參對比較，來溝通四書各章的異同。《四庫全書總目》稱王充耘《四書經疑貫通》「與袁俊翁書皆程試之式也。其

59　永瑢等撰，《四庫全書總目》，卷36〈經部四書類二〉，頁300。
60　永瑢等撰，《四庫全書總目》，卷36〈經部四書類二〉，頁300。

間辨別疑似，頗有發明，非經義之循題衍說可以影響揣摩者比。故有元一代，士猶篤志於研經。」[61]對此書的價值與王充耘的篤實給予了頗高的評價。

除《四書經疑貫通》外，供經疑試用的舉業用書還有涂溍生的《四書經疑主意》。《江西通誌》云：「溍生字自昭，宜黃人，邃於《易》學。時行省鄉試，額取二十三人，溍生三舉上春官不第，授贛州濂溪書院山長。所著有《四書斷疑》、《易義矜式》等嘗行於世。」[62]此書採用問答體，運用《四書》中的資料以解疑，以供科舉應試之用，原無學術價值。但由於作者對程朱義理之學頗有了解，故其立論亦有時可取。

至元六年（1340）更易漢人、南人首場四書疑一道為本經疑，故經疑又從五經內出題。[63]供這項考試準備用的參考書有劉基的《春秋明經》、黃復祖的《春秋經疑問對》、涂溍生的《周易經疑》等。

劉基（1311-1375），字伯溫，青田人。基幼穎異，元至順間，舉進士，起為江浙儒學副提舉，論御史失職，為臺臣所阻，再投劾歸。基博通經史，於書無不窺，尤精象緯之學。[64]據朱鴻林考證，《春秋明經》當是劉基在至正八年至十一年（1348-

---

[61] 永瑢等撰，《四庫全書總目》，卷36〈經部四書類二〉，頁300。
[62] 謝旻等監修，《江西通誌》（《景印文淵閣四庫全書》第515冊），卷81，頁767。
[63] 嵇璜、曹仁虎等奉敕撰，《欽定續文獻通考》（《景印文淵閣四庫全書》第627冊），卷34〈選舉考・舉士〉，頁196。
[64] 張廷玉等，《明史》（北京：中華書局，1974），卷128〈劉基本傳〉，頁3777。

1351）間，任職江浙儒學副提舉，為行省考試官時，為儒學生員講說文義而寫成的，具有應試範文集的性質。《春秋明經》顧名思義與科舉的「明經」有關。全書共四十篇，篇題都取材於《春秋》經文。從其字數和體裁兩方面看，《春秋明經》諸篇中有明顯的經疑體裁。[65]南宋科舉考試的《春秋》經義的命題以兩段題為主，元代科舉考試的這項考試發展為四段、五段之多，對考生的記憶力、歸納能力、抽象思維都提出了新的要求。劉基的《春秋明經》適應了這個高難度的考試的需要，擬篇題達四十個之多，為這項考試作了充分的模擬考試。此書擬題之多、角度之新、針對性之強，在元代是極為罕見的。[66]

《春秋經疑問對》的作者黃復祖，字仲篪，廬陵人。四庫館臣考論此書時指出，此書「以《經》、《傳》之事同辭異者求其常變，察其詳略，以《經》核《傳》，以《傳》考《經》，以待學子之問。蓋亦比事屬辭之遺意。其大旨則專為場屋進取而作，故議論多，而義理則疏焉。」[67]

（四）賦試範文選集。元代科考辭賦僅在漢人、南人的鄉試和會試中舉行，考賦形式採取「變律為古」的政策，其重點並不在彰顯文采，而是取法於「實用」，意在配合國家的政治、教育

---

[65] 朱鴻林，〈劉基《春秋明經》的著作年代問題〉，見《浙江工貿職業技術學院學報》，6.4期（2006.12），頁4-12。

[66] 關於《春秋明經》篇題結構，可參閱王宇，〈《春秋明經》與元代科舉的《春秋》義〉（《浙江工貿職業技術學院學報》7.3〔2007.9〕，頁94-98）的分析。

[67] 永瑢等撰，《四庫全書總目》，卷30〈經部春秋類存目一〉，頁254。

政策。[68]儘管開科之初,漢人、南人應試第二場時,允許在古賦、詔誥、章表中任選一道,但場屋之士幾乎無不學古賦,甚至出現了「寒窗讀賦萬山中」的盛況。[69]這不僅由於作為傳統文學樣式的古賦比作為應用文體的詔誥、章表高雅有趣,還由於古賦可駢有散,可為詔誥、章表的寫作奠定基礎。因而後來於至正六年(1346)十二月下詔「稍變程式」,對漢人、南人「增第二場古賦外,於詔誥、章表又科一道」[70],使古賦由選試科目變為必試科目。

自元仁宗延祐二年恢復科舉,且將「賦」列為考試項目之一,供「賦」用的舉業用書也開始進入出版市場。例如楊維楨(1296-1370)於元順帝至元元年(1335)登進士第後,早年為「應場屋一日之敵」,所私擬的幾十篇賦,便「悉為好事者持去」,「梓於書坊」,即今日所見的《麗則遺音》。至於彙選古今佳作以供仿效的專輯,則有吳萊(1297-1340)的《楚漢正聲》、郝經(1223-1275)的《皇朝古賦》、虞廷碩的《古賦準繩》、祝堯的《古賦辯體》、蘇弘道的《延祐甲寅科江西鄉試石鼓賦》、無名氏的《古賦青雲梯》、《古賦題》和《元統乙亥科湖廣鄉試荊山璞賦》等。[71]

---

[68] 李新宇,《元代辭賦研究》(北京:中國社會科學出版社,2008),頁208。
[69] 劉將孫,《養吾齋集》(《景印文淵閣四庫全書》第1199冊),卷6〈考試〉,頁52。
[70] 嵇璜、曹仁虎等奉敕撰,《欽定續文獻通考》,卷34〈選舉考・舉士〉,頁196。
[71] 游適宏,《試賦與識賦:從考試的賦到賦的教學》(臺北:秀威資訊科技公司,2008),頁79。

《青雲梯》為元人選錄的本朝賦家的賦集，共抄錄元代辭賦作家 102 人 72 題 111 篇賦作。此選集以「青雲梯」為名，意指科舉考賦乃是舉子們平步青雲，實現仕途顯達、高官厚祿的門徑，所以收錄的辭賦作品均為元代考生習作或應試中的優秀賦篇，其中不少賦文的作者為元代的進士和舉人，編撰此書的目的也是為了配合元代科舉考賦制度而指導考生取法。[72]

　　楊維楨（1296-1370）的《麗則遺音》專錄楊氏一人賦作，也是元賦中的精品。楊維楨，字廉夫，號鐵崖，晚號東維子，山陰人。泰定四年（1327）進士，先為縣尹，後改鹽場司令，官終江西儒學提舉。明初召至京師，以疾請歸。著有《東維子文集》、《麗則遺音》、《鐵崖賦稿》等。[73]《麗則遺音》共四卷，收錄楊賦三十二首，為其門人陳存禮選編。四庫館臣評價此書說：「是集為賦三十有二首，皆其應舉時私擬程試之作。乃維楨門人陳存禮所編，而刊版於錢塘者。」又「維楨才力富健，回飆馳霆激之氣，以就有司之繩尺，格律不更，而神采迥異。遽擬諸詩人之賦，雖未易言，然在科舉之文，亦可云卷舒風雲，吐納珠玉者矣。」[74]今存元刊本、明毛氏汲古閣刊本、四庫全書本等。

　　祝堯的《古賦辯體》也是在元代「選場以『古賦』取士」的背景下應運而生的一部作品。祝堯，字君澤，生卒年不詳。江西上饒人，元仁宗延祐五年（1318）進士。除《古賦辯體》外，還

72　李新宇，《元代辭賦研究》，頁 143；康金聲、李丹，《金元辭賦論略》（北京：學苑出版社，2004），頁 83-87。
73　張廷玉等，《明史》，卷 285〈楊維楨本傳〉，頁 7308-7309。
74　永瑢等撰，《四庫全書總目》，卷 168〈集部別集類二一〉，頁 1462。

著有《大易演義》、《四書明辨》、《策學提綱》等。[75]《古賦辯體》收錄先秦至宋六十一家辭賦及相關文體作品共 133 篇。祝堯自言其著《古賦辯體》之旨曰：

> 古今之賦甚多。愚於此編，非敢有所去取，而妄謂賦之可取者止於此也，不過載常所誦者爾。其意實欲因時代之高下，而論其述作之不同，因體製之沿革而要其指歸之當一，庶幾可以由今之體以復古之體云。[76]

和一般專供士子用的舉業用書不同的是，雖然此書的編撰動機是為協助學子躍登龍門，但祝堯並不希望它只是一本兔園冊子，因而對「古賦」也提出不少有系統、有深度的見解。面對紛繁複雜的古賦現象，祝堯把承襲楚騷、以情動人的辭賦作品稱為古賦，用祖騷宗漢和以情為本直指古賦本體。祖騷宗漢從詩教的角度出發，認為古賦要不同於後代務於對偶、用典、聲律等形式的賦作；以情為本則強調古賦的藝術性，排斥枯燥說教的賦作。[77]四庫館臣評此書曰：「其書自楚詞以下。凡兩漢三國六朝唐宋諸賦，每朝錄取數篇，以辨其體格。凡八卷，其外集二卷，則擬騷

---

[75] 祝堯的簡歷可參閱蔣繼洙纂修，《廣信府志》（《中國地方志集成・江西縣府志輯》第 21 冊，南京：江蘇古籍出版社，1996），卷 9 之 2〈人物・宦業〉，頁 7。

[76] 祝堯，《古賦辯體》（《景印文淵閣四庫全書》第 1366 冊），頁 711。

[77] 關於祝堯由「祖騷宗漢」和「以情為本」構成的古賦論，可參閱楊賽，《祝堯的古賦論》，《上海師範大學學報（哲學社會科學版）》，34.3（2005.5），頁 58-61。

琴操歌等篇,為賦家流別者也。採撫頗為賅備。其論司馬相如〈子虛〉、〈上林賦〉,謂問答之體其源出自〈卜居〉、〈漁父〉,宋玉輩述之,至漢而盛。首尾是文,中間是賦,世傳既久,變而又變。其中間之賦,以鋪張為靡。而專於詞者,則流為齊梁唐初之俳體。其首尾之文,以議論為便。而專於理者,則流為唐末及宋之文體。於正變源流。亦言之最確。」[78]對此書有相當高的評價。

（五）答策指導用書。不管是蒙古人和色目人,還是漢人和南人,對策都是鄉試、會試,乃至殿試的必考項目,故而考生都非常重視對策的研習。書坊看準了這個商機,乃出版了一些指導寫作對策的舉業用書以及對策範文,來滿足考生的迫切需要。其中有譚金孫的《策學統宗》、陸可淵的《策準》、曾堅的《答策秘訣》、趙天麟的《太平金鏡策》等。

《策學統宗》的編者譚金孫,字叔金,號存理,自稱古雲人。此書「雜選宋人議論之文,分類編輯,以備程試之用。凡後集八卷、續集七卷、別集五卷」。「原本又以陳繹曾《文筌》、石桓《詩小譜》,冠於卷首。而總題曰《新刊諸儒奧論策學統宗》,增入《文筌》、《詩譜》。文理冗贅,殆麻沙庸陋書賈所為。」[79]存世刊本有元刊本《新刊增入文筌諸儒奧論策學統宗》和明萬曆四十五年刊本《諸儒奧論》。

《答策秘訣》「舊本首題建安劉錦文叔簡輯。末有跋語:『題至正己丑建安日新堂志』。」劉錦文本身即是日新堂的主

---

78 永瑢等撰,《四庫全書總目》,卷188〈集部總集類三〉,頁1708。
79 永瑢等撰,《四庫全書總目》,卷191〈集部總集類存目一〉,頁1738。

人。不過,細心的四庫館臣據書中跋語「稱『不知作於何人,相傳以為貢士曾堅子白之作』」云云,認為此書恐「非錦文所輯」。[80]《補元史藝文志》著錄此書為曾堅所著,故此書當為曾堅之作。[81]《四庫全書總目》考論此書內容與疏漏曰:

> 凡為綱十二:曰治道,曰聖學,曰制度,曰性學,曰取材,曰人才,曰文章,曰形勢,曰災異,曰諫議,曰經疑,曰曆象。其系以六十六子目,皆預擬對策活法。如「曆象」條云:「大凡答曆象策,雖所問引難千條萬緒,不過一君子治曆明時,但要變換言語。」全書一一似此,其陋可想。「觀其形勢」條云:「如答三國六朝進取策,只是說三國君臣以智遇智,乃其勢也。六朝有機可乘,有間可入,反不能用,深為可惜。後面由山東、由關中,皆以題中所問融化作己之言」云云。蓋猶南宋人書也。[82]

對此書的評價不高。和《答策秘訣》性質一樣的舉業用書用書尚有趙天麟所編撰的《太平金鏡策》。趙天麟為東平(今屬山東)人,博學能文。元代至元到元貞年間,以一介布衣身份向皇帝上了六十二篇奏摺,後編為《太平金鏡策》。該書共八卷,所論範圍廣泛,包括田制、農桑、賦役、戶計、義倉、冗官、服章、祭

---

[80] 永瑢等撰,《四庫全書總目》,卷 197〈集部詩文評存目〉,頁 1798-1799。
[81] 錢大昕,《補元史藝文志》(上海:商務印書館,1937),頁 56。
[82] 永瑢等撰,《四庫全書總目》,卷 197〈集部詩文評存目〉,頁 1798-1799。

祀、軍事等方面，可資研究元代各種制度參考。[83]《四庫全書總目》考論此書說：

> 書中有「國家道光五葉」語，則當仁宗之世矣。其書以建八極、修八政、運八樞、樹八事、暢八脈、宣八令、示八法、舉八要為綱，而系以六十四子目。其文皆儷偶之詞，無所建白。蓋延祐間初復科舉，坊賈射利之本。卷首題「經進」字，又冠以〈進表〉一篇，語意弇鄙。如云「若國家使隨流待詔，更傾三峽之波濤。若國家使無罪容身，自有五湖之煙月」。自古以來，豈有此對揚之體。至末云「謹上書死赦以聞」，尤為無理，殆詭題以炫俗目耳。[84]

對此書的評價亦不高。傳世有元刊本。明永樂十二年（1414）楊士奇等編《歷代名臣奏議》收錄此書對策文，散見於有關各門。

（六）場屋時文寫作技法手冊。到南宋初，由於科舉考試中各種文體都已高度程式化，程式研究成為社會急需的實用之學，討論古文法度、時文程式成為風氣。南宋以後，書坊出版了不少場屋時文寫作技法論著來指導考生寫作場屋時文，主要有陳騤的《文則》、陳傅良的《止齋論祖》、呂祖謙（1137-1181）的《古文關鍵》、樓昉的《崇文古訣》、謝枋得（1226-1289）的《文章軌範》、魏天應的《論學繩尺》等。這些論著尤其喜用古

---

[83] 李國峰，〈元朝「布衣法學家」趙天麟的法律思想探析〉，《河南師範大學學報（哲學社會科學版）》4（2005.7），頁98。

[84] 永瑢等撰，《四庫全書總目》，卷174〈集部別集類存目一〉，頁1545。

文評點的形式,評點即研究文法,文法即見於評點。「點」包括了圈、點、抹、撇、截等,極其複雜。到了元代,除評點本,文法研究帶有總結性質,往往大量汲取、摘錄宋人的文法論著,再加以補充、完善和系統化,並結合延祐重開科舉的特點,向宋代場屋時文之外的各文體如經義、古賦、詔、誥、章表及策等拓展。[85]這時期指導士子場屋時文文法的手冊甚多,除了前述的供經義和經疑考試用的倪士毅的《作義要訣》、王充耘的《書義矜式》、涂溍生的《易義矜式》、林泉生的《詩義矜式》,供古賦考試用的吳萊的《楚漢正聲》、郝經的《皇朝古賦》、虞廷碩的《古賦準繩》、祝堯的《古賦辯體》、無名氏的《青雲梯》,供對策考試用的曾堅的《答策秘訣》和趙天麟的《太平金鏡策》等外,還有著錄於《補元史藝文志》卷四「科舉類」中的歐陽起鳴的《論範》、譚金孫的《策學統宗》、陸可淵的《策準》,「文史類」中的馮翼的《文章旨要》、程時登的《文章原委》,「制誥類」中的蘇天爵的《兩漢詔令》、虞廷碩的《歷代制誥》、《歷代詔令》和王充耕的《兩漢詔誥》,惜皆已亡佚。這些舉業用書,有指導經義寫作的,有指導古賦寫作的,有指導策論寫作的,有指導文章寫作的,也有指導詔誥寫作的,種類齊備,幾已涵蓋各項考試所必須通曉的寫作文法。

除了以上的編撰者外,這時期此類出版物的另一重要編著者是陳繹曾。繹曾字伯敷,自號汶陽老客,生於宋、元之際,處州人,僑居吳興。為人口吃,而精敏異常,從學於戴表元(1244-

---

[85] 祝尚書,〈論宋元時期的文章學〉,《四川大學學報(哲學社會科學版)》2(2006.4),頁100-102,107。

1310），歷官至國子助教、翰林院編修，嘗預修《元史》。[86]他的這類著作有四種，除《科舉天階》失傳外，其餘三種仍流傳至今，它們是：

1.《文說》一卷。四庫館臣謂此書「乃因延祐復行科舉為程式之式而作。」有小序曰：「陳文靖公問為文之法，繹曾以所聞於先人者對，曰：一、養氣；二、抱題；三、明體；四、分門；五、立意；六、用事；七、造語；八、下字。」[87]

2.《文筌》。至順三年（1332）七月自序稱「悉書童習之要」，又謂「人之好於文者求於此，則魚不勝食」云云，頗為自負。四庫館臣謂「此編凡分『古文小譜』、『四六附說』、『楚賦小譜』、『漢賦小譜』、『唐賦附說』五類。體例繁碎，大抵妄生分別，強立名目，殊無精理」。「此編本與詩譜合刻。元時麻沙坊本，乃移冠《策學統宗》之首，頗為不倫。」[88]

3.《文式》二卷。上卷為陳繹曾撰，下卷乃資料輯錄，有李塗的《古今文章精義》、呂祖謙的《東萊古文關鍵》的「看文章法」、蘇伯衡的《述文法》等等。

以上三書，內容多彼此重復，應當是書坊或他人不斷增補，而以不同名目成帙。[89]

（七）通史類輔助讀物。自宋代以來，為了滿足考生掌握歷

---

[86] 宋濂等撰，《元史》，卷190〈陳旅本傳〉附傳。關於陳繹曾的生平，可參閱慈波，〈陳繹曾與元代文章學〉，《四川大學學報（哲學社會科學版）》，1（2007.2），頁87-88。

[87] 永瑢等撰，《四庫全書總目》，卷195〈集部詩文評類一〉，頁1790。

[88] 永瑢等撰，《四庫全書總目》，卷197〈集部詩文評存目〉，頁1799。

[89] 祝尚書，〈論宋元時期的文章學〉，頁103。

史以便在對策中旁徵博引的需要，坊間也流通著不少史書節本。這些坊刻史書節本「採取史集要義之言而成」，是適應科舉制度產生的輔助讀物，「特以科舉之習，不容不纂取其要」，[90]以幫助考生在短時間內掌握古今重要的歷史事件。其中有江贄的《通鑑節要》、錢端禮（1109-1177）的《諸史提要》、洪邁（1123-1202）的《史記法語》、《南朝史精語》、呂祖謙（1137-1181）的《十七史詳節》、《眉山新編十七史策要》、《東漢精華》、劉深源、劉時舉的《宋朝長編》、呂中的《宋大事記講義》等。從利潤的角度出發，以及為滿足考生的備考需要，元代書坊也出版了一些由元人所編撰的史書節本。較為重要的有曾先之的《古今歷代十八史略》、胡一桂（1247-？）的《十七史纂古今通要》等。[91]

關於《十八史略》的作者曾先之，乾隆《吉安府志》卷四十一記載：「曾先之，字孟參，吉水人。少師王介，登咸淳進士，監惠州石橋鹽場，以主學心制解官。起潭州醴陵尉，轉湖南提刑，僉廳權檢法官。詳復大辟，多從平恕。提舉茶鹽司，干辦公事，凡所任理，無一毫私曲。宋亡，隱居不出，所著有《十八史略》。年九十二卒，祀鄉賢。」同書卷二十四〈宋進士表〉於咸淳元年（1265）進士人名榜上，也登錄其名。[92]曾先之的《古今歷代十八史略》的基本內容是按照朝代、時間順序，以帝王為中

---

[90] 邵寶，〈兩漢文鑑序〉，收錄於梁夢龍輯《史要編》（《四庫全書存目叢書》史部第 138 冊，濟南：齊魯書社，1996），卷 7，頁 524。

[91] 錢茂偉，《明代史學的歷程》，頁 60。

[92] 盧崧修，（乾隆）《吉安縣志》，轉引自喬治中，〈《十八史略》及其在日本的影響〉，見《南開學報》2001.1（2001.2），頁 81。

心敘述上古至南宋末年的史事。作者曾先之將書名定為《十八史略》，乃表示該書是對十八種史書的節略。取材的史書包括司馬遷《史記》以下直至歐陽修《五代史記》的所謂正史，這些史書在宋代即被統稱為「十七史」。另外，曾先之在撰寫此書時，元朝官修《宋史》尚未完成，宋代史事取材於李燾的《續資治通鑑長編》和劉時舉的《續宋編年通鑑》，聊備一史之數，共十八史。四庫館臣對此書的評價甚低，指出此書「抄節史文，簡略殊甚。卷首冠以〈歌括〉，尤為弇陋。」較「同時胡一桂《古今通略》，遜之遠矣」。[93]

儘管四庫館臣對此書的評價不高，它在元代的流傳甚廣。現存的元代刻本有二卷本和十卷本，有《增修宋際古今通要十八史略》二卷、《古今歷代十八史略》二卷、綱目一卷、《新增音義釋文古今歷代十八史略》二卷、綱目一卷、《歷代十八史略綱目》十卷。從現存者即可看出，《十八史略》在元代已有多種版本，並為士子廣泛使用。有的書名標明「增修」、「新增」字樣，在內容上出現了「音釋」注釋字音、詞義、史事等等，以雙行小字夾於文中。元代《十八史略》的流傳以及內容上的增修，為該書的進一步普及奠定了基礎。[94]

胡一桂除有前述的《易學啟蒙翼傳》外，還著有《十七史纂古今通要》。和《十八史略》比較起來，此書較為四庫館臣所重。據四庫館臣的考察，此書「自三皇以迄五代，裒集史事，附以論斷。」[95]錢曾對此書頗為推許，曰：「宋以來論史家汗牛充

---

[93] 永瑢等撰，《四庫全書總目》，卷50〈史部別史類存目〉，頁454。
[94] 喬治中，〈《十八史略》及其在日本的影響〉，頁82。
[95] 永瑢等撰，《四庫全書總目》，卷88〈史部史評類〉，頁755。

棟，率多龐雜可議，以其不討論之過也。」「此書議論頗精允，絕非宋儒隅見者可比。一覽令人於古今興亡理亂，了然胸次。」[96]

（八）類書。元代國祚雖不及百年，但在類書的編撰方面也有一定的數量，其中供舉業用的類書有劉實的《敏求機要》、高恥傳的《羣書鈎玄》等。

《敏求機要》「以歷代故實編為歌括，以便記誦」。關於此書的撰者，《四庫全書總目》稱：「舊本題月梧劉實撰，鳳梧劉茂實注。而撰人於劉字之下，實字之上空一字，疑二人兄弟本以實字連名，舊本模糊，傳寫者因於撰者之名空一字也。」[97]胡玉縉認為，有傳世舊抄本，作劉芳實，《四庫全書總目》所言所空者乃「芳」字。[98]其門類為：卷一、二、三為歷代帝王，卷四、五為歷代聖賢羣輔，卷六為稱號相同，卷七為經書，卷八為諸子，卷九為史書，卷十為天文、律呂、節候，卷十一為地理、山澤，卷十二為官制沿革，卷十三為文武制度法禁，卷十四為綱常、德行、道藝，卷十五為人品、身體，卷十六為物產、服食、器用。此書雖為考生備考用，於考證絲毫不苟。「如五德之運篇中，稱張倉水德說不主土德，賈誼嘗推明公孫臣引黃龍見，從此漢運以土更，漢末方申火德說，赤伏符讖不虛設，東漢火德開中興，蜀雖正統竟微絕云云。於王莽、劉歆始以漢為火德之事，考

---

[96] 錢曾，《讀書敏求記》（《續修四庫全書》第 923 冊，上海：上海古籍出版社，1995），卷 2，頁 133。

[97] 永瑢等撰，《四庫全書總目》，卷 137〈子部類書類存目一〉，頁 1164。

[98] 胡玉縉，《四庫提要補正》（臺北：中國辭典館復館籌辦處，1967），頁 271。

之最明。視《通鑑》誤載淖方成語於成帝時即言火德者,轉為精核,是亦寸有所長矣。」[99]

此外,還有一些應舉子試詩賦押韻之用的類書。四庫館臣考這類工具書的起源云:「昔顏真卿編《韻海鏡源》,為以韻隸事之祖。然其書不傳。南宋人類書至多,亦罕踵其例。惟吳澄《支言集》,有張壽翁〈事韻擷英序〉,稱荊公(王安石)、東坡(蘇軾)、山谷(黃庭堅),始以用韻奇險為工。蓋其胸中蟠萬卷書,隨取隨有。儻記誦之博,不及前賢,則不能免於檢閱,於是乎有詩韻等書。」[100]這類圖書自元初以來在坊間頗為流行,在元代坊間可見的這類圖書有《韻府羣玉》、《詩學集成押韻淵海》、《詩詞賦通用對類賽大成》等。

《韻府羣玉》二十卷,陰時夫輯、陰中夫注。有元至正二十八年(1368)東山秀岩書堂刻本。陰時夫,名時遇,一作幼遇,奉新人。登寶祐九經科,入元不仕。陰中夫為時夫之兄,一說時夫之弟。名幼達。此書初成於大德十一年(1307),續成於延祐元年(1314)。它收字八千八百二十,分韻一百零六部。此書為以韻隸書之書,據沈津考證:「類書之以韻隸事者,始於顏真卿之《韻海鏡源》,其書失傳。金元押運之書,現存者以此為最古,後來科舉考試詩賦押運,即遵用為標準。清代《佩文韻府》及通行之詩韻,皆以此書為藍本。」[101]可知此書對後世以韻隸

---

[99] 永瑢等撰,《四庫全書總目》,卷 137〈子部類書類存目一〉,頁 1164。
[100] 永瑢等撰,《四庫全書總目》,卷 135〈子部類書類一〉,頁 1252。
[101] 沈津,《美國哈佛大學哈佛燕京圖書館中文善本書志》(上海:上海辭書出版社,1999),頁 426。

事的類書有較大的影響。其所引證之書,皆摘取其中關鍵詞語為標目。每一目之下,有賦題,故以「賦選」為名;「賦類」即以韻為類,依韻隸事。此書取《王子新刊禮部韻略》一百零七部中上聲韻部加以合併,由三十韻省儉為二十九韻,成一百零六韻,並以此為序,以標目末字分隸於各韻之下。此書尚有「韻下事目」,分天文、地理、時令、歲名、人物、氏族、人名、身體、官職、性行、壽典、百穀、飲食、服飾、宮室、器用、舟車、文學、經籍、技術、禽獸、鱗介、昆蟲、竹木、花果、珍寶、燈火、顏色、數目等。又有「韻下類目」,分音切、散事、子韻、活套、卦名、書篇、年號、歲名、地理、人名、姓氏、草木、禽獸、麟介、昆蟲、樂名等。所謂「活套」,指常見常用之詞語。[102]

《韻府羣玉》在元代除有元至正二十八年(1368)東山秀岩書堂刻本外,還有元統二年(1334)梅溪書院刻本,又有元刻數種。明刻有明初刻本、明嘉靖三十一年(1552)荊聚刻本、明刻本。此書又有題名「新增」者,元刻有元大德刻本、元至正十六年(1356)劉氏日新堂刻本;明刻有天順六年(1462)葉氏南山書堂刻本、明弘治六年(1493)劉氏日新堂刻本、明秀岩書堂刻本、明萬曆十八年(1590)王元貞刻本、明崇文堂刻本、明聚錦堂刻本,也有其他明刻本數種。[103]陳文燭在序明萬曆王元貞刻本《新增說文韻府羣玉》時指出,此書經長久流通後,「板漶漫難讀,學士病焉」,經王元貞「校而新之」,不僅糾正了舊刻的「洗魚魯金根之謬」,也使得該書的音釋更加清楚明瞭,引起當

---

[102] 趙含坤,《中國類書》,頁 167-168。
[103] 沈津,《美國哈佛大學哈佛燕京圖書館中文善本書志》,頁 426-427。

時「藝林」的矚目，爭相傳閱，「幾於紙貴」。[104]這說明入明以後，此書仍舊具有相當的重要性，經王元貞校閱，注入新鮮的血液後，延續了此書的生命力。

和《韻府羣玉》性質相仿的這類類書尚有《詩學集成押韻淵海》。該書題「建安後學嚴毅子人編輯」。和《韻府羣玉》的體例比較起來，該書則更為簡略。據凡例云：「書肆舊刊盧陵胡氏、建安丁氏所編《詩學活套》、《押韻大成》，詳略大同，醇疵相半，大抵以押韻詩句多者居前，詩句少者居後，韻母混淆，訓詁缺略，識者病之。今是編韻銓禮部，句選名賢，每韻之下，事聯偶對，詩料羣分，非惟資初學之用，而詩人騷客亦得以觸其長，引而申，不無小補。比視舊刊，天壤懸隔，故名之曰《詩學集成押韻淵海》，蓋所以別其異同也。」[105]此書在元有元至正六年（1346）蔡氏梅軒刻本，在明初有明成化新安氏重新刻本和明初刻成化二十三年（1487）重修本。[106]

上文所述的舉業用書的種類，主要是根據元政府所規定的考試內容和形式所進行的調查而整理得出，是當時坊間較為常見的幾個種類，當時在坊間流通的舉業用書可能還不止以上幾種。

元朝輕視漢人，疏於文化，所以漢人倚仗的科舉在元朝前半期受到「冷落」。在這樣的大環境裏，對圍繞著科舉考試為生的書坊而言衝擊甚巨。延祐復科後，只舉辦了科舉四十多年。不

---

[104] 陰時夫輯、陰中夫註，《新增說文韻府群玉》，陳文燭〈序〉，轉引自沈津《美國哈佛大學哈佛燕京圖書館中文善本書志》，頁427。
[105] 嚴毅，《詩學集成押韻淵海》（《續修四庫全書》第1222冊），〈凡例〉，頁165。
[106] 沈津，《美國哈佛大學哈佛燕京圖書館中文善本書志》，頁431。

過，書坊業在這類圖書的出版沉寂了數十年後，立即掌握這短短的數十年發展的契機，出版了各式各樣，並足以全方位滿足考生備考需要的舉業用書，足見其生命力的頑強。故而只要稍有呼吸的空間，這些舉業用書幾乎立即重現在坊間。

通過本節的考察，我們發現元代所出版的坊刻舉業用書既有與前代相承之處，又有其獨創之處。吸取前代豐富經驗而編撰出來的舉業用書包括經義講章、類書、通史類輔助讀物、三場試墨與範文彙編、場屋時文寫作技法用書、答策指導用書等幾類舉業用書，其獨創的則有經疑舉業用書和古賦試範文選集兩大類。這說明了舉業用書的內容完全依據考試內容而出版，以滿足考生的當時的備考需要。元代後半期舉業用書的出版，不僅具有承前的作用，還具有啟下的意義。元代坊刻舉業用書對明代出版這類圖書的書賈具有示範效應，像明中葉以後書坊大量出版的四書五經講章、古文選本、論表策試試墨彙編、類書和通史類舉業用書，都是承接自元代這些種類的圖書出版發展而來的。[107]

如果以學科性質來給這些舉業用書進行歸類的話，經、史、子、集四部均都俱在。經部有經義講章、經疑舉業用書；史部有通史類輔助讀物；子部有類書；集部則包括三場試墨與範文彙編、場屋時文寫作技法用書、答策指導用書、古賦試範文選集。和士子們朝夕相對的就是這些四部俱在的舉業用書，士子們希望通過對它們的鑽研，在科舉考試中名列前茅。

由於編纂動機、學術視角的差異，在清代的學者看來，元代

---

[107] 關於明中葉以後考試用書的種類，可參閱沈俊平，《舉業津梁：明中葉以後坊刻考試用書的生產與流通》（臺北：臺灣學生書局，2009），頁181-270。

不少舉業用書的學術價值並不高。像陳天祥的《四書辨疑》、曾堅的《答策秘訣》，趙天麟的《太平金鏡策》、陳繹曾的《文筌》、曾先之的《古今歷代十八史略》等，四庫館臣對它們的評價並不高。這些負面的批評，有些可能是出自評論者對這些舉業用書的偏見，但在很大的程度上也反映了一些事實。實際上，舉業用書中也有一些嚴謹的作品，像袁俊翁的《四書疑節》、王充耕的《四書經疑貫通》、《書義矜式》、朱祖義的《尚書句解》、胡一桂的《十七史纂古今通要》、劉實的《敏求機要》等，都得到了後人頗高的評價。一些元代著作的舉業用書，如《韻府羣玉》、《詩學集成押韻淵海》等，不僅在當代有著一定影響力，深考生歡迎，因而不斷翻印重刻，這股影響力甚至延續到明代，從這個側面亦說明其質量的優良。

三、舉業用書在元中葉以後的坊間大量流通的原因

元代雖僅僅施行科舉考試半個世紀，但對市場動向嗅覺敏銳的書坊主立即掌握了發展的契機，在這半世紀以內生產出內容豐富、形式多樣的舉業用書。不過，若沒有消費這類圖書的讀者和編撰這類圖書的作者，以及適宜舉業用書出版的社會環境的緊密配合、聯繫和支撐，單憑書坊主的力量是無法造就這種盛況的。

前文指出，元代的坊刻本比官刻本、家刻本數量多、規模更大，流傳更加廣遠。書坊以營利為目的，多出版能夠給他們帶來豐厚回報的暢銷書，也是意料之中，不言而喻的。元代書坊出書內容極為廣泛，除經史以外，為當時廣大讀者群所閱讀和應用的

圖書，如戲曲、小說、醫書、類書，以及本文所討論的舉業用書，都是書坊的出版重點。

必須說明的是，在舉業用書的生命歷程中，書坊主、讀者、編撰者各自扮演著他們的角色。書坊作為舉業用書的生產部門與流通管道，其核心人物是書坊主。從鎖定目標讀者、決定選題、策劃內容、約集文稿、聘請監督工匠完成刻印一直到市場銷售，書坊主可以說是積極參與了舉業用書的生產與流通的各個環節，扮演著溝通讀者和編撰者的橋樑角色。但我們覺得讀者在這類圖書的生命歷程中亦扮演著舉足輕重的作用。畢竟沒有這類圖書的讀者，書坊主和編撰者也就不會冒然去進行這類圖書的生產工作。換句話說，因為有了這類圖書的讀者，書坊主就根據讀者對這類圖書的閱讀需要或自行編撰，或聘請、邀約符合編撰這類圖書條件的文人去進行創作，又或是編撰者在沒有書坊主聘請或邀約的情況下自行進行創作，完稿後向書坊主毛遂自薦自己的作品。元代書坊所以能夠在短短的半世紀內就出版了內容豐富、形式多樣的舉業用書，主要是因為背後有一個消費這類圖書的讀者群的存在。在意識到這個讀者群對這類圖書有著強烈需求的情況下，書坊主乃出版了各式各樣的舉業用書來滿足士子全方位的備考需要。

這個讀者群的形成，首先與元代登第競爭的激烈息息相關。元代科舉並非入仕的康莊大道，而是極難擠進的窄門。鄉試和廷試的錄取名額有相當嚴格的規定，蒙古、色目、漢人和南人所佔的鄉試錄取名額相等，鄉試「選合格者三百人赴會試」，四等人各七十五人。廷試則自各族群按三中取一的原則，共錄取進士百人，即各族群的取中名額為二十五人。據蕭啟慶的統計，元代前

後舉行十六次考試,除元統元年(1333)取足百名之數外,其他各科所取,多則九十餘人,少則五十人,十六科合計共取 1139 人,平均每科僅錄取 71.19 人。[108]然而,因為漢人和南人的人口總數要比蒙古、色目多出許多倍。據估計,元朝總戶數中,蒙古、色目僅佔百分之三,漢人佔百分之十五,南人多達百分之八十二。[109]與蒙古、色目相較,漢人和南人入仕之難易簡直是天壤之別。漢人尤其是南人,受到明顯的歧視與壓抑。元人傅若金說:「江西歲就試且數千人,而預貢禮部南人才二十有二。於是,不能無遺才焉。」[110]以路州而論,中選情況就更是寥若晨星了。正如程端學所說:「昔之舉士,選於州;今之舉士,選於省。省領州數十,而登名者不當一州之數,是一州不一人。於是,有連數州不舉者。」[111]南人應試者數多,但中選名額少,大約在百分之一二。[112]因而漢人和南人考試的競爭要激烈得多,錄取比例十分的小。其次,與元代規定的考試程式不無關係。前文指出,蒙古人、色目人、漢人和南人的考試科目、答題

---

[108] 蕭啟慶,《元代的族群文化與科舉》(臺北:聯經出版事業公司,2008),頁 155。

[109] 日本東亞研究所編,《異民族の支那統治史》(東京:大日本雄弁會講談社,1944),頁 172。

[110] 傅若金,《傅與礪文集》(《北京圖書館古籍珍本叢刊》第 92 冊,北京:書目文獻出版社,1998),卷 5〈送習文質赴辟富州吏序〉,頁 713。

[111] 程端學,《積齋集》(《景印文淵閣四庫全書》第1212冊),卷3〈送李晉仲下第南歸序〉,頁 336。

[112] 李治安,《元代政治制度研究》(北京:人民出版社,2003),頁 609。

的要求都不盡相同,漢人和南人的試題難度和答題要求遠遠高於蒙古人和色目人。據前引吳澄的觀察,元政府對漢人和南人的三場考試要求同等優秀。然由於大部分的考生的能力有限,往往「長於此或短於彼得,其一或失其二其」,要做到「兼全而俱優」的難度是很高的。為了提高中舉的機會,考生就會想方設法提高三場考試科目中較弱的環節的答題能力,以增加中舉的機會。書坊主就看中了考生們在這方面的需要,出版了各式各樣的舉業用書,以滿足考生全方位的備考需要。

通過前文的介紹,說明當時的市場上並不缺乏舉業用書的編撰者。王充耕、涂溍生、楊維楨、陳繹曾等雖不是這類圖書的多產編撰者,但也編撰了好些這類圖書,在這類圖書的出版領域享有盛譽。這些編撰者除了編撰他們專精領域的舉業用書,還跨越編撰其他領域的這類圖書。像王充耕專長《尚書》,除編撰有《書義矜式》、《書義主意》外,還跨域編撰了供經疑考試用的《四書經疑貫通》和供詔誥考試用的《兩漢詔誥》;涂溍生對《易經》有相當深入的掌握,除編撰了《易義矜式》、《易疑擬題》外,還編撰了《四書經疑主意》。這些編撰者在編撰出版他們享有盛名的專長著作的同時,跨越到編撰其他考試項目的熱門舉業用書,相當充分的體現了他們的市場意識。

我們發現,元代舉業用書的出版,除了有前述的權威和行家積極參予舉業用書的編撰工作外,絕大多數的編撰者都曾直接地或間接地參予了與科舉考試相關的活動,他們或曾親身體驗科舉考試的酸甜苦辣,或曾進行與科舉考試相關的教學活動。像編寫《春秋明經》的劉基,在他任職江浙儒學副提舉時曾擔任過考官;編著《文說》、《文筌》和《文式》的陳繹曾,曾擔任過國

子監助教、翰林院編修等職;編撰《古今歷代十八史略》的曾先之,歷潭州醴陵尉、湖南提刑、僉廳權檢法官等職,他們都經過科舉考試的歷練。編著《四書輯釋》、《作義要訣》的倪士毅,編寫《易學啟蒙翼傳》、《十七史纂古今通要》的胡一桂都從事教學工作。他們對科舉考試的程式和要求有一定程度的了解,對答卷的竅門可能有一些體會。把這些經驗和體會,傾注在他們所編寫的舉業用書,傳授給考生,很容易就能得到他們的認同和信服。因此,文人對科舉考試的直接的或間接的參予,給當時的舉業用書市場輸送了一定數量能夠勝任這個工作,並生產出給書坊主帶來贏利的舉業用書的編撰者。這些編撰者從事編寫舉業用書的目的,是為名,是為利,還是為名利兼收,在資料更為充足的情況下,將可進一步分析論證。舉業用書的稿源除了直接來自文人外,像楊維楨那種被蒙在鼓裏,書賈不加照會般地將文人的書稿拿來直接出版,相信在當時也並非孤立的現象。文人是否會因此對書坊深究,亦或書坊會在圖書出版後呈上酬金,也是一個值得探討的問題。

　　據前文所述,發現元代編撰的舉業用書絕大多數是出自漢人、南人文人之手。漢人、南人的文化層次較蒙古人、色目人高出許多,故編撰起舉業用書來亦較得心應手。除此,漢人、南人在元代所受的待遇,以及生存的條件較蒙古人、色目人來得差,為了改善經濟條件,或者是為了提高社會地位,可能是他們熱衷於從事編輯活動的原因,當然這也可能帶有些許無奈。

　　另外,細心的讀者也會發現編撰舉業用書的佼佼者中不乏江西文人,像劉仁初、周㪷、朱祖義、王充耕、袁俊翁、涂溍生、黃復祖、祝堯、曾先之、陰時夫等。江西文人熱衷於舉業用書的

編輯,是否與當地教育的發達與科舉風氣的熾熱息息相關,這是一個值得考察的問題。[113]

最後,寬鬆的政治環境有助於出版業的發展。雖然考生對舉業用書有著強烈的需求,但是,若沒有一個足以讓它穩定發展的環境,任何強烈的需要也無法造就這類圖書的火熱出版活動。蒙元的征服雖然酷烈,其統治卻較為寬鬆,對江南的統治尤欠深入。與漢族王朝相較,元朝的意識形態框架少了許多。對各種宗教並予尊崇,對各族群的殊風異俗採取「各從本俗」的原則,亦少規範。對於文化活動,既少強力主導,亦鮮無理干預。[114]在滅金亡宋的戰役中,蒙古族統治者意識到手工業工匠的重要性,因此,太宗在屠城時實行「唯匠得免」的措施,保留下來一批手工業工匠免遭殺戮。這樣,也使得自宋朝以來從事刻書的工匠也倖存下來,繼續從事刻書事業,這就構成了元代刻書的人才和技術基礎。這也使得元代能夠在宋代印刷興盛的基礎上,持續這股發展的勢頭,使印刷技術更為普及也有新的發展和突破,最為突出的是王禎對木活字排版的創新和使用以及朱墨套印的使用。[115]

一些史料顯示元朝政府對當代著作的出版印刷,是有一定限制的,著作要由本路進呈,經過上級逐級批准才能出版。陸容《菽園雜記》謂:「嘗愛元人刻書,必經中書省看過下所司,乃

---

[113] 關於宋元江西教育與科舉的發展情況,可參閱蕭啟慶,《元代的族群文化與科舉》,頁 204-206。

[114] 蕭啟慶《元代的族群文化與科舉》,頁 29。

[115] 嚴文郁,《中國書籍簡史》(臺北:臺灣商務印書館,1999),頁 176,199,217-218;羅樹寶,《中國古代印刷史》(北京:印刷工業出版社,1993),頁 218-219;陳紅彥,《元本》,頁 6-7。

許刻印。」[116]清人蔡澄《雞窗叢話》載：「先輩云：元時人刻書極難，如某地某人有著作，則其地之紳士呈詞於學使，學使以為不可刻，則已。如可，學使備文諮部，部議以為可，則刊版行世，不可則止。」[117]皆反映了這種情況。陳紅彥指出，元代主要是針對官方刻書進行嚴格管理，對私宅坊肆的刻書並沒有這麼嚴格。[118]羅樹寶補充說：「元代對出版書籍的嚴格限制，只是在很短的時期推行過；而在更多的時期，則是對書籍的出版印刷，採取開放的政策。」[119]其說甚是。倘若元代對書坊的出版也進行嚴格的管理，就不可能在百年內出現三十多家活躍於出版的書坊的景象了。

　　元朝政府對書籍生產和流通也數度頒佈禁令，不過它側重的是在禁毀那些妨礙政權鞏固、攪亂民心、褻瀆教化的圖書。至元三年（1266）七月有詔旨：「應有天文圖書、太乙雷公式、七曜曆、推背圖，聖旨到日，限一百日赴本處官司呈納。候限滿日，將收拾到前項禁書如法封記，申解赴部呈省。若限外收藏禁書並習天文之人，或因事發露，及有人首告到官，追究得實，並行斷罪。」[120]按這道詔令，私人凡藏有天文圖書資料的並不治罪，而要求在詔令發布後限一百日內上交本縣官府，本縣官府再將其

---

[116] 陸容，《菽園雜記》（北京：中華書局，1985），頁129。
[117] 蔡澄，《雞窗叢話》（《筆記小說大觀》第39編第6冊，臺北：新興書局，1986），頁527。
[118] 陳紅彥，《元本》，頁52。
[119] 羅樹寶，《中國古代印刷史》，頁220-221。
[120] 《大元聖政國朝典章》（《續修四庫全書》第787冊），卷32〈禁收天文圖書〉，頁334。

封存上交省級官府;如百日內不上交或百日後還有去收藏及習學的,則要予以斷罪處罰。至元十八年(1281)三月,中書省又進一步提出:「照得江南見有白蓮會等名目五公符、推背圖、血盆及應合禁斷天文圖書一切左道亂正之術,擬合欽依禁斷。」[121] 它主要集中在防止人們利用旁門左道、天人感應等圖讖式的理論來號召民眾起而反抗的輿論。由於元代帝王,特別是元中葉以後的大部分帝王,並不太認真地對待禁書,故而前述的禁書,在當時僅斷斷續續地被帝王所禁止。[122]這也使得元朝既無類似宋朝的禁止「偽學」,榜禁戲劇,更無明清時代的文字獄。[123]書坊就在這樣一個寬鬆的環境下,得以自由地出版在禁令以外的暢銷書籍,像本文討論的舉業用書。

在統一中國後,元代政府採取一系列措施,使全國的經濟得到了恢復。商品經濟也在較為開明和寬鬆的環境下,取得了一定的發展,其具體表現在農業的商品化程度的提高,手工業和商業規模的擴大。商業性農業獲得了良好的發展機遇,桑、麻、棉、芝麻、茶、蔬菜、果品等經濟作物的生產都取得一定的進步。[124]手工業門類眾多,以紡織、製陶、製鹽最為發達,其次為礦冶、造船、軍器製造等。[125]在商品生產發達和商業繁榮的情況

---

[121] 《大元聖政國朝典章》,卷32〈禁斷推背圖等〉,頁334。
[122] 陳紅彥,《元本》,頁74;陳正宏、談培芳,《中國禁書史話》(上海:學林出版社,2004),頁129-131。
[123] 蕭啟慶,《元代的族群文化與科舉》,頁29。
[124] 陳高華、史衛民,《中國經濟通史‧元代經濟卷》(北京:經濟日報出版社,2000),頁124-154。
[125] 陳高華、史衛民,《中國經濟通史‧元代經濟卷》,頁293-345。

下,促進了城市經濟的繁榮。全國出現了以大都、杭州、泉州等城市為代表的一大批商品貿易中心,並以這些城市為聯結點,形成了遍及全國的商業網。[126]

宋金對峙時代,「南北道絕」,交通運輸極不暢通。物資的供應、人們的往來,以及商品的流通也受到限制,坊間所出版的圖書亦因此而「不相通」[127],使得圖書的銷售網絡僅局限在周邊地區,書坊主的投資回報受到制約。兩方雖然偶有交流,實際上隔閡頗深,各自呈現明顯的地域特色。蒙古於 1234 年滅金後,1279 年滅宋,分隔已久的南北二方歸於單一全國政權之下,南北對峙時代發展出來的南北巨大差異遂得到統合的機會。政治上的空前統一,各地之間政治、經濟、文化聯繫非常密切,交通運輸獲得了極大發展,主要有南北大運河的貫通、海道的開闢和以大都為中心的驛站,構成了一個龐大的水陸交通網。交通的發達,直接聯繫著全國各大城市,間接聯繫著各州縣、各小城市以至邊遠地區。其交通工具種類繁多,水上有船,陸上有車。車的種類很多,有人力的,有畜力的(包括馬、牛、驢等)。[128]物資的供給、人物的往還,以及商品的流傳,也因為交通運輸的發達而大為順暢。[129]坊刻書籍也獲益於交通運輸的便利,過往「載籍不相通」的情況也因此得到極大的改變。書籍銷售網絡的擴大,南北書坊互通有無,意味書籍銷售數量的相應增加,

---

[126] 李幹,《元代社會經濟史稿》(武漢:湖北人民出版社,1985),頁 279-288。
[127] 宋濂等撰,《元史》,卷 189〈趙復本傳〉,頁 4314。
[128] 李幹,《元代社會經濟史稿》,頁 352-383。
[129] 蕭啟慶,《元代的族群文化與科舉》,頁 16-20。

書坊主也因而獲得更大的投資回報。

　　總之，元中葉以後，坊刻舉業用書在較為寬鬆的政治和穩定的經濟的條件下，得到了死灰復燃的發展機遇，並在有關圖書的讀者群體、創作群體和書坊老闆三者之間的互動下，重新開拓了有關圖書生產的勃興局面。

四、結語

　　自元中葉以來，在較為寬鬆的政治和穩定的社會環境下，給坊刻舉業用書的發展提供了契機。錄取配額和考試程式對佔絕大多數的漢人、南人考生極為不公，但科舉制度又是當時讀書人踏入仕途的唯一途徑，故而儘管躋身仕途道路的狹隘，但在仕途利益的強烈誘惑下，不少青少年仍紛紛踏上征戰科場的道路。由於三場考試並無主次要的分別，要做到三場同等優秀並不容易，乃促使了大部分能力欠缺的士子有閱讀教材以外的輔助讀物的強烈需要。當時那些對市場觸覺極為敏銳的書坊主察覺到了士子的普遍需要以及評估了這個圖書市場的潛在商機後，乃邀約、聘請文人來編撰的舉業用書。在這支創作隊伍中，既有不少擁有科舉名銜和官銜的社會名流，也有對科舉考試規定的某方面的內容或形式為士子所公認的權威和行家。在他們與書坊主的密切合作下，乃大量地生產了內容豐富、形式多樣的舉業用書來滿足考生全方位的備考需要。在讀者群、作者群與書坊主三者間的互動下，坊刻舉業用書的出版活動在元中葉以後形成一股熱潮，加上其他種類的出版物，使得當時的民間出版業呈現出一個百花齊放的格局。

參、明代坊刻舉業用書出版的沉寂與復興的考察

明人郎瑛（1487-1566）回憶：「成化以前世無刻本時文，杭州通判沈澄，刊《京華日抄》一冊，甚獲重利。後聞省效之，漸及各省徽提學使考卷。」[1] 八股文選本之刻始於成化間的沈澄。和郎瑛同時的李濂（1488-1566）也觀察到「比歲以來，書坊非舉業不刊，市肆非舉業不售，士子非舉業不覽。」[2] 李詡（1505-1593）《戒庵老人漫筆》也說：

> 余少時學舉子業，並無刊本窗稿。有書賈在利考，朋友家往來，鈔得《鐙窗下課》數十篇，每篇謄寫二三十紙。到余家塾，揀其幾篇，每篇酬錢或二文，或三文。憶荊州中會元，其稿亦是無錫門人蔡瀛與一姻親同刻。中會魁，其三試卷，余為愨懇其常熟門人錢夢玉以東湖書院活字印

---

[1] 郎瑛，《七修類稿》（《四庫全書存目叢書》子部第102冊，濟南：齊魯書社，1996），卷24〈時文石刻圖書起〉，頁618。《京華日抄》已佚，據書名看來，可能是沈澄將在京城搜集到的時文編輯成。

[2] 李濂，〈紙說〉，收錄於黃宗羲編，《明文海》（《景印文淵閣四庫全書》第1454冊），卷105，頁201。

行,未聞有坊間板。今滿目皆坊刻矣,亦世風華實之一驗也。[3]

通過郎瑛、李詡和李濂的親歷,我們大致可以斷定,舉業用書的出版經歷了成化以前一段長時期的沉寂後,在成化年間死灰復燃,於嘉靖年間已然有上升的趨勢,至萬曆年間達致頂峰,坊刻舉業用書在晚明的圖書市場上大行其道應該是不爭的事實。[4]當時在坊間大行其道的舉業用書包括四書五經講章、論、表、策、古文選本、八股文選本、類書、通史和諸子彙編等。那麼,是什麼原因促成舉業用書在明中晚期以後的大量刊行,而不是在明初即延續宋元這類圖書發展的勢頭而得到進一步的發展?這些舉業用書的刊行規模又為何?這是本文所要探討的問題。

一、明初坊刻舉業用書出版的沉寂

整體而言,明代出版業的發展格局,在帝王政治掌控力極為強勢的明前期,官方圖書的出版也呈現強勢的狀態,[5]官方修纂

---

[3] 李詡,《戒庵老人漫筆》(北京:中華書局,1982),卷 8〈時藝坊刻〉,頁 334。「荊州」即唐順之,於嘉靖八年(1529)中會元。「方山」即薛應旂。

[4] 姑不論其他種類的舉業用書的數量,單就「坊刻時文」這一類而言,考生已「看之不盡」,這很能夠說明當時坊刻舉業用書的數量之多。參袁宏道著,鍾伯敬箋校,《袁宏道集箋校》(上海:上海古籍出版社,1981),卷 22〈瓶花集〉之十,〈尺牘〉,〈答毛太初〉,頁 764-765。

[5] 郭姿吟,《明代書籍出版研究》(臺南:國立成功大學歷史研究所碩士論文,2002),頁 94-95。

刻印圖書的最大目的在於政治用途上,主要表現在:(一)制定禮法,承續道統;(二)博徵古事,鑑戒臣民;(三)制義取士,鉗制文人;(四)禁毀圖籍,禁錮思想。為了承續道統,推行漢制,所制定的典章禮制沿襲歷代法式,並繼續將程朱理學奉為國家理念。同時也纂輯古聖先賢的事蹟,以為全國臣民師法的典則,進而樹立朱明君權,求保國祚。此外又限制文人議論、閱讀的範圍,甚至刪改古書,禁毀不利於己的圖籍,以求思想的一統。這些官方的出版政策奠基於太祖和成祖,成為明前期官方書籍的最明顯特色。[6]有明一代,政府雖對出版業頗為鼓勵與扶持,[7]但在中央政府強力運作之下,明初所出版的圖書種類是比較單調的,書坊的反應也頗受影響,沿著官方的腳步亦趨亦隨。在這種情況下,使得坊刻舉業用書的出版活動,並沒有因為科舉制度的繼續推行,而承元代這類圖書發展的勢頭,得到進一步的發展,坊刻在官刻的主導下在明中葉以前表現得極為沉靜。顧炎武(1613-1682)說:「當正德之末,其時天下惟王府官司及建

---

[6] 張璉,《明代中央政府刻書研究》(臺北:中國文化大學史學研究所碩士論文,1983),頁 115-131。

[7] 早在洪武元年(1368),太祖已詔令免除書籍稅,《明會要》載:「洪武元年八月,詔除書籍稅。」見龍文彬撰,《明會要》(《續修四庫全書》第 793 冊,上海:上海古籍出版社,1995),卷 26〈學校下・書籍〉,頁 199。同時免去稅收的還有筆、墨等圖書生產物料和農器。見傅鳳翔,《皇明詔令》卷一:「書籍、筆、墨、農器等物,勿得收取商稅。」(臺北:成文出版社,1967),頁 36。可見在明太祖心目中,作為文化事業重要組成部分的書業,與恢復農業生產,解決民生問題是處於同等地位上的。洪武二十三年(1380)冬,則「命禮部遣使購天下遺書善本,命書坊刊行」,通過讓利於民來刺激書業的發展。

寧書坊乃有刻板，其流布於人間者，不過四書、五經、《通鑑》、《性理》諸書。」[8]故在正德末在市面上流通的主要是科舉考試所規定的教材，像朱熹《四書章句集註》、《周易本義》、《詩經集傳》、《資治通鑑綱目》、程頤《周易傳義》、蔡沈《書經集傳》、《春秋左傳》、《春秋公羊傳》、《春秋穀梁傳》、胡安國《春秋傳》、胡廣的《四書大全》、《五經大全》、《性理大全》、《四明先生續資治通鑑節要》等。

這種由官方所主導的出版格局到了明中葉以後，隨著帝王掌控力的鬆動以及社會經濟的變化而出現了轉變。

二、明中晚期以後坊刻舉業用書出版的發展契機

在明初推行的一系列休養生息的社會經濟政策，像鼓勵墾荒，減免賦役，實行屯田，推廣植棉等的扶持下，商品經濟也在較為開明和寬鬆的環境下，取得了進一步的發展，其具體表現在農業的商品化程度的提高，手工業和商業規模的擴大。

就商品化農業來說，糧食生產持續發展，尤其是湖廣、四川等地開始大規模開發，逐漸成為新的商品糧食基地。商業性農業獲得了空前大好的發展機遇，棉、桑、麻、甘蔗、果樹等經濟作物，種植面積迅速增加。特別是甘薯和煙草的引進和廣泛推廣，產生了巨大的經濟效益。[9]

---

[8] 顧炎武，《亭林文集》（《續修四庫全書》第1402冊），卷2〈鈔書自序〉，頁82。

[9] 林金樹，〈略論明中葉以後政治腐敗與經濟繁榮同時並存的奇特現象〉，見《中國社會經濟史研究》2002.1（2002.3），頁 8。關於各種

同時，手工業也取得長足的發展，各個生產部門規模不斷擴大，產品的品質、數量均有提高，工業流程及技術得到改進。其中一個重要特色是民營手工業興旺，在某些生產部門，甚至出現了規模生產。當時的手工業的部門種類很多，其中規模較大、進步較快的有礦冶、紡織、陶瓷、造船等。[10]此外，和出版業息息相關的行業，如造紙、製墨、製筆等，在當時也有不俗的發展，產品的品質都有顯著的提升。[11]

　　農業和手工業生產力的提高，帶動了商業的發展。交通路線的不斷開闢，商品流通量不斷增加，城市的經濟機能越來越強，集市在全國普遍建立，工商業城市如雨後春筍般地湧現，它們主要分佈在江南、東南沿海和運河沿岸等地。經濟最發達的江南，除了擁有棉紡中心松江、絲織業中心蘇、杭、漿染業中心蕪湖、造紙業中心鉛山、製瓷業中心景德鎮等五個手工業區域，蘇、松、杭、嘉、湖五府還擁有大批新興的絲棉紡織業城鎮。南、北兩京是全國最大的都市，它們既是全國的政治中心，也有發達的工商業，「四方財貨駢集」，「南北商賈爭赴」。當時商人的足跡遍佈全國各地，「往來貿易，莫不得其所欲」[12]。隨著商業資

商品性作物種植的發展，可詳參范金民，《明清江南商業的發展》（南京：南京大學出版社，1998），頁10-26。

10　呂昌琳、郭松義主編，《中國歷代經濟史‧明清卷》（臺北：文津出版社，1998），頁238-256。

11　周心慧，〈明代版刻述略〉，收錄於周心慧主編，《明代版刻圖釋》（北京：學苑出版社，1998），頁4-5。

12　張瀚撰，蕭國亮點校，《松窗夢語》（上海：上海古籍出版社，1986），卷4〈商賈紀〉，頁74。關於南北兩京的商業發展情況，可參閱韓大成，《明代城市研究》（北京：中國人民出版社，1991）中對這

本的日顯活躍,並湧現出徽商、晉商、江右商、閩商、粵商、吳越商、關陝商等著名的地域性商幫。其中有的商人擁資達數萬、數十萬甚至百萬。他們除經營商業外,有的還進入手工業生產。[13]隨著商品經濟的發展,「朝野率皆用銀」[14],白銀逐漸成為中國市場的主要貨幣。[15]

　　明中葉以後也湧現了一批很有影響力的學者。以陳獻章（1428-1500）為代表的白沙學派的出現,不僅成為明代程朱理學向陽明心學轉換的中間環節,而且體現著轉換過程中新價值取向的孕育,具有異於宋明正統理學的特點。[16]陽明心學對人的主體「心」作了細緻剖析,並把人的主體意識提高了相當高度。陽明心學的崛起和廣泛傳播,可以說是對儒學傳統和經典權威性的大膽挑戰,對於衝破程朱思想的禁錮,活躍學術空氣,解放人們思想,起到積極的作用。王學的分化,使晚明的學術思想呈現出更加複雜、多采的情景。[17]面對王學末流將王學禪化,從而導致晚明學術流於空疏的嚴重情況,東林黨的領導人顧憲成（1550-

---

兩個城市的討論,頁 47-66。

[13] 關於明代地域性商幫的詳細情況,可參閱張海鵬,張海瀛主編,《中國十大商幫》（合肥：黃山書社,1993）。

[14] 張廷玉等,《明史》（北京：中華書局,1974）,卷 81〈食貨五〉,頁 1964。

[15] 關於白銀在明代的使用情況,可參閱彭信威,《中國貨幣史》（上海：上海人民出版社,1958）,頁 452-506。

[16] 容肇祖,《明代思想史》（上海：開明書店,1941）,頁 42-44；黃明同,《陳獻章評傳》（南京：南京大學出版社,1998）,頁 245-246。

[17] 關於王學的崛起及其派分,可參閱容肇祖,《明代思想史》,頁 71-269。

1612）、高攀龍（1562-1626）等則又由王學轉向朱學，並興起了實學思潮的端緒。[18]

　　帝王政治掌控力的鬆動、商品經濟的繁榮，思想新潮的湧現，導致人們的思想觀念發生了變化。傳統的重農抑商觀念受到衝擊，工商皆本的思想逐漸發展起來，商人的社會地位有了提高。[19]商品經濟的繁榮也促成了社會風氣發生變化，[20]以節儉為美德的傳統消費觀念遭到破壞，社會風氣趨向奢侈豪華。[21]

　　明中葉以後，民間書坊在這樣的背景下，打破了明前期以政治性書籍為主導的出版格局，開始朝向多元方向發展，[22]娛樂性、指導性和實用性書籍在書坊的主導下大行其道。

　　前引郎瑛指出：「成化以前世無刻本時文，杭州通判沈澄，刊《京華日抄》一冊，甚獲重利。後閩省效之，漸及各省徽提學

---

[18] 陳鼓應、辛冠潔、葛榮晉主編，《明清實學簡史》（北京：社會科學文獻出版社，1994），頁301-330。

[19] 王衛平，《明清時期江南地區的重商思潮》，《徐州師範大學學報（哲學社會科學版）》2000.2（2000.6），頁71-74。

[20] 李金玉，〈論晚明商業發展對社會風尚的影響〉，《新鄉師專學報（社會科學版）》11.4（1997.11），頁23-25。

[21] 社會奢侈風氣的表徵甚多，相關的研究成果已有多位學者提出，包括林麗月，〈晚明「崇奢」思想隅論〉，《國立臺灣師範大學歷史學報》19（1991.6），頁215-234；林麗月，〈衣裳與風教：晚明的服飾風尚與「服妖」議論〉，《新史學》10.3（1999.9），頁111-157；巫仁恕，〈明代平民服飾的流行風尚與士大夫的反應〉，《新史學》，10.3（1999.9），頁55-109；邵金凱、郝宏桂，〈略論晚明社會風尚的變遷〉，《鹽城師範學院學報（人文社會科學版）》21.2（2001.6），頁58-62。

[22] 郭姿吟，《明代書籍出版研究》，頁96。

使考卷。」八股文之刻始於成化間的沈澄,說明了舉業用書的出版是肇始自家刻,書坊在目睹了《京華日抄》的大賣後,乃開始伸足於此類圖書的出版。顧炎武指出正德末年的書坊流布的不過是「四書、五經、《通鑑》、《性理》諸書」。因此,在坊刻舉業用書這個市場尚未完全成熟之際,坊間主要流通的應當是顧炎武所說的「四書、五經、《通鑑》、《性理》諸書」。經建陽書坊的推波助瀾下,不過十幾年功夫,八股文之刻更是鋪天蓋地。但因而流弊叢生,引起了當權者的注意,並有禁書之舉。祭酒謝鐸曾於弘治十一年(1498)奏革《京華日抄》、《主意》等書一事,結果不僅「《日抄》之書未去,又益之以《定規》、《模範》、《拔萃》、《文髓》、《文機》、《文衡》;《主意》之書,未革去又益之以《青錢》、《錦囊》、《存錄》、《活套》、《選玉》、《貫義》,紛紜雜出」[23]。從這則資料來看,坊刻舉業用書在弘治年間應當頗具規模。最遲在萬曆年間,坊刻舉業用書的發展愈加興旺發達,書坊出現了「非舉業不刊,市肆非舉業不售」的現象。

三、明中晚期坊刻舉業用書出版的規模

明中葉以後,坊刻的規模逐漸超越官刻,分佈地域也逐漸擴大。除了南北二京外,江浙一帶有蘇州、常州、揚州、杭州、湖州等城市,閩北有建陽和崇安,湖廣有漢陽,江西有南昌,陝西有西安,安徽有徽州。四川的成都和山西的平陽雖然比前代較差

---

[23] 黃佐,《南雍志》(《續修四庫全書》第749冊),卷4,頁170。

了一點,但流風猶在,仍居中上地位。此外,各個省的首府和主要城市,都有相當規模的出版單位,在邊遠省份,也有長足的發展,其中廣西和雲南尤其值得重視。[24]今擇南京、蘇州、杭州、建陽這幾個重要的刻書地區,探討它們在舉業用書方面的出版情況。

(一)南京。南京自古為江南重鎮,三國時的吳,南朝的東晉、宋、齊、梁、陳,五代十國的南唐,明洪武皆建都於此。成祖遷都北京後,南京仍是江南地區的政治、經濟、文化中心,人文薈萃,衣冠士庶多居於此。深厚的文化底蘊,明王朝對書業的鼓勵,不僅使其官刻稱極盛,[25]民間坊肆刻書也十分發達,遠較北京有更大的發展。[26]胡應麟(1551-1602)云:「吳會(蘇州)、金陵(南京)擅名文獻,刻本至多,巨帙類書咸薈萃焉!海內商賈所資二方十七,閩中十三,燕、越勻也。然自本方所梓外,他省至者絕寡,雖連楹麗棟,搜其奇秘,百不二三。蓋書之所出,而非所聚也。」[27]在胡氏眼中,若論書業之盛,僅閩建書

---

[24] 繆詠禾,《明代出版史稿》(南京:江蘇人民出版社,2000),頁71。張秀民,《中國印刷史》(上海:上海人民出版社,1989)中詳細記述了明代各地書坊刻書的情況,頁340-402。

[25] 關於明代南京官刻的發展情況,可參閱張秀民,〈明代南京的印書〉,收錄於張秀民,《張秀民印刷史論文集》(北京:印刷工業出版社,1988),頁140-145。

[26] 關於明代金陵坊刻發達的原因,可參閱葉樹聲,〈明清金陵坊刻概述〉,收錄於上海新四軍歷史研究會印刷印鈔分會編,《中國印刷史料選輯之四:裝訂源流和補遺》(北京:中國書籍出版社,1993),頁322-324。

[27] 胡應麟,《經籍會通》(北京:北京燕山出版社,1999),卷4,頁49。

林可與之比肩。南京只賣自己本地所梓的書籍,其他地區所出版的圖書很難滲入南京的圖書市場,這說明當地出版的圖書已做到自給自足的地步。

　　南京書坊可考的有上百家以上,大都集中在三山街一帶,其中有不少是同姓的,包括唐姓、周姓、王姓、傅姓、吳姓、李姓、陳姓、楊姓、胡姓、鄭姓、葉姓、徐姓等,他們的刻書活動在十六世紀中葉以後尤其活躍。[28]在明代南京眾多的書坊中,唐姓、周姓、王姓特多,從他們的名字用字看來,應當是出於一個家族,是同族世代經營出版業。[29]

　　正經正史、醫書、類書是南京書坊刻書的主要品種,除此之外,還刊刻了大量的戲劇和小說,據估計約有三百種左右。[30]據張秀民的觀察:「大致金陵坊刻醫書、雜書、小說不及建陽坊本之多,而戲曲則超過建本,兩處刊書均以萬曆時為最盛。」[31]由於南京的讀書人多,除了為數眾多的一般士子外,還有不少在當

---

[28] 張秀民據諸家目錄及原本牌記,考得南京書坊 93 家。(張秀民,《中國印刷史》,頁 342-348。)賈晉珠則考得 180 家,但她同時也指出,絕大多數知名的南京書坊所刊刻的圖書不多,南京的出版業還是明顯地為幾個著名的書坊所壟斷。見 Lucille Chia, "Of Three Mountains Street: The Commercial Publishers of Ming Nanjing", In Cynthia J. Brokaw and Chow Kai-Wing, ed., *Printing and Book Culture in Late Imperial China* (Berkeley: University of California Press, 2005), pp. 111-123.

[29] 繆詠禾,《明代出版史稿》,頁 73-74;Lucille Chia, "Of Three Mountains Street: The Commercial Publishers of Ming Nanjing", p. 112.

[30] 張秀民,《中國印刷史》,頁 348-351;繆詠禾,《明代出版史稿》,頁 74;Lucille Chia, "Of Three Mountains Street: The Commercial Publishers of Ming Nanjing", pp. 127-140。

[31] 張秀民,《中國印刷史》,頁 351。

地國子監就學的監生，故而舉業用書在南京的市場相當大。加上南京是文人薈萃之地，有不少能夠勝任圖書編寫工作的文人作為後盾，故南京書坊也不失機會刊刻了大量的舉業用書來滿足這個市場的需求，也同時給自己帶來豐厚的利潤。

明代南京唐姓書坊，如唐振吾（廣慶堂）和唐廷仁刊刻的舉業用書較其他同姓書坊來得多。唐振吾，字國達，金陵人。除刊刻戲曲、文集外，還有數量頗為可觀的舉業用書，包括《新刻徐玄扈先生纂輯毛詩六帖講意》、《新刻七名家合纂易經講義千百年眼》、《新課癸丑翰林館刻》、《戊辰科曹會元館課試策》、《新刻壬戌科翰林館刻》等。唐廷仁，字龍泉，金陵人。[32]所刻以舉業用書為主，包括《精選舉業切要諸子粹言分類評林文源宗海》、《新刊子史羣書論策全備摘題雲龍便覽》、《名世文宗》、《刻續名世文宗評林》、《新鐫國朝名儒文選百家評林》、《新鐫國朝名家四書講選》等。

周姓書坊中，如周曰校（萬卷樓）、周竹潭（嘉賓堂）和周時泰（博古堂）也出版了不少舉業用書。周曰校，字應賢，號對峰，金陵人。[33]刻書以通俗小說和舉業用書為多數。後者包括了《國朝名公經濟宏辭選》、《新刻舉業卮言》、《新刻顧會元註釋古今捷學舉業天衢》、《新刻沈相國續選百家舉業奇珍》、《新刊舉業利用六子拔奇》、《增訂國朝館刻經世宏辭》等。周竹潭，字宗孔，金陵人。[34]刻書以舉業用書為主，有《皇明翰閣

---

32 杜信孚、杜同書，《全明分省分縣刻書考‧江蘇省》（北京：線裝書局，2001），頁15。
33 杜信孚、杜同書，《全明分省分縣刻書考‧江蘇省》，頁12。
34 杜信孚、杜同書，《全明分省分縣刻書考‧江蘇省》，頁13。

文宗》、《諸經品節》、《皇明館閣文宗》、《皇明百家文選》、《諸子品節》、《新刻乙未科翰林館課東觀弘文》等。周時泰除出版文集外，也刊刻了《新刊校正古本歷史大方通鑑》、《新刊邵翰林評選舉業捷學宇宙文藝》、《新刻辛丑科翰林館課》等舉業用書。

一些非源於刻書世家的書坊也刊刻了一些舉業用書，其中以李潮和光裕堂最具代表性。李潮，字時舉，號少泉，金陵人。[35]《全明分省分縣刻書考》著錄其所刊書二十六種，除醫書、類書、文集和通俗小說外，有多種為舉業用書，如《新刻邵太史評釋舉業古今摘粹玉圃珠淵》、《皇明三元考試》、《新鐫張太史註釋標題綱鑑白眉》、《詩經百家答問》、《皇明百家問答》、《新鐫十六翰林擬纂酉戌科場急出題旨棘圍丹篆》、《諸子綱目》等。此外，光裕堂也出版了《詩經副墨》、《諸子玄言評苑》、《性理大全會通》、《四書醒人語》等舉業用書。

由於南京的圖書市場只賣自己當地出版的書籍，他處所出版的書籍在當地很罕見。為了打開南京這個具有很大潛力的圖書市場，一些福建建陽的書坊也遠到來南京投資設店。如蕭世熙除在建陽設鋪外，也在南京設店。蕭世熙，字少渠，福建建陽人。所刻書多為浙江人著述。[36]除刊刻戲曲和文集外，蕭世熙在南京所開設的師儉堂也出版不少舉業用書，有《五子雋》五種、《新鍥侗初張先生註釋孔子家語》、《李相國九我先生評選蘇文彙精》、《侗初張先生評選左傳雋》、《侗初張先生評選戰國策

---

[35] 杜信孚、杜同書，《全明分省分縣刻書考‧江蘇省》，頁8。
[36] 杜信孚、杜同書，《全明分省分縣刻書考‧江蘇省》，頁16。

雋》、《新刻張侗初評選國語雋》、《新鍥侗初張先生評選史記雋》、《陳眉公評選秦漢文雋》、《鼎雋諸家彙編皇明名公文雋》等。蕭世熙在建陽的書坊則出版了《五子雋》五種、《新鍥侗初張先生註釋孔子家語雋》、《新鐫張太史評選眉山橋梓名文雋》等，前兩種曾在南京出版。《全明分省分縣刻書考》著錄了蕭世熙在南京所刊刻的圖書三十四種，在建陽的刻書僅有以上幾種，可以看出他在南京的出版數量超出建陽許多。這是否能夠說明蕭世熙已經把事業的重心都放在南京，又或者是他利用建陽較低的出版成本來進行雕板的工作，將完成的刻板分別在建陽和南京刷印出版，這些都是值得考證的問題。[37]

（二）蘇州。在明代以前，蘇州本非刻書重地。[38]其刻書可上溯至南宋紹興十五年（1145）刊李誡（？-1110）的《營造法式》。自宋元以來當地出現了很多熟練的老刻工，影響所及，明代蘇州刻書在萬曆以前為全國各府之冠。[39]當時無論刊刻的技術或刻印書籍的品質都很優良，胡應麟評論說：「余所見當今刻本，蘇常為上，金陵次之，杭又次之。」又云：「凡刻之地有三，吳也，越也，閩也」，「其精吳為最，其多閩為最，越皆次之」，對蘇州刻本的評價是很高的。又稱：「凡姑蘇書肆，多在

---

[37] 除蕭世熙外，在南京經營書坊的外地人尚有臨川人唐鯉非、歙縣人鄭思鳴、嘉興人周履靖、東陽縣人胡賢以及建陽人葉貴等。

[38] 宋人葉夢得在《石林燕語》卷八記述南、北宋之際出版業的發展情況時說：「今天下印書，以杭州為上，蜀本次之，福建最下。」他的這則記述並沒有特別提及蘇州刻書在當時的重要性。（北京：中華書局，1984），頁116。

[39] 張秀民，《中國印刷史》，頁368。

閶門外及吳縣前。書多精整,然率其地梓也。」⁴⁰明代蘇州書坊所販賣皆為本地產品,書坊多冠以「金閶」兩字。蘇州書坊的數字,《中國印刷史》認為有 37 家,《江蘇刻書》補充了 19 家,《蘇州市志》又補充的 11 家。因此,蘇州的書坊,可查知共有 67 家。⁴¹其數量不及南京、建陽書坊之多。

　　蘇州書坊刊刻了各種各樣的暢銷書,如科舉、醫藥、童蒙、通俗類書、戲曲、小說等,來滿足社會各階層的多種需求。據筆者初步的調查,發現蘇州書坊所出版的舉業用書不僅在量方面不及南京、建陽書坊之多,也未見刊刻這類圖書比較特出的書坊。當然,這並不足以說明蘇州書坊在舉業用書的刊刻出版方面遜色於南京和建陽等重要刻書中心。蘇州書坊的出版重點可能是在八股文選集,而不在於四書五經、類書、通史類、諸子彙編類等舉業用書。八股文選集又往往不為當時官、私書目和地方志中的藝文志所著錄,故和其它地區比較起來,蘇州書坊在舉業用書的出版活動的表現較不顯著。據《全明分省分縣刻書考》的著錄考察,蘇州出版超過兩種以上舉業用書的書坊並不多見,像擁萬堂出版《四書圖史合考》、《古名儒毛詩解》和《呂東萊左氏博議》等;大觀堂出版《五經疏義統宗》五種、《宋元通鑑》和《增訂二三場羣書備考》。絕大多數的書坊僅出版一種舉業用書,葉聚甫出版《皇明歷朝四書程墨同文錄》,葉仰山出版《遊藝塾文規》,黃玉堂出版《唐宋八大家文抄》等。值得注意的是,袁黃所編寫的舉業用書相當受到蘇州書坊的重視,出版得相

40　胡應麟,《經籍會通》,卷 4,頁 49。
41　以上諸書的統計數字皆取自繆詠禾,《明代出版史稿》,頁 77。

當多,這可能是他編寫的舉業用書深受士子的緣故。其《增訂二三場羣書備考》就曾為澹思堂、豹變齋、致和堂、大觀堂等書坊所出版。除此,葉仰山也曾出版其《遊藝塾文規》,龔堯惠曾出版其《古今經世文衡》,二酉齋曾出版其《新鐫了凡家傳利用舉業史記方瀾》等。

（三）杭州。杭州是明代的另一個重要的刻書地區。除出版小說、戲曲、醫藥、童蒙等圖書外,當地書坊也出版了一些舉業用書。前文指出,明代八股文選本的出版實際上肇始於杭州,故杭州可說是明代舉業用書的發源地。杭州自古以來以印刷業發達而著稱於天下,其刻書可遠溯至五代時吳越國主錢俶（929-988）刊《寶篋印陀羅尼經》。宋靖康之變後,大批刻工南遷,臨安逐漸發展成為刻書中心。[42] 入明之後,建陽、金陵等地刻書大興,杭州執全國書業牛耳的地位漸失,但出版業仍頗發達。胡應麟曾說:「今海內書凡聚之地有四:燕市也、金陵也、閶闔也、臨安也。」[43] 就很能說明它在當時書業的影響力。和蘇州書坊的情況一樣,杭州書坊出版超過兩種以上舉業用書的書坊並不多見,如古香齋曾出版《秦漢文歸》和《魏晉南北朝唐宋文歸》等。不少書坊僅出版過一部舉業用書,如天益山房的《孫月峰先生批評詩經》,名山聚的《鍥旁註類捷錄》,張起鵬（毓秀齋）的《新刻經史類編》,翁月溪的《新刊昆山周解元精選藝國萃盤

---

[42] 關於五代至宋代杭州刻書的詳細情況,可參閱顧志興,《浙江出版史研究:中唐五代兩宋時期》（杭州:浙江人民出版社,1991）,頁 8-157；蔡惠如,《宋代杭州地區圖書出版事業研究》（臺北:國立臺灣大學圖書資訊學研究所碩士學位論文,1998）。

[43] 胡應麟,《經籍會通》,卷 4,頁 48。

錄》,二酉齋的《新鐫了凡家傳利用舉業史記方瀾》,樵雲書舍的《新刻增補藝苑卮言》等。杭州書坊和蘇州書坊一樣以刊行八股文選集著稱,加上資料的零散,故不能因其知見的舉業用書稀少而忽視它在當時這類圖書的出版活動的地位。

（四）建陽。和其它刻書中心比較起來,建陽在明代刻書業中佔據著舉足輕重的地位。福建刻書業萌芽於五代,繁榮於兩宋,延續於元、明和清代。其中,福建明代刻書,以建寧府為主,而建寧府以建陽為主。[44]

元末明初的社會動盪給建陽刻書業造成了極大的影響,許多老字型大小書肆如余氏勤有堂等相繼歇業,倖存下來的幾家書肆（如宗文堂、翠岩精舍、廣勤堂等）在明初也很少刻書。經過了六、七十年的休養生息後,建陽刻書業才逐漸得到恢復和發展,余、劉、鄭等刻書世家的子孫們陸續重操舊業,熊、蕭等姓的家族成員也先後躋身其間。到了嘉靖、萬曆年間,建陽刻書業進入了歷史上的鼎盛時期,出現了書鋪林立、百肆爭刻的繁榮景象。據《建陽刻書史略》一書的考察,明代建陽書坊多達 203 家,這較張秀民考證得出的 84 家多了許多。[45]建陽書坊幾乎都集中在崇化里書坊街。（嘉靖）《建陽縣誌》卷四載:「書籍出麻沙、崇

---

[44] 方彥壽,〈建陽古代刻書通考〉,《出版史研究》第 6 輯（北京:中國書籍出版社,1998）,頁 13。關於建陽出版業在宋元的發展情況,可參閱 Lucille Chia, *Printing for Profit: The Commercial Publishers of Jianyang, Fujian (11th-17th Century)* (Cambridge: Harvard University Asia Center, 2002), pp. 65-146。

[45] 吳世燈,〈福建歷代刻書述略〉,《出版史研究》第 5 輯（北京:中國書籍出版社,1997）,頁 62。

化兩坊,昔號圖書之府,麻沙毀於元季,惟崇化存焉。今麻沙鄉進士長璿偕劉、蔡二氏新刻書板浸盛,與崇化並傳於世,均足以嘉惠四方云」。[46]卷五載「建邑兩坊,昔稱圖書之府。今麻沙雖毀,崇化愈蕃,蓋海宇人文有所憑籍云」。[47](弘治)《八閩通志》的記載則更為明確:「建陽縣麻沙、崇化二坊,舊俱產書,號為圖書之府。麻沙書坊元季毀,今書籍之行四方者,皆崇化書坊所刻者也。」[48]

建陽書坊所刻圖書,經、史、子、集無所不包,尤以小說、戲曲等通俗文學作品為最多,凡當世所見之小說,由建陽書坊付梓者恐不下八、九。[49]醫書、舉業用書、日用類書亦多,這當然和這些書在社會上擁有龐大的讀者群有關。至於經史文集,建本傳世者亦不少。[50](景泰)《建陽縣誌》稱:「天下書籍備於建

---

[46] 馮繼科纂修,韋應詔補遺,胡子器編次,(嘉靖)《建陽縣誌》(《天一閣藏明代方志叢刊第10冊,臺北:新文豐出版公司,1985),卷4,頁382。

[47] 馮繼科纂修,韋應詔補遺,胡子器編次,(嘉靖)《建陽縣誌》,卷5,頁416。

[48] 黃仲昭,《八閩通志》(《北京圖書館珍本叢刊》第33冊,北京:書目文獻出版社,1988),卷25〈食貨・土產・建寧府〉,頁336。

[49] 關於明代建陽的小說出版業的詳細情況,可參閱徐曉望,〈建陽書坊與明代小說出版業〉,《出版史研究》第6輯(北京:中國書籍出版社,1998),頁67-76。

[50] 關於明代建陽書坊所刻圖書的詳細內容,可參閱謝水順,李珽,《福建古代刻書》(福州:福建人民出版社,1997),頁335-338;Lucille Chia, *Printing for Profit*, pp. 193-253。

陽之書坊」[51]，並非虛語。明代福建坊刻的繁盛，除表現在刻書單位的數目為全國之冠，以及出書種類的多樣化外，還表現在出書的數量上。清閩人陳壽祺《左海文集》稱：「建安麻沙之刻，盛於宋，迄明未已，四部巨帙，自吾鄉鋟版以達四方，蓋十之五、六。」[52]

　　建陽刻書雖多，但因校勘粗略，紙、墨俱劣，在當時就受到讀書人的強烈批評。胡應麟也說：「閩中紙短窄鬙脆，刻又舛訛，品最下而值最廉。」[53]郎瑛評之曰：「我朝太平日久，舊書多出，此大幸也。惜為福建書坊所壞。蓋閩專以貨利為計，凡遇各省所刻好書，聞價高，即便翻刊，卷數目錄相同，而於篇中多所減去，使人不知，故一部止貨半部之價，人爭購之。」[54]用今天的話說，就是盜版成風。盜版猶不足，更加以偷工減料，瞎刪亂改，以牟取暴利，難免令人齒冷。謝肇淛（1567-1624）說：「建陽書坊出書最多，而紙、板俱濫惡」；「板苦薄脆，久而裂縮，字漸失真，此閩書受病之源也。」[55]其實，建陽書坊刻書之量多質劣，並不始於明代，顧千里（1770-1839）稱：「南宋時，建陽各坊刻書最多。惟每刻一書，必請雇不知誰何之人，任

---

[51] 趙文，黃璿纂修，袁鉌續修，（景泰）《建陽縣志》，轉引自周心慧，〈明代版刻述略〉，頁15。

[52] 陳壽祺，《左海文集》，轉引自李瑞良，〈福建古代刻書業綜述〉，收錄於宋原放主編，《中國出版史料（古代部分）》（武漢：湖北教育出版社，2004），第2卷，頁297。

[53] 胡應麟，《經籍會通》，卷4，頁50。

[54] 郎瑛，《七修類稿》，卷45〈事物類‧書冊〉，頁750。

[55] 謝肇淛撰，郭熙途校點，《五雜俎》（瀋陽：遼寧教育出版社，2001），卷13〈事部一〉，頁275。

意增刪換易,標立新奇名目,冀以衒價,而古書多失真。」[56]惟一「利」字,而使其忘刻書之「義」也。不過,從另一個角度講,正是由於建陽書坊出書迅速且「值最賤」,所刻又多為民間喜聞樂見的小說、戲曲及實用圖書,才使其所刻有廣闊的市場,從而在激烈的書業競爭中掙得一席之地。[57]

自成化年間杭州通判沈澄「刊《京華日抄》」而「甚獲重利」後,建陽書坊就「效之」出版了大量的八股文選本,其數量之多引起了一些朝廷官員的注意。弘治十二年(1499)十二月,吏科給事中許天賜請求朝廷趁建陽書坊發生火災的機會,禁止書坊中「損德蕩心,蠹文害道」的八股文選本,「悉皆斷絕根本,不許似前混雜刊行」。[58]雖然許天賜的建議最終沒有得到落實,但從他這段議論可以看出,當時建陽刊刻舉業用書的風氣是何等興盛。建陽書坊,不僅刻賣圖書,而且還接受官府所托印書。蔡存遠於嘉靖年間任松江府推官時,曾於嘉靖八年(1529)上奏,希望嘉靖帝將其父蔡清所撰的《易經蒙引》頒之禮部,以開天下

---

[56] 顧廣圻,《思適齋集》(《春暉堂叢書》,上海:上海徐氏校刊,1849),卷10〈重刻古今說海序〉,頁13下-14上。

[57] 建陽坊刻雖有其粗劣的一面,但並非一無是處,校勘精審的刻本也不少,如劉弘毅慎獨齋、劉氏廣勤堂的版本就很受人稱道。有關詳情,可參閱謝水順、李珽,《福建古代刻書》,頁343-345;吳世燈,〈福建歷代刻書述略〉,頁70-71;方品光,〈福建古代刻書的編輯工作〉,《出版史研究》第5輯(北京:中國書籍出版社,1997),頁77-79;葉德輝《書林餘話》(北京:北京燕山出版社,1999),卷下,頁310。

[58] 明史館修纂,中央研究院歷史語言研究所校勘,《明實錄》(臺北:中央研究院歷史語言研究所,1962-1966),弘治十二年十二月乙巳,頁2825-2827。

諸生之學。後禮部官員認為「天下科舉之書，盡出建寧書坊」，故由都察院轉行福建提學副使將此書「訂正明白，發刊書坊，庶幾私相貿易，可以傳播遠邇，就便刊刻，亦不至虛廢國財」。「選委《易經》教員一名、生員四名，將《易經蒙引》訂正明白，發委建陽縣書坊作速刊刻完備，據繇回報，以憑施行，毋得違錯」。[59]由此可見，當時的舉業用書多由建陽書坊刊刻，然後再轉運發售到全國各地，影響之大，非宋、元以及清代所可比擬。

明代建陽余氏書坊，如自新齋、萃慶堂、雙峰堂、三台館、克勤齋、怡慶堂等在出版通俗小說、日用類書、醫書等圖書的同時，還出版了大量的舉業用書。

自新齋是明代建陽著名的書肆，其刻書始於嘉靖年間，現存最晚的刻本是萬曆四十三年（1615）的《新刻題評名賢詞話草堂詩餘》。[60]自新齋出版了不少舉業用書，有《史記萃寶評林》、《漢書萃寶評林》、《通鑑纂要狐白》、《鼎鐫金陵湯會元評釋漢書狐白》、《新刻湯會元精遴評釋國語狐白》、《鼎鐫金陵三元合選評註史記狐白》、《左傳狐白》、《莊子南華真經狐白》、《精選舉業切要書史粹言評林諸子狐白》、《新刊標題明解聖賢語論》、《管晏春秋百家評林》、《精選舉業切要諸子粹言分類評林文源宗海》、《續文章軌範百家批評註釋》、《續名文珠璣》、《新刊補遺標題論策指南綱鑑纂要》、《新鍥張狀元遴選評林秦漢狐白》、《新鐫施會元評註選輯唐駱賓王狐白》、

---

[59] 蔡清，《蔡文莊公集》（《四庫全書存目叢書》集部第42冊），卷8，附錄〈奏刊《易經蒙引》勘合〉，頁32。
[60] 謝水順、李珽，《福建古代刻書》，頁253。

《四書順天捷解》、《鼎鐫黃狀元批選三蘇文狐白》、《續刻溫陵四太史評選古今名文珠璣》、《新鋟張狀元遴選評林秦漢狐白》等等。

以自新齋為堂號刻書的有余允錫、余泰恒、余良木、余紹崖、余明吾、余文傑。如《新刊憲台釐正性理大全》署名余允錫，《精選舉業切要書史粹言評林諸子狐白》署名余良木，《新鐫施會元評註選輯唐駱賓王狐白》署名余文傑，《續刻溫陵四太史評選古今名文珠璣》署名余紹崖，《漢書萃寶評林》署名余明吾等。署名雖有六個，但並不等於就是六個人。建陽書坊主常常在所刻書中分署不同的名、字。[61]萬曆四十二年（1614）自新齋刻《精選舉業切要書史粹言分類評林諸子狐白》，卷前題「書林紹崖余良木梓行」一行，在「余良木」前冠以「紹崖」，顯然余良木就是余紹崖。[62]

余彰德、余泗泉父子經營的萃慶堂是活躍於萬曆年間的書坊。余彰德曾聘請「胸藏萬卷，眾稱『兩腳書櫃』」的鄧志謨來指導子弟讀書，[63]余泗泉等余氏子弟均受業於他。他們雖沒有進

---

[61] 像余象斗刻書就曾用了許多別名，肖東發說：「他的書肆，就有三台館、雙峰堂兩個名稱，仰止為余象斗字，號三台山人，所謂余君召、余文台、余元素、余世騰、余象烏者，經孫楷第、劉修業二先生考證，實為余象斗一人。」見肖東發，〈建陽余氏刻書考略〉，收錄於上海新四軍歷史研究會印刷印鈔分會編，《中國印刷史料選輯之三：歷代刻書概況》（北京：印刷工業出版社，1991），頁126。

[62] 謝水順、李珽，《福建古代刻書》，頁253。

[63] （同治）《安仁縣誌》（《中國地方誌集成・江西縣府志輯》第32冊，南京：江蘇古籍出版社，1996），卷26〈人物・處士〉，頁772。孫楷第說鄧志謨「嘗遊閩，為建陽余氏塾師。」見孫楷第，《中國通俗

入仕途,但至少讓他們粗通文墨,為日後從事刻書業打下了鞏固的基礎。萃慶堂出版了不少通俗小說和舉業用書。前者有鄧志謨的《鐵樹記》、《飛劍記》、《咒棗記》、《註釋藝林聚錦故事白眉》、《音註藝林唐故事白眉》、《旁訓古事鏡》等;後者有《六經三註粹鈔》、《王鳳洲先生會纂綱鑑歷朝正史全編》、《新刻世史類編》、《歷朝紀政綱目》、《書經萬世法程註》、《四書知新日錄》、《漢書評林》、《彙鍥註釋三蘇文苑》、《四書正義心得解》、《纂評註漢書奇編》、《新雋沈學士評選聖世諸大家明文品萃》等。

余應虯,字陟瞻,號猶龍。余泗泉之弟。除鄧志謨外,也曾師事黃端伯等人,[64]對四書頗有研究,是一個文化水準頗高的書坊主。余泗泉承襲其父的萃慶堂,余應虯則自創近聖居,自編圖書刻售。余應虯曾出版《新鍥評林旁訓薛鄭二先生家藏酉陽搜古人物奇編》、《新編分類當代名公文武星案》、《鼎鐫徐筆洞增補睡庵太史四書脈講意》、《新鐫翰林校正鼇頭合併古今名家詩學會海大成》和《刻仰止子參定正傳地理統一全書》等書。[65]除刊刻圖書外,還參與了《古今名家詩學會海大成》、《四書徵》、《四書湖南講》等書的參訂工作,也曾替湯賓尹所撰的《四書脈講意》撰寫了凡例七則。

余應虯也曾編寫過《四書翼經圖解》和《鐫古今兵家籌略》

小說書目》(北京:作家出版社,1957),卷 5〈明清小說部乙〉,頁 169-170。

[64] 沈津,《美國哈佛大學哈佛燕京圖書館中文善本書志》(上海:上海辭書出版社,1999),頁 63。

[65] 謝水順、李珽,《福建古代刻書》,頁 251-252。

這兩部舉業用書。《四書翼經圖解》計《大學》一卷、《中庸》一卷、《論語》十卷、《孟子》七卷。每句除解釋外，又有參證、考證、附考。上欄為考，極詳細述說本章旨意，通俗易懂。圖不甚多，但較精。[66]《鐫古今兵家籌略》的扉頁刊「古今籌略。時務論策疏議」。[67]據此推測該書是專供試策論用的舉業用書，其內容主要圍繞在軍事問題，收從漢到明以來的兵家籌略，卷一論部，卷二策部。通過他積極出版、參訂和撰寫舉業用書的活動，可看出他是一個市場意識相當強烈的書坊主，故也不落人後地參與了這些工作，以便在這個深具潛力的市場中賺取甜頭。

　　和余彰德有堂兄弟關係的余象斗是明代建陽書坊的代表人物。余象斗繼承其父余孟和的雙峰堂，還自創了三台館。余象斗曾在舉業的道路上走過，他自述說：「辛卯之秋，不佞斗始輟儒家業。家世書坊，鋟笈為事。」[68]說明余象斗曾習舉業，可惜屢試不第，對舉業心灰意懶後放棄儒業，繼承祖傳事業，經營書坊。在他長袖善舞的經營下，其書坊規模愈來愈大，刻書數量也愈來愈多。除了繼續刻印經史文集外，還迎合市民階層的需要，自己動手編輯並刊印了大量的通俗小說和民間日用類書。據統計，以余仁仲萬卷堂和余氏勤有堂為代表的宋元兩代余氏書坊，素以刊印經史著稱，沒有刻印小說的記錄，而余象斗一個人就刻印了數十部小說。他搜集了民間藝人的「說話」材料，經過編輯

---

[66] 沈津，《美國哈佛大學哈佛燕京圖書館中文善本書志》，頁64。
[67] 余應虬輯，《鐫古今兵家籌略》（《美國哈佛大學哈佛燕京圖書館藏中文善本彙刊》第18冊，桂林：廣西師範大學出版社，2003），扉頁。
[68] 轉引自肖東發，〈明代小說家、刻書家余象斗〉，《明代小說論叢》第4輯（瀋陽：春風文藝出版社，1986），頁198。

加工,雕刻成書,使得不少口頭的民間傳說、歷史故事得以長久保存,廣泛地流傳。其中有神魔小說《五顯靈官大帝華光天王傳》、《北方真武玄天上帝出身志傳》,公案小說集《新刊皇明諸司廉明奇判公案》、《新刻皇明諸司公案傳》等,另外還編有《仰止子詳考古今名家潤色詩林正宗》、《韻林正宗》、《三台館仰止子考古詳訂遵韻海篇正宗》、《新刻芸窗彙爽萬錦情林》、《仰止子參定正傳地理統一全書》等書,均自編自刻,說明其文化水準甚高。[69]像余象斗這種集撰、編、刻、賣於一身的書坊主,使得士、商這兩個原來涇渭分明的角色重疊在一起,顯示自明中葉以來,士商合流已成為一種普遍的社會現象。像余象斗這種具有士商綜合體身份的書坊主在當時也並非唯一,前述的余泗泉和余應虬,以及接下來要介紹的劉洪和劉龍田,也同樣擁有這種綜合體的身份。這正好融於明中葉以後這樣一個商業發展的社會,打破了四民商為末的傳統觀。

除通俗小說和日用類書外,余象斗也出版了不少舉業用書。我們可通過肖東發在余象斗刊刻的《新鍥朱狀元芸窗彙輯百大家評註史記品粹》卷首所發現到的刻書目錄來了解余象斗所出版的舉業用書:

> 辛卯之秋,不佞斗始輟儒家業。家世書坊,鋟笈為事。遂廣聘縉紳先生,凡講說、文笈之裨舉業者,悉付之梓。因具書目於後:

---

[69] 謝水順、李珽,《福建古代刻書》,頁 242;官桂銓,〈明小說家余象斗及余氏刻小說戲曲〉,《文學遺產》增刊 15 輯(北京:中華書局,1983),頁 125。

講說類　　計開

《四書拙學素言（配五經）》、《四書披雲新說（配五經）》、《四書夢關醒意（配五經）》、《四書萃談正發（配五經）》、《四書兜要妙解（配五經）》

以上書目俱系梓行，乃者又弊得晉江二解元編輯《十二講官四書天臺御覽》及乙未會元藿林湯先生考訂《四書目錄定意》，又指日刻出矣。

文筴類　　計開

《諸文品粹》（系申汪錢三方家註釋）、《歷子品粹》（系湯會元選集）、《史記品粹》（正此部也，系朱殿元補註）

以上書目俱系梓行，近又弊得：

《皇明國朝羣英品粹》（字字句句註釋分明）、《二續諸文品粹》（凡名家文筴已載在前部者，不再複錄，俱系精選，一字不同）。

再廣歷子品粹

前歷子姓氏

《老子》　《莊子》　《列子》　《子華子》　《鶡冠子》

《管子》　《晏子》　《墨子》　《孔叢子》　《尹文子》

《屈子》　《高子》　《韓子》　《鬼谷子》　《孫武子》

《呂子》　《荀子》　《陸子》　《賈誼子》　《淮南子》

《揚子》　《劉子》　《相如子》　《文中子》

後再廣歷子姓氏

《尚父子》　《吳起子》　《尉繚子》　《韓嬰子》

《王符子》　《馬融子》　《鹿門子》　《關尹子》

《亢倉子》　《孔昭子》　《抱朴子》　《天隱子》
《玄真子》　《濟丘子》　《無能子》　《鄧析子》
《公孫子》　《鶡熊子》　《王充子》　《仲長子》
《孔明子》　《宣公子》　《賓王子》　《郁離子》
《漢書評林品粹》（依《史記》彙編）

一切各色書樣，業已次第命鋟，以為寓內名士公矣，因備揭之於此。余重刻金陵等板及讀書雜傳，無關於舉業者，不敢贅錄。

雙峰堂余象斗謹識。[70]

這份頗具廣告宣傳味道的刻書目錄明確地聲明「無關於舉業者，不敢贅錄」。除這份刻書目錄所著錄的舉業用書外，他的書坊還出版了《周易初進說解》、《新刻九我李太史編纂古本歷史大方綱鑑》、《鼎鋟趙田了凡袁先生編纂古本歷史大方鑑補》、《新刻三方家兄弟註點校正昭曠諸文品粹魁華》、《新刊李九我先生編纂大方萬文一統內外集》、《刻九我李太史十三經纂註》、《新刻徐九一先生四書剖訣》、《陳眉公先生選註左傳龍驤》、《刻陳眉公先生選註兩漢龍驤》等。

　　總的來說，余象斗具有很強的市場意識。在他主持下的雙峰堂和三台館主要出版熱門書，明中葉以後坊間最暢銷的通俗文學、日用類書和舉業用書等都是他的出版重點，其主持下的書坊可說是明中葉以後民間營利出版業的一個縮影。

　　以克勤堂為堂號的余碧泉、余近泉、余明台也刊刻了《史記

---

[70] 轉引自肖東發，〈明代小說家、刻書家余象斗〉，頁198-199。

萃寶評林》、《書經集註》、《評林註釋要刪古文大全後集》等舉業用書。由余良史、余良進、余完初等經營的怡慶堂也出版過一些舉業用書，包括《新刻續選批評文章軌範》、《新鐫翰林評選註釋二場表學司南》、《新輯續補註釋古今名文經國大業》等。

劉氏日新堂、安正堂、慎獨齋、喬山堂等書坊在經營時也注意開拓舉業用書這個圖書市場。自元代已開始刻書的日新堂（一題日新書堂）在成化至嘉靖年間就曾出版《標題詳註十九史略大全》、《歷代道學統宗淵源問對》、《新刊通鑑一勺史意》、《東漢文鑑》、《續真文忠公文章正宗》等舉業用書。

安正堂是明代建陽劉氏刻書歷史最長、數量最多的書肆。從宣德四年（1429）刻《四明先生續資治通鑑節要》算起，至萬曆三十九年（1611）刻《翰墨大全》止，前後長達一百八十多年之久。以安正堂為堂號刻書的有劉宗器、劉仕中、劉朝琯、劉求茂。安正堂刻書很多，經、史、子、集各類都有。[71]其中有不少科舉考試的教科書和參考書，包括《四明先生續資治通鑑節要》、《新刊詳增補註東萊博議》、《詩經疏義會通》、《春秋胡傳集解》、《新刊禮記纂言》、《璧水羣英待問會元選要》、《大學衍義補摘要》、《周易傳義大全》、《禮記集說大全》、《禮記集註》、《新刊性理大全》、《新編漢唐綱目羣史品藻》、《春秋集傳大全》、《經史通用古今真音》等。

慎獨齋主劉洪，字弘毅，號木石山人。《貞房劉氏宗譜》卷二有其「像贊」，贊云：「秀毓書林，八斗才深。璞中美玉，空

---

71 謝水順、李珽，《福建古代刻書》，頁 266-267。

谷足音,前古後今。惟質惟實,《綱目》傳心。」[72]說明他有相當高的文化修養,並曾對《綱目》一書進行了相當深入的研究。劉洪喜讀史書,撰有《綱目質實》,還為《資治通鑑綱目外紀》進行音釋的工作,也曾參與《少微先生資治通鑑節要》的校對工作。劉洪對自己的史學造詣頗為自負,他在所刊的《十七史詳節》一書中就刻有「精力史學」的墨色圖記來自我標榜。[73]《新刊古本少微先生資治通鑑節要》卷前有劉吉序一篇,云:「建陽義士劉君弘毅,自幼酷好經史,樂觀是書。久之,亦大有所得。乃於暇日取其真本,正彼訛舛,名門生獨明子輩,錄而成帙,將壽諸梓以傳,而請予題一言於首簡。」[74]相信和他對史學的興趣有關,劉洪出版了不少歷史類的科舉考試教材和參考書,包括《資治通鑑綱目》、《資治通鑑節要》、《四明先生續資治通鑑節要》、《資治通鑑綱目前編》、《續資治通鑑綱目》、《十七史詳節》、《歷代通鑑纂要》、《皇明政要》、《西漢文鑑》、《東漢文鑑》、《史記集解索隱》、《春秋經傳集解》等。劉洪刻書認真,校勘精審。其刻書的品質頗受後人稱讚。特別是他所刻的細字本,高濂讚譽它們「似亦精美」[75];徐康稱讚其《文獻通考》細字本「不失元人矩矱」[76]。葉德輝(1864-1927)對慎

---

[72] 轉引自謝水順、李珽,《福建古代刻書》,頁272。
[73] 謝水順、李珽,《福建古代刻書》,頁272。
[74] 轉引自謝水順、李珽,《福建古代刻書》,頁272。
[75] 高濂,《遵生八箋》(《景印文淵閣四庫全書》第871冊),卷14〈燕閒清賞箋上・論藏書〉,頁716。
[76] 徐康,《前塵夢影錄》(《續修四庫全書》第1186冊),卷下,頁741。

獨齋刻本也十分推崇：「劉洪慎獨齋刻書極夥，其版本校勘之精，亦頗為藏書家所貴重。」[77]明代建陽坊刻本向來被舊時士大夫所鄙棄，得到好評的，也僅有劉洪慎獨齋一家而已。[78]

　　大約在隆、萬年間由劉福槳創設的喬山堂，在其子劉龍田（1560-1625）出色的經營下成為明代建陽的名肆之一。劉龍田曾習過舉業。（道光）《建陽縣誌》有其小傳：「劉大易，字龍田，書坊人。始父母以色養。侄幼孤，撫之成立。好施濟，鄉鄰待之舉火者數十家。初業儒，弗售。挾篋游洞庭、瞿塘諸勝，謂然曰：『名教中有樂地，吾何多求！』遄歸侍庭幃，發藏書讀之。纂《五經緒論》、《昌後錄》、《古今箴言》諸編。即卒，以子孔敬貴，贈戶部廣東清吏司主司。崇禎間，祀鄉賢祠。」[79]我們相信劉龍田是因為舉業的失敗後才轉而繼承父親的刻書事業，他不僅刊刻圖書，也撰寫了《五經緒論》、《昌後錄》、《古今箴言》等書，可說是建陽坊肆中文化程度較高者。劉龍田刻書以子部為主，其中以醫書較多，[80]不過也刊刻了《許太史評選戰國策文髓》、《新鍥考正繪圖註釋古文大全》、《書經發穎集註》、《古文品外錄》、《續文章軌範百家評註》、《新鐫三太史評選歷代名文風采》、《新鍥台閣校正註釋補遺古文大全》等舉業用書。

　　建陽熊氏在宋、元兩代刻書極少，直到明代在熊宗立

---

[77] 葉德輝，《書林餘話》，卷下，頁 310。
[78] 謝水順、李珽，《福建古代刻書》，頁 273。
[79] （道光）《建陽縣誌》，轉引自謝水順、李珽，《福建古代刻書》，頁 277。
[80] 謝水順、李珽，《福建古代刻書》，頁 277。

(1409-1482)大量刊刻醫書以後,熊氏坊刻業才蔚然興起。知名的刻書家除熊宗立外,還有熊瑗、熊成冶、熊大木、熊秉宇、熊安本、熊飛(雄飛館)、熊體忠(宏遠堂)、熊龍峰(忠正堂)等。不過,熊氏刻書的規模、數量仍難與余、劉等刻書世家相提並論。在熊氏的書坊中,以種德堂所刊刻的舉業用書的數量最為可觀。

種德堂的刻書可以分成兩個階段,正統至嘉靖年間為前期,以熊宗立為主,所刻僅限於醫書,傳本較少;後期以熊成冶為主,從萬曆元年(1573)起刊刻了大量的書籍,內容無所不包,傳本也較多。[81]其中有不少是供舉業用的圖書,如《登雲四書集註》、《註釋歷朝捷錄提衡》、《史記評林》、《新鐫葉太史彙纂玉堂綱鑑》、《書經精說》、《詩經開心正解》、《歷朝紀要綱鑑》、《新鍥評林註釋歷朝捷錄》、《鋟顧太史續選諸子史漢國策舉業玄珠》、《新刊金陵原版易經開心正解》、《新刻楊會元真傳詩經講義懸鑑》、《書經便蒙講義》、《精摘古史粹語舉業前茅》、《類編古今名賢彙語》、《鋟顧太史續選諸子史漢國策舉業玄珠》、《施會元輯註國朝名文英華》等。

鄭氏書坊以宗文堂所出版的舉業用書為最多。由鄭天澤創建的宗文書堂從元至順元年(1330)開始刻書,前後持續了近三百年,堪與劉氏翠岩精舍和日新堂相媲美。明代以宗文堂(或稱宗文書堂、宗文書社)為名號刻書的有鄭希善、鄭以厚、鄭世魁、鄭世容、鄭世豪等。[82]其刻書以經史文集為主,也包括了為數不

---

[81] 謝水順,李珽,《福建古代刻書》,頁284-288。
[82] 謝水順,李珽,《福建古代刻書》,頁306。

少的科舉考試教材和參考書,如《皇明文衡》、《新刻唐代名賢歷代確論》、《周易纂言集註》、《新刊通鑑綱目策論摘題》、《續資治通鑑綱目》、《春秋左傳》、《新刊性理大全》、《新刊史學備要綱鑑會編》、《新刊史學備要史綱統會》、《新刊全補通鑑標題摘要》、《新鍥鼇頭歷朝實錄音釋引蒙鑑鈔》、《新刊箋註決科古今源流至論》、《詩經大全》、《我朝殿閣名公文選》、《新刊憲台考正少微通鑑全編》、《宋元通鑑全編》、《焦氏四書講錄》、《新刊憲台考正少微通鑑全編》、《編輯名家評林史學指南綱鑑新鈔》、《新鍥翰林李九我先生左傳評林選要》等。

明代建陽詹氏書坊刻書頗盛,知名的書坊主有詹長卿(就正齋)、詹聖澤、詹聖謨、詹聖學(勉齋)、詹諒(易齋)、詹彥洪、詹張景(秀閩)、詹林我、詹林所等。此外,還有進德書堂、進賢書堂、西清堂等。[83]其中以詹聖澤刊刻舉業用書為最多。詹聖澤,字霖宇,號勉齋,福建省芝城人。[84]他所出版的舉業用書有《新鍥施會元精選旁訓皇明鴻烈》、《詩經開蒙衍義集》、《新鍥會元湯先生批評南明文選》、《詩經鐸振》、《註釋九子全書》、《新鍥會元湯先生批評空同文選》、《皇明我朝捷錄旁訓》、《新鍥二太史彙選註釋老莊評林》、《新刊鳳洲先生簽題性理精纂約義》、《新刻李太史選輯戰國策三註旁訓評林》等。

必須說明的是,我們所利用來整理以上幾個地區所出版的舉

---

[83] 謝水順、李珽,《福建古代刻書》,頁317。
[84] 杜信孚、杜同書,《全明分省分縣刻書考・福建省卷》,頁35。

業用書的幾種資料,所著錄的都是一些四書五經講章、論、表、策、古文選本、類書、通史和諸子彙編等舉業用書,對八股文選集幾乎完全沒有著錄。實際上,當時所出版的八股文選集不在少數。據顧炎武觀察,當時坊刻八股文選集有好幾種形式:

> 至乙卯(萬曆四十三年)以後,而坊刻有四種,曰程墨,則三場主司及士子之文。曰房稿,則十八房進士之作。曰行卷,則舉人之作。曰社稿,則諸生會課之作。至一科房稿之刻有數百部,皆出於蘇、杭,而中原北方之賈人市買以去。[85]

當時坊刻八股文的名目有程墨、房稿、行卷、社稿等等。顧炎武曾說:「昔人所待一年而習者,以一月畢之」,記誦程房墨稿是準備參加科舉考試的一條捷徑。當時蘇、杭等地的一些書商開坊專刻這種範文,急功近利之徒紛紛購買,以致出現「天下之人惟知此物可以取科名、享富貴,此之謂學問,而他一概不觀」的情形。[86]這兩個地區之所以能出版大量的八股文選集,相信與這兩個地區活躍的文人結社活動息息相關。據何宗美的研究,明代文社在萬曆以後開始興盛起來。[87]陸世儀《復社紀略》云:

---

[85] 顧炎武,《原抄本顧亭林日知錄》(臺北:文史哲出版社,1979),卷19〈十八房〉,頁472。
[86] 顧炎武,《原抄本顧亭林日知錄》,卷19〈十八房〉,頁472。
[87] 何宗美,《明末清初文人結社研究》(天津:南開大學出版社,2003),頁40。

> 令甲以科目取人,而制義始重,士既重於其事,咸思厚自
> 濯磨,以求副功令,因共尊師取友,互相砥礪,多者數十
> 人,少者數人,謂之文社,即此以文會友,以友輔仁之遺
> 則也。好修之士,以是為學問之地,馳騖之徒,亦以是為
> 功令之門,所從來舊矣。[88]

也就是說,文社是在科舉取士制度刺激下文人自發組織的專攻八股制義的團體。書商看準了商機,乃與文社中核心人物合作,刊刻他們所編寫的八股文選集,賺取了可觀的利潤。[89]文社亦通過這種方式來謀利,以維持文社的經費開支。

除蘇、杭外,南京鄰近的上元和江寧兩縣,以及建陽也出版了不少八股文選集。嘉、隆人何良俊(1506-1573)說:「余在南郡時,嘗與趙方泉督學言,欲其分付上、江二縣,將書坊刊行時義盡數燒出。仍行文與福建巡按御史,將建寧書坊刊行時義亦盡數燒除。方泉雖以為是,然竟不能行,徒付之空言而已。」[90]上元和江寧兩縣所刻八股文選本與建寧書坊齊名,可見其產量之多,惜我們對上元和江寧兩縣的書坊所知甚少。何良俊在嘉靖末年建議燒盡這兩縣所出版的時義沒有得到落實,也不知是幸還是

---

[88] 陸世儀,《復社紀略》(《中國內亂外禍歷史叢書》第 13 輯,上海:神州國光社,1946),頁 171。

[89] 謝國楨,《明清之際黨社運動考》(北京:中華書局,1982),頁 119-120。

[90] 何良俊,《四友齋叢說》(北京:中華書局,1997),卷 3〈經三〉,頁 24。

不幸。[91]

四、結語

  通過以上的分析，說明在明中葉以後政治與社會變遷的大環境下，使得坊刻得以擺脫官刻的主導而得到了發展的空間。舉業用書在杭州通判沈澄於成化年間啟動了按鈕後，對圖書市場發展動向極為敏銳的書坊主立刻意識到閱讀這類圖書的讀書群體的存在及其發展潛力和商機，經由建陽書坊的領頭與推波助瀾下而得到迅速的發展，這股勢頭也同時漫延至當時南京、蘇州、杭州等重要刻書地區。在它們的共同推動下，乃將坊刻舉業用書的出版推向一個高峰。

---

[91] 何良俊約在五十歲時授南京翰林院孔目之職，三年後辭官。他的這個建議應當是在這段期間提出的。

肆、明中晚期坊刻舉業用書的出版及朝野人士的反應

入明以後，舉業用書的出版經歷了成化以前一段長時期的沉寂後，在成化年間死灰復燃，在嘉靖年間呈上升的趨勢，至萬曆年間達致頂峰，坊間充斥著各種各樣滿足士子們全方位備考需要的舉業用書，這股出版熱潮持續到明朝滅亡。那麼，在明中晚期蓬勃發達的舉業用書市場中，除了較為目前人們所熟知的四書五經類舉業用書和八股文選本外，其它與士子相依相伴的舉業用書又有哪些？它們對當時的社會起著什麼樣的影響？朝野人士又如何看待這些圖書？這些都是本文所要探討的問題。

一、明代坊刻舉業用書的出版概況

明代科舉考試第一場試四書義三道、經義四道，即從《大學》、《中庸》、《論語》、《孟子》中出題三道，這是所有考生的必作題，又從《易經》、《詩經》、《尚書》、《春秋》、《禮記》中各出題四道，考生只須作平日所專攻並於考前報選經書的題目；第二場試論一道，判語五條，詔、誥、表內科一道；第三場試經史時務策五道。雖然士子普遍重視初場的經義和四書

義,[1]但一些士子也沒有偏廢二場的論,以及三場的經史時務策的研習,冀望高中。[2]於是,圍繞著朝廷所規定的科舉考試的內容與形式的舉業用書,乃大量地在坊間生產,並在當時的圖書市場中廣為流通傳佈。據我們的考察,當時在坊間較為常見的舉業用書有以下幾種:[3]

---

[1] 顧炎武指出:「明初三場之制雖有先後而無輕重,乃士子之精力多專於一經,略於考古。主司閱卷,復護所中之卷,而不深求其二三場。」見顧炎武,《原抄本顧亭林日知錄》(臺北:文史哲出版社,1979),卷19〈三場〉,頁475。

[2] 曹去晶編《姑妄言》第四回載:「(鐘生)次日到書鋪廊買了許多墨卷、表論、策判之類回來,又制了幾件隨身的衣履,備了數月的柴米。恐自己炊爨,誤了讀書之功,雇了一個江北小廝,叫做用兒,來家使喚,每日工價一星。他然後自己擬了些題目,選了些文章,足跡總不履戶,只有會文之期才出去。閒常只埋頭潛讀,真是雞鳴而起,三鼓方歇,以俟秋闈鏖戰。」通過這段記述,說明學習態度認真的考生還是沒有偏廢二、三場考試的準備工作的。見陳慶浩、王秋桂主編,《思無邪匯寶》第 37 冊(臺北:臺灣大英百科股份有限公司,1997),頁 474-475。

[3] 本文判別舉業用書之標準或依據,除直接來自明版舉業用書的正文外,還據這些舉業用書的書名頁、牌記、扉頁、序跋、凡例等的文字中所提供的線索來進行判別。必須指出的是,雖然舉業用書在明中葉以後大量地刊行,但它們向來受明、清學者所鄙棄。這些圖書不僅藏書家不重,目錄學不講,圖書館也不收。像四書五經講章、八股文選集、策論選集等大多隨著科舉制度廢止後,時代需求消失而煙消雲散。現存明版舉業用書已頗為難得,而且散存於世界各大圖書館,欲親身檢驗頗為不易。為了彌補這一個缺陷,筆者在建構本文的論述時,特別是在辨定舉業用書時也利用了古今公、私書目、善本書目、善本書提要、專書書目提要等作為依據,包括永瑢等撰,《四庫全書總目》、翁連溪編校,《中國古籍善本總目》(北京:線裝書局,2005)、王重民,《中國善本書提

（一）四書類。四書應舉一類是明代士子所重視參考誦讀的輔助讀物，它們可進一步細分為「講章」、「舉業制藝」和「考據訓詁」三種。

　　所謂「講章」一類，大抵皆是為科舉而作的講義，以便於士子了解經書中的意旨。明代此類著作很多，而這些講章中最為有名的，則莫過於胡廣等人於永樂年間奉敕纂的《四書大全》，四庫館臣指出：「後來四書講章浩如煙海，皆是編（《四書大全》）為之濫觴。」[4] 而「舉業制藝」類的用途與「講章」相仿，前者重在經義的解釋，後者重在章法結構的討論。這兩類舉業用書，除獨立出現外，更有不少是以「二合一」的面貌出現的，即詮釋經義的同時，也討論章法結構。以上兩類再加上專考四書人物名物的「考據訓詁」之屬，可說都是專為四書義考試所作之書。

　　自《四書大全》以後的四書講章，當以蔡清（1453-1508）的《四書蒙引》為最早。較蔡清《四書蒙引》稍後的有林希元的《四書存疑》和陳琛的《四書淺說》。之後還有嘉靖年間徐燃的《四書初問》、孫應鰲的《四書近語》，萬曆年間湯賓尹（1568-？）的《四書脈》、張鼐的《四書演》，天啟年間張嵩

　　要》（上海：上海古籍出版社，1983）、中國科學院圖書館整理，《續修四庫全書總目提要‧經部》、國立編譯館編，《新集四書注解群書提要附古今四書總目》（臺北：華泰文化事業公司，2000）、沈津，《美國哈佛大學哈佛燕京圖書館中文善本書志》（上海：上海辭書出版社，1999）、屈萬里，《普林斯頓大學葛思德東方圖書館中文善本書志》（《屈萬里全集》，臺北：聯經出版事業公司，1984）、董治安，夏傳才主編，《詩經要籍提要》（北京：學苑出版社，2003）等。

4　永瑢等撰，《四庫全書總目》，卷36〈經部四書類二〉，頁301-302。

的《四書說乘》、朱之翰的《四書理印》,以及崇禎年間辛全(1588-1636)的《四書說》、董懋策的《千古堂學庸大意》等。

　　不少四書講章除在書中解說經義外,也重視章法結構的分析,像徐汧(1597-1645)的《四書剖訣》就是其中的一種。它分上下欄,下欄載錄扉頁所標示的四項重點:通章全旨,名公新意,便覽句訓,應試題旨,可知此書在於便利時文的寫作研習和揣摩。其重點在逐章「全旨」、「剖」析,與要「訣」,而無注釋。與徐汧同時代的項聲國也有《四書聽月》這部經義與章法結構並重的四書講章。《四書聽月》分上下兩欄,上欄首論章旨,次有講說,主要徵引前儒時賢的講說,較多地徵引明人之說。下欄錄經文以及項聲國的詮釋,每章之後有「文法」,徵引時人制義擬題作法,重要處還予以圈點標示,整體結構和《四書剖訣》相同。[5]

　　除了四書講章外,還有一些考據訓詁四書人物名物的舉業用書,其中以薛應旂的《四書人物考》和陳禹謨的《四書名物考》最為重要。[6]顧名思義,前者考訂四書人物,後者考訂四書名物。

　　(二)五經類。明代科舉考試的第一場考試中,除四書義為必考外,考生必須在《易》、《書》、《詩》、《春秋》和《禮記》等五經中選擇其中一經來參加考試,回答四道題目。當時坊

---

[5] 國立編譯館編,《新集四書注解群書提要》,頁193。

[6] 甘鵬雲《經學源流考》云:「專考四書名物人物者,元有周良佐四書人名考,明有陳仁錫四書備考、薛應旂四書人物考、薛寀註解四書人物、錢受益、牛斗星。」(臺北:維新書局,1983,頁269。)

間大量流通著詮釋個別經典和指導寫作經義的舉業用書,《詩經》有楊於庭的《詩經主意》、許天增的《詩經正義》、葉向高的《葉太史參補古今大方詩經大全》、徐光啟的《毛詩六帖講意》、魏浣初的《詩經脈》、張溥的《詩經註疏大全合纂》、顧夢麟的《詩經說約》等;《易經》有唐龍的《易經大旨》、陳琛的《易經淺說》、姜震陽的《易傳闌庸》、姚舜牧的《易經疑問》、蘇濬的《易經兒說》、張汝霖的《易經澹窩因指》、程汝繼的《周易宗義》、孫維明的《易學統此集》、陳際泰的《易經說意》、《周易翼簡捷解》以及汪邦柱、江柟的《周易會通》等等;《書經》有韓邦奇的《禹貢詳略》、王樵的《尚書日記》、《書帷別記》、王肯堂的《尚書要旨》、鄒期楨的《尚書揆一》、李楨辰的《尚書解意》等;《禮記》有徐養相的《禮記輯覽》、馬時敏的《禮記中說》、楊梧的《禮記說義集訂》、朱泰貞的《禮記意評》、許兆金的《說禮約》、楊鼎熙的《禮記敬業》等等;《春秋》有趙恒的《春秋錄疑》、鄒德溥的《春秋匡解》、張杞的《麟經統一篇》、陳於鼎的《麟旨定》、梅之熉的《春秋因是》,鄧來鸞的《春秋實錄》,以及馮夢龍的《麟經指月》、《春秋衡庫》、《春秋定旨參新》等。[7]

(三) 八股文選本。由於明代科舉考試非常重視首場的「四書」義和經義,對考生起著去留的影響,加上這場考試規定八股答卷標準形式,故士子對八股範文有非常迫切的需要,以便揣摩

---

[7] 除據明版舉業用書的正文、書名、序跋、凡例等裁定所列文獻為舉業用書外,未見原書者,則據《四庫全書總目》、《中國善本書提要》、《續修四庫全書總目提要·經部》、《美國哈佛大學哈佛燕京圖書館善本書志》、《詩經要籍提要》等書提要裁定開列文獻皆為舉業設。

和研習。嗅覺敏銳的書坊主看準了這種普遍需求，乃與選家和文社合作出版了大量的八股文選本，來滿足士子的迫切需要。通過前引郎瑛的回憶，大致可以斷定坊刻八股文選本是成化以後出現的新事物。這些選本對士子準備舉業的幫助甚大，故極受他們的歡迎，也給刊刻者帶來厚利，是以書坊主轉相效尤，使它們成為出版業中發展較快的一個分支。弘治六年（1493），會試同考官靳貴已有「自板刻時文行，學者往往記誦，鮮以講究為事」[8]之語，可見坊刻選本在當時已不鮮見。到正德時，坊刻選本已是「流布四方」，「書肆資之以賈利，士子假此以僥倖」[9]。到了萬曆末年，八股文選本主要有以下幾種形式：

> 至乙卯（萬曆四十三年）以後，而坊刻有四種，曰程墨，則三場主司及士子之文。曰房稿，則十八房進士之作。曰行卷，則舉人之作。曰社稿，則諸生會課之作。[10]

自萬曆四十三年（1615）以後坊刻八股文可分為程墨、房稿、行卷和社稿等四種形式，包括了考官、進士和舉人的中式之文，以及士子和文社社員的平日之作，士子們都把它們作為標準研習。

目前可見的程文選集有范應賓的《程文選》（萬曆年間刊

---

[8] 顧炎武，《原抄本顧亭林日知錄》，卷19〈十八房〉，頁471。
[9] 明史館修纂，中央研究院歷史語言研究所校勘，《明實錄》，正德十年十二月甲戌，頁2631。
[10] 顧炎武，《原抄本顧亭林日知錄》，卷19〈十八房〉，頁471-472。

本）和張榜的《續程文選》（萬曆二十二年〔1594〕刊本）。[11]但是，每科被定為程文的數量畢竟有限，[12]對亟需這些程文進行揣摩鍛煉的士子來說無疑是杯水車薪，因此選家們就把選批的範圍擴大到鄉、會試墨卷，[13]出現了將程文和墨卷合刻在一起的選集，目前可見的程墨合集有楊廷樞、錢禧輯的《皇明歷朝四書程墨同文錄》（明末刊本）、周鐘的《皇明程墨紀年四科鄉會程墨紀年》（崇禎年間刊本）以及韓敬的《歷科程墨文寶十帙》（崇禎年間刊本）等。房稿的選刻始於萬曆初馮夢禎（1546-1605）的《一房得士錄》，自此其選刻就逐漸興盛起來。通過當時一些社會名流，尤其是八股文名家和選家的文集中所收錄的時文序，可以讓我們窺探到房稿在明末坊間的流傳情況。像張溥在《七錄齋集》中著錄的《房稿遵業》、《房稿香玉》、《房稿和言言》、《房稿是正》、《房稿霜蠹》、《房稿香卻敵》、《房稿文始經》、《房稿表經》；姚希孟在《響玉集》中著錄的《乙丑詩四房同門稿》、《乙丑十五房稿垂》、《澹甯居刪丙辰二十房稿》、《癸丑十八房選》、《戊午應天詩一房同門稿》；艾南英

11　潘峰，《明代八股論評試探》（上海：復旦大學博士學位論文，2003），頁45。
12　據錢茂偉對明代會試錄和登科錄的考察，會試錄一般錄程文 20 篇，登科錄一般只錄一甲進士的對策三篇。見錢茂偉，《明代史學的歷程：以明代為中心的考察》，頁 245，250。
13　待明代政府完成「闈墨」（中式答卷的彙編）的整理工作後，考生可要求發還答卷（見 Benjamin A. Elman, *A Cultural History of Civil Examinations in Late Imperial China* [Berkeley: University of California Press, 2000, p. 400] 的討論。）故相信選家可通過徵稿的途徑向中式士子取得他們的墨卷。

在《天傭子集》中著錄的《戊辰房書刪定》、《辛未房稿選》、《十科房選》、《甲戌房選》、《易三房同門稿》、《戊辰房選千劍集》、《易一房同門稿》等相信都曾在當時坊間流通。其中有一科各經的房選，有一科獨立一經的房選，也有歷科的房選。

除鄉、會試程墨和房稿外，書坊也刊行了收錄舉人之作的「行卷」，目前可見的有湯顯祖（1550-1616）的《湯許二會元制義》和閔齊華的《九會元集》。書坊和士子對文社操選政者所主持的社稿也非常重視。明代文人，頗喜歡結社立會，集合同好，以切磋藝文。這一類組合，比較重要的有文社和詩社。文社大多以八股文的習作、觀摩為其課業，並揣摩考題趨向，作為科場角逐的準備。[14] 其中有不少文社在社內操選家的主持下將社員平日的習作刊刻成集。「其意皆在於精采慎選，為應試者程式，俾其有所取法之故」[15]。當時知名的社稿有復社的《國表》、幾社《壬申文選》、《幾社會義》、芝雲社的《芝雲社稿》、應社的《石鼓桐樓版》。此外，還有靜明齋社、持社、汝南明業社、倚雲社、廣社、偶社、隨社、瀛社、雅似堂、贈言社、昭能社、野腴樓等都出版過社稿。

（四）古文選本。明中葉以後，前代為科舉設所編著的古文選本不僅沒有因時代的轉換而湮沒，反而因為其經典性與權威性而仍有書坊一再版行，如真德秀的《文章正宗》和謝枋得的《文章軌範》就是最好的例子。前者在明代就有明初刊本、正德十五年（1520）朱鴻漸刊本、嘉靖四十三年（1564 年）杜陵蔣氏家

---

[14] 楊淑媛，〈明末復社之研究〉，《史苑》50（1990.5），頁 54。
[15] 商衍鎏著，商志潭校註，《清代科舉考試述錄及有關著作》，頁 257。

塾刊本、嘉靖四十四年（1565）建陽書林楊先春歸仁齋刊本等。此書接下來的變化是八股文名家唐順之（1507-1560）給它加上了批點，這個批點本有萬曆四十六年（1618）仁和縣俞思沖刊本，可能還有唐順之在世時的刊本。後者在明代至少就有戴計光刻本、王守仁王懋明校正本、嘉靖十三年（1534）姜時和刻公文紙印本、嘉靖四十年（1561）郭邦藩常靜齋刻本等。[16]此外，還有鄒守益評點的《新刊續文章軌範》（明萬曆余氏新安堂蒼泉刻本）。[17]

更為重要的是，明代八股文發展到正德、嘉靖年間，「號為極盛」[18]。清代古文家方苞（1668-1749）說：「至正、嘉作者，始能以古文為時文，融液經史，使題之義蘊，隱顯曲暢，為明文之極盛。」[19]此期八股文最突出的特點，是文人將古文筆意融入時文之中，講求文章的開闔變化，使八股文達到了很高的程式化程度。自正德、嘉靖年間開啟以古文為時文的路徑後，無數文人潛心研究古文筆法，並將它們運用於八股文之中。批注寫作方法，著眼於提高八股文寫作水準的古文選本也像八股文選本一樣大量刊行，如茅坤（1512-1601）選編的《唐宋八大家文鈔》

---

16 有關《文章軌範》的版本，可參閱張智華，〈謝枋得《文章軌範》版本述略〉，《安徽師範大學學報》（人文社會科學版）28.1（2000.2），頁97-100。

17 沈津，《美國哈佛大學哈佛燕京圖書館中文善本書志》，頁544，

18 梁章鉅著，陳居淵校點，《制義叢話》（上海：上海書店出版社，2001），卷1，頁13。

19 方苞，〈進四書文選表〉，《方苞集集外文》（《方苞集》下冊，上海：上海古籍出版社，1983），卷2，頁580。

就是其中的一種。[20]此書初刻於明萬曆七年（1579），再刻於崇禎元年（1628），三刻於崇禎四年（1631）。一再翻刻，需求日增。由明入清，「一二百年以來，家弦戶誦」[21]。清代選家還對《文鈔》加以改編或節略，出現了多種與《文鈔》大同小異的選本，如呂留良（1629-1683）的《八家古文精選》、儲欣（1631-1702）的《唐宋十大家全集錄》、沈德潛（1673-1769）的《唐宋八大家讀本》、汪份的《唐宋八大家文分體集》等。[22]

除唐宋八家古文選本外，明代還編選有不少供科考用的歷代古文選本，有陳省的《歷代文粹》、穆文熙的《文浦玄珠》、徐心魯的《古文大全》、趙燿的《古文雋》、張國璽、劉一相的《彙古菁華》、焦竑的《名文珠璣》、葛世振的《古文雷橛》、馬晉允的《古文定本》以及徐師曾的《文體明辯》。

在出版大量的古文選本的同時，當時書坊也刊行了不少「今文」選本。誠如周宗建所說：「雖謂『今文』，即古文可也，讀今文即讀古文可也」。[23]故而雖說是「今文」，實際上和「古文」還是有諸多契合之處。這些「今文」選本有袁宏道（1568-1610）的《鼎鐫諸方家彙編皇明名公文雋》、孔貞運（？-1644）的《鼎鍥百名公評林訓釋古今奇文品勝》、王乾章的《皇

---

[20] 龔篤清，《明代八股文史探》（長沙：湖南人民出版社，2005），頁 301。

[21] 永瑢等撰，《四庫全書總目》，卷 189〈集部總集類四〉，頁 1718。

[22] 夏咸淳，〈《唐宋八大家文鈔》與明代唐宋派〉，《天府新論》2002.3（2002.5），頁 81。

[23] 袁宏道輯，丘兆麟補，《鼎鐫諸方家彙編皇明名公文雋》（《四庫全書存目叢書》集部總集類第 330 冊），周宗建，〈皇明諸名公文雋敘〉，頁 526-529。

明百家文範》、朱國祚（1559-1624）、唐文獻、焦竑的《新刻三狀元評選名公四美士林必讀第一寶》、何喬遠（1558-1632）的《皇明文徵》等等。

不管是唐宋八大家選本，歷代古文選本，還是「今文」選本，它們所選取之文不僅有助於將古文筆法引入八股文，增加其藝術性和可讀性，對豐富策論的語言文采也有著很大的助益。

（五）二、三場試墨與範文彙編。明代考生們除了要認真對待首場考試中的四書義和經義外，也不能忽略二、三場考試中的論、判語、詔、誥、表、箋、經史策的準備工作。當時坊間刊行的舉業用書中，有不少在書名中冠有二、三場字樣，如《新刻註釋二三場合刪》（崇禎刊本）、《新鍥溫陵二太史選釋卯辰科二三場司南蜚英》（明末余良史刊本）、《馮太史評選酉戌二三場程式旁訓》（明末刊本）等。望名生義，這些圖書所著錄的應當都是二、三場考試的魁選程墨。

在二、三場考試的文體中，當以策論這兩種最為重要。當時坊間的舉業用書中有將策論文章彙集在一起刊行的情況，如《唐宋名賢策論文粹》、張廷鷺的《廣古今策論選》等。不過，根據明清書目的著錄，較常見的情況是它們獨立成書，涇渭分明。以供策試用的舉業用書來說，嘉靖間晁瑮（？-1560）的《寶文堂書目》中的「舉業類」就著錄有《策學總龜》、《策學蒙引》、《策學衍義》、《策場便覽》、《策學》、《策海集成》、《保齋十科策》、《翰林策要》、《漢唐事箋對策機要》、《宋名公抄選策膾》、《宋策寶》、《策學提綱》、《策學輯略》、《誠齋錦繡策》、《梁氏策要》、《羣書策論》、《答策秘訣》、《橘園李先生策目》等；清康熙年間，黃虞稷（1629-1691）編

的《千頃堂書目》在集部的「制舉類」則有《策程文》、《策海集略》、梁寅的《策要》、劉定之的《十科策略》、《策學衍義》、戴暨的《策學會元》、唐順之的《策海正傳》、茅維的《策衡》、《明狀元策》、《策原》、唐周的《策海備覽》等。至於供試論用的參考書，有《寶文堂書目》著錄的《古今論略》、《源流至論》、《新安論衡》等；《千頃堂書目》著錄的《論程文》、《論學淵源》、張和的《篠庵論鈔》、黃佐的《論原》、《論式》、茅維的《論衡》和《六子論》。至於專供試詔、誥、表、箋用的參考書則較少，其中《寶文堂書目》著錄有《詔誥表章機要》，《千頃堂書目》則載錄了《詔誥章表擬題事實》、《詔誥表程文》和茅維《表衡》。

坊間也刊行了不少「狀元策」供士子學習寫作對策之用。這些狀元策專收狀元在殿試的中魁試策，有郝昭編的《新刊全補歷科殿試狀元策》（隆慶年間刊本）和蔣一葵編的《皇明狀元全策》（萬曆十九年刊本）。前者《尊經閣文庫漢籍分類目錄》著錄，[24]，筆者未見，猜測所收為明初以至隆慶年間的狀元策。《皇明狀元全策》凡十二卷，首卷為明代歷科狀元事略，其餘十一卷收歷科狀元策試試墨，自洪武四年（1371）吳伯宗（1334-1384）起，至萬曆十七年（1589）焦竑止。

《皇明狀元全策》在坊間流通了一段日子後，就有了增補萬曆己丑科以後的殿試中魁試墨的必要。非常湊巧的是，其中一部對狀元策進行增補的是己丑科狀元焦竑和榜眼吳道南同編的《歷

---

[24] 尊經閣文庫編，《尊經閣文庫漢籍分類目錄》（東京：秀英舍，1934），頁675。

科廷試狀元策》。經後人增補後《歷科廷試狀元策》共七卷，輯錄自明成化十四年（1478）以至明崇禎十年（1637）間文人策士振書上呈之科策論文。清雍正年間，胡任興在此書的基礎上，又增訂了自崇禎十三年（1640）以至雍正十一年（1733）的殿試中魁試墨，[25]使得「狀元策」這種舉業用書的生命力得以延續。這同時也說明了這類參考書深受士子重視，才會有一而再，再而三的增訂的需要。

（六）翰林館課。當時的圖書市場上還廣泛流通著類同「今文」選本的舉業用書，收集的是庶吉士在平日在翰林院學習時所作的誥、奏、疏、表、箋、議、論等文體的文章。這些舉業用書往往在書名中冠以醒目的「翰林館刻」四個大字來喚起士子的注意，刺激他們的消費欲望。它們也漸漸地成為了萬曆以後士子們的新寵兒，所以刊行館課詩文彙編也就成了很賺錢的出版物。其中王錫爵增訂，沈一貫參訂的《增定國朝館課經世宏辭》是翰林館課中較早的一種。像《經世宏辭》這種主要收錄歷科館課詩文的翰林館課還有沈一貫的《新刊國朝歷科翰林文選經濟宏猷》以及陳經邦的《皇明館課》等。此外，書坊刊行得更多的是單科翰林館刻，像劉孔當的《新刻壬辰館課纂》、劉元震、劉楚先的《新刻乙未翰林館刻東觀弘文》、曾朝節、敖文禎輯的《新刻辛丑科翰林館課》、李廷機、楊道賓輯的《新科甲辰科翰林館課》、顧秉謙的《新鐫癸丑科翰林館課》、周如磐、汪輝輯的《新刻壬戌科翰林館課》、鄭以偉輯的《新刻己未科翰林館

---

[25] 焦竑輯，胡任興增輯，《歷科廷試狀元策》（《四庫禁毀書叢刊》集部第 19-20 冊，北京：北京出版社，2000）。

課》、楊景辰輯的《新刻乙丑科翰林館課》等。

（七）通史類。通史的編纂，是一個時代史學發展的重頭戲。明代的通史編纂，嘉靖以前，以綱目體為主；嘉靖以後，開始有綜合體通史的編纂。後者的出現，是明中葉「二十一史」重新受人注目後的產物。「全史」篇幅太大，一人精力有限，於是有人開始刪繁就簡，編纂通史。當時所編纂的通史有幾種，一是續、仿鄭樵《通志》，如《弘簡錄》、《函史》；二是按時代順序，節略二十一史紀傳，如《十九史節略》、《歷代史書大全》；三是分類體史書，如《左編》、《袁氏通史》。在這些通史著作中，有一些是應士子向考官炫耀博古通今的需要而編纂的，其中流行得較廣的一類是綱鑑系列的通史類舉業用書。綱鑑是司馬光的《資治通鑑》和朱熹的《資治通鑑綱目》兩書妥協後的產物。早在嘉靖初年，綱鑑編纂已經萌芽。如嘉靖三年（1524）刊行的嚴時泰《新刊通鑑綱目策論摘題》，嘉靖十五年（1536）刊行的戴璟《新刊通鑑漢唐綱目經史品藻》、《宋元綱目經史品藻》等。到了萬曆後期，綱鑑的出版達到高峰。[26]自嘉靖以來為科舉設的綱鑑系列圖書有唐順之的《新刊古本大字合併綱鑑大成》、袁黃的《鼎鍥趙田了凡先生編纂古歷史大方綱鑑補》、王世貞的《鐫王鳳洲先生會纂綱鑑歷朝正史全編》、《重訂王鳳洲先生綱鑑會纂》、王錫爵的《新刊史學備要綱鑑會編》、李廷機的《新刻九我李太史編纂古本歷史大方綱鑑》、葉向高的《鼎鍥葉太史彙纂玉堂綱鑑》、焦竑的《新鍥國朝三元品

---

[26] 錢茂偉，《明代史學的歷程：以明代為中心的考察》，頁 184-209，405-406。

節標題綱鑑大觀纂要》、湯賓尹的《湯睡庵先生歷朝綱鑑全史》、張鼐的《新鍥張太史註釋標題綱鑑白眉》以及馮夢龍的《綱鑑統一》等。

當時書坊也大量地流通著和綱鑑系列圖書性質一樣的《歷朝捷錄》系列圖書。顧充的《歷朝捷錄》模仿《資治通鑑綱目》的體例而在文字上更為簡練,僅有二卷,三萬多字,極為簡要地記錄了從東周到南宋這一千多年的歷史,對初學舉子業的士子尤其便利,「甚便後學記誦」[27],沈津說它乃「為習舉業者而設」[28]。由於它頗具實用價值,故它問世後「一時膾炙人口」[29]。當時市場對此書的需求很高,不斷翻印,以至「字板磨滅」。[30]它除了有重刻本、新刻本外,還有以湯賓尹、顧憲成、陳繼儒、李廷機、茅坤、王世貞等名人為號召的音釋本、批點本、重訂本刊行於世。由於對東周以前、宋代以後的史事在此書中沒有得到反映,因此就有了增補這段歷史的需要。因此,坊間也開始出現了一些在顧充《歷朝捷錄》二卷本的基礎上擴而充之的增訂本。除了增補東周以前的史事外,還有記錄元明的史事的張四知的《元朝捷錄》和李良翰的《皇明捷錄》。更有坊商將這幾部書合印出版,使三代至明代的史事能夠得到完全的反映。在不斷的增補的

---

27 馮夢龍,〈綱鑑統一發凡〉,《綱鑑統一》(《馮夢龍全集》第 8 冊,杭州:江蘇古籍出版社,1993),頁 19。
28 沈津,《美國哈佛大學哈佛燕京圖書館中文善本書志》,頁 267。
29 《新鐫歷朝捷錄增定全編大成》四卷扉頁刊辭,明崇禎吳門王公元刻本,轉引自沈津,《美國哈佛大學哈佛燕京圖書館中文善本書志》,頁 268。
30 轉引自沈津,《美國哈佛大學哈佛燕京圖書館中文善本書志》,頁 268。

情況下，此書在原來的二卷本的基礎上出現了四卷本、五卷本、八卷本和十卷本。

（八）類書。經歷宋元的發展以後，類書的編纂與出版到了明代更加興旺發達。張滌華指出：「類書之盛，要推明代及清初為造其極。」[31]在明代出版的眾多類書中，有為詩文取材用的，有供啟蒙之用的，有備家常日用的，還有不少是為科舉設的類書。裘開明在〈四庫失收明代類書考〉一文中指出：「朱明一代，推重科舉」。「士子赴考，須撰時文，於是可供科舉之類書應運而生。其規模之巨集，超越各朝。」[32]這些類書，都是編輯來幫助士子在短時間內掌握古今百科事物，以便在答卷時引經據典，突出自己的「學通古今」、「博學多才」，借此得到考官的青睞而中式。據清人和當代學者的鑑定，當時供科舉參考用的類書有鄧志謨（1559-？）的《鍥旁註事類捷錄》、林德謀的《古今議論參》、呂一經的《古今好議論》、唐順之的《新刊唐荊川先生稗編》、瞿景淳、朱大韶的《新刊文場助捷經濟時務表箋》、何應彪的《彙考策林》、馮琦的《經濟類編》、袁黃的《增訂二三場羣書備考》、《古今文苑舉業精華》、邵景堯的《新刻邵太史評釋舉業古今摘粹玉圃珠淵》、陳繼儒的《舉業日用秘典》、顏茂猷的《經史類纂》、張九韶的《羣書拾唾》、王世貞的《異物類考》、《彙苑詳註》等。[33]必須指出的是，前朝

---

[31] 張滌華，《類書流別》（北京：商務印書館，1985），頁 30。
[32] 裘開明，〈四庫失收明代類書考〉，收錄於劉家璧編訂，《中國圖書史資料集》（香港：龍門書店，1974），頁 655-656。
[33] 詳參各書在《四庫全書總目》、《中國善本書提要》以及趙含坤，《中國類書》（石家莊：河北人民出版社，2005）等的提要。

編纂的類書並沒有因為時代的久遠而被湮沒,像《事文類聚》、《古今合璧事類備要》和《源流至論》等在明代也屢有書坊將它們翻刊。在翻刊這些前代的類書時,書坊主也不忘在書名中冠以「新編」、「新箋」等來強調它們在出版前已經過修訂,如《新編古今事文類聚》和《新箋決科古今源流至論》等,以表示它們已經注入了切合時代的內容,仍具有參考價值。

(九)諸子彙編。明中葉以後的書坊為滿足士子引經據典之需,也出版了一些如同宋人洪邁編纂的《經子法言》之類的諸子彙編。[34]其「體例略如類書,但不分門目,與經義絕不相涉」[35]。據四庫館臣的裁定,這類舉業用書有黎曉卿的《諸子纂要》、沈津的《百家類纂》、胡效臣的《百子嘴華》、焦竑校正、翁正春參閱、朱之蕃圈點的《新鍥翰林三狀元彙選二十九子品彙釋評》、歸有光輯的《諸子彙函》、楊起元的《諸經品節》、陳深的《諸子品節》、湯賓尹的《再廣歷子品粹》、胡尚洪的《子史碎語》、李雲翔的《諸子拔萃》等。[36]和《經子法語》比較起來,明代刊行的諸子彙編的內容更加豐富多姿。

通過上文的討論,我們知道當時的書坊除大量地生產供第一場考試用的四書五經講章和八股文選本外,當時的坊間也大量地

---

[34] 《經子法言》「摘經子新穎字句以備程式之用。凡《易》一卷,《書》二卷,《詩》三卷,《周禮》二卷,《禮記》四卷,《儀禮》、《公羊傳》、《穀梁傳》、《孟子》、《荀子》、《列子》、《國語》、《太玄經》各一卷,《莊子》四卷。」見永瑢等撰,《四庫全書總目》卷131〈子部雜家類存目八〉,頁1116。

[35] 永瑢等撰,《四庫全書總目》卷131〈子部雜家類存目八〉,頁1116。

[36] 永瑢等撰,《四庫全書總目》卷131〈子部雜家類存目八〉,頁1119-1127。

充斥著古文選本、明文選本、翰林館課、類書、通史、諸子彙編、論表策試試墨彙編和範文選本等各式各樣的舉業用書，來滿足士子全方位的備考需要。

二、明中晚期坊刻舉業用書出版的正面影響

這些舉業用書在風行的同時，也給當時的社會起著正面的和負面的影響。必須指出的是，在梳理史料的過程中，我們會發現時人關於這類圖書對當時社會所起的正面影響的聲音和討論是微乎其微的，幾乎已完全為反對它們的呼聲所掩蓋。實際上，若我們平心靜氣地把這類圖書的出版活動置放入當時的社會環境中仔細考察，會發現這些圖書的出版除了為打造明中葉以後蓬勃發達的民間出版業貢獻了其舉足輕重的力量外，還在不少方面起著不可漠視的正面影響。

首先，這些舉業用書便利了士子們的備考工作。必須承認的是，由於編纂動機、學術視角的差異，在清代的學者看來，明代不少舉業用書的學術品質並不高。像前文述及的薛應旂的《四書人物考》、陳禹謨的《四書名物考》、汪邦柱、江栯的《周易會通》、歸有光輯的《諸子彙函》等，四庫館臣對它們的評價並不高。[37]此外，徐邦佐的《四書經學考》「雜鈔故實，疏漏實

---

[37] 四庫館臣批評《四書人物考》的「舛漏頗多」（永瑢等撰，《四庫全書總目》卷36〈經部四書類二〉，頁302）；批評《四書名物考》「多疏舛」（卷24〈經部四書類存目〉，頁311）；批評《周易會通》「無所發明」（卷138〈子部類書類存目二〉，頁1175）；批評《諸子匯函》「荒唐鄙誕」（卷131〈子部雜家類存目八〉，頁1121）。

甚」。是書後有陳鵬霄的《四書經學續考》,「又皆時文評語,講章瑣說,而題曰《經考》,未詳其義」[38];託名焦竑的《新鍥翰林三狀元彙選二十九子品彙釋評》「雜錄諸子,毫無倫次。評語亦皆託名,繆漏不可言狀」[39];陳繼儒的《古論大觀》「不但漫無持擇,亦且體例龐雜,罅漏百出。雖以古論為名,而實多非論體,往往雜掇諸書,妄更名目」[40]。這些負面的評語,有些可能是出自評論者對這些舉業用書的偏見,但在很大的程度上也反映了一些事實。

實際上,舉業用書中也有不少嚴謹的作品,像前述的蔡清的《四書蒙引》、林希元的《四書存疑》、陳際泰的《周易翼簡捷解》、徐光啟《毛詩六帖講意》、茅坤《唐宋八大家文鈔》等,都得到後人頗高的評價。[41]此外,鄧林的《新訂四書補註備旨

---

[38] 永瑢等撰,《四庫全書總目》,卷 37〈經部四書類存目〉,頁 313。
[39] 永瑢等撰,《四庫全書總目》,卷 132〈子部雜家類存目九〉,頁 1123。
[40] 永瑢等撰,《四庫全書總目》,卷 193〈集部總集類存目三〉,頁 1762。
[41] 四庫館臣指出《四書蒙引》「雖為科舉而作,特以明代崇尚時文,不得不爾。至其體認真切,闡發深至,猶有宋人講經講學之遺,未可以體近講章,遂視為揣摩弋獲之書也。」(永瑢等撰,《四庫全書總目》卷 37〈經部四書類二〉,頁 302);《四書存疑》「以發明義理為主,意在推源《蒙引》之指,或取數家說而折衷之,《蒙引》所未盡,或補足其意,或出所見以酌其是非。」(國立編譯館編,《新集四書注解群書提要》,頁 38);四庫館臣認為陳際泰在《周易翼簡捷解》中的見識「特為篤實」,認為他的八股文所以能在當時鶴立雞群,「亦由此根底之正也」。(《四庫全書總目》卷 8〈經部易類存目二〉,頁 66);《詩經要籍提要》說《毛詩六帖講意》「雖是科舉參考用書,其說也時

意》「頗簡明,且頗能闡述經義」[42];鄒元標的《仁文講義》「主在闡說章旨而疏經解,每章末加詳,言簡意賅,多有新論」[43];程汝繼的《周易宗義》「羅列諸家之說,不泥古執今,句櫛字比,必求其可安於吾心,以契諸人心之所其安而後錄之」[44];顧夢麟的《詩經說約》雖為「舉子菟園冊」,「然於經義頗有發明」[45]。「核其所取,雖僅采《集傳》及《大全》合纂成書,然別擇調和,頗具苦心,故其持論類皆和平,能無區分門戶之見,且又時時自出新論。」[46]

面對著素質參差不齊的舉業用書,士子們在使用它們時就必須進行嚴格的篩選。對於那些能夠靜心學習、明辨是非的士子,舉業用書可以說是有益無害的。阮葵生(1727-1789)記載:

> 任香谷宗伯(蘭枝)常言,其鄉有老宿丙先生者專心制義,自總角至白首,凡六十年不停批,皆褒譏得失之語。老不應舉,乃舉生平評騭之文分為八大箱,按八卦名排

有新義。」(頁 377);《四庫全書總目》指出「八家全集浩博,學者遍讀為難,書肆選本,又漏略過甚,(茅)坤(《唐宋八大家文鈔》)所選錄,尚得煩簡之中。集中評語,雖所見未深,而亦足為初學之門徑。」(卷189〈集部總集類四〉,頁1718。)

[42] 國立編譯館編,《新集四書注解群書提要》,頁32。
[43] 國立編譯館編,《新集四書注解群書提要》,頁79。
[44] 永瑢等撰,《四庫全書總目》卷8〈經部易類存目二〉,頁62。
[45] 朱彝尊著,許維萍、馮曉庭、江永川點校,《點校補正經義考》(臺北:中央研究院中國文哲研究所籌備處,1999),冊4,頁264-265。
[46] 中國科學院圖書館整理,《續修四庫全書總目提要(稿本)》第19冊(濟南:齊魯書社,1996),頁421。

次。其乾字箱則王、唐正宗也;坤字箱則歸、胡大家,降而瞿、薛、湯、楊以及隆、萬諸名家連次及之,金、陳、章、羅諸變體又次之;其坎、離二箱則小醇大疵,褒貶相半;其艮、兌二箱則皆歷來傳誦之行卷、社稿及歲科試文,所深惡也而醜詆之者也。書成後,自謂不朽盛業,將傳之其人,舉以示客,無一肯閱終卷首,數年後,益無人過問焉。一日有後生叩門請業,願假其書,先生大喜,欣然出八大箱,後生檢點竟日,乃獨假其艮、兌二箱而去,先生太息流涕者累日。任宗伯猶及見其人。[47]

通過以上的記載,我們可以看到,像丙先生那樣的評點者,確實把八股文的評點作為一項事業來進行的,而像後生那樣有主見的士子,是以一種謹慎的態度來對待前人的評點,即沒有棄之不用,也沒有一味的盲從,這正是利用舉業用書來準備考試的士子所應該具有的正確態度。唯有這樣的正確態度,才能發揮舉業用書的功能。

事實上,我們也發現的確有士子利用了舉業用書而取得舉業成功的例子。像萬曆間的禮部儀制司主事陳立甫就曾通過對坊間出版的舉業用書的「鑽研」而取得了舉業的成功:

立甫瞻矚甚高,意不可一世。……於二三兄弟獨若駸駸浮慕余者。常謂不佞:「子操業與人同,而下筆不休,抑何醞藉弘深也?」不佞謂:「子文微傷簡古耳。譬以蝌蚪治

---

[47] 梁章鉅著,陳居淵校點,《制義叢話》,卷2,頁92。

> 爰書,趨時謂何?吾文若芻狗,第取說主司目,終當覆瓿耳。」立甫悅其言,為易弦轍,盡棄古文詞,日市坊間舉子藝,讀之三年,足不出戶,目不窺園。……比試,督學使者今錢塘金公、昆山陳公並賞其文,置高等。壬午舉於鄉,癸未成進士。[48]

像陳立甫這種通過研習舉業用書而取得舉業的成功,在當時應當不是孤立的例子。袁黃(1533-1606)也曾在學習舉子業期間誦讀了蔡清的《四書蒙引》及林希元的《四書存疑》。[49]實際上,若這些舉業用書無法幫助至少一部分的士子取得舉業上的成功,贏得士子對它們的信賴的話,那在當時也就不可能會有如此之多的舉業用書風行於坊間,與通俗文學和日用類書在圖書市場中呈三強鼎立之勢了。

此外,舉業用書的蓬勃發達也給時人製造了不少參與圖書生產的機會,其中尤以對失意於科場的士子的意義最大。權力干預、人情賄買等科場情弊的泛生,以及取仕規定的過於嚴苛所造成的科場競爭的激烈,也使得不少在科場上屢遭挫折的士子最終放棄了舉業。不少既不能教學,又不能入幕的士子往往為書坊所吸納,替這些書坊進行圖書,其中包括本文討論的舉業用書的編撰工作。像晚明著名的小說和類書作家鄧志謨(1559-?)也是個困於場屋、科場上不得意的書生,後因無意科場,接受建陽的

---

[48] 費尚伊,《費太史市隱園集選》(《四庫未收書輯刊》第5輯第23冊,北京:北京出版社,2000),卷20〈故禮部儀制司主事陳立甫行狀〉頁779。

[49] 袁黃,《四書刪正》,明刊本,〈四書刪正凡例〉,頁1-5。

萃慶堂的聘請從事編纂和創作來謀取生計。[50]也有一些士子放棄了舉業之後轉戰書坊的經營,並取得傲人的成績。像萬曆年間福建建陽著名的刻書家余象斗曾在舉業的道路上走過,他自述說:「辛卯之秋,不佞斗始輟儒家業。家世書坊,鋟笈為事。」[51]說明余象斗曾習舉業,可惜屢試不第,對舉業心灰意懶後放棄儒業,繼承祖傳事業,經營書坊。在他長袖善舞的經營下,其書坊規模愈來愈大,刻書數量也愈來愈多。

在當時競爭頗為激烈的圖書市場,書坊若要在舉業用書這塊市場大餅中爭取到一塊更大的份額,就不能單單滿足於翻版現有的書版或盜印其他書坊所出版的舉業用書,亦或是利用各種欺詐手段,如改換書名或作者來達到銷售的目的,這是因為這些圖書可能已失去了它們的時效性,也已到了市場所能承受的瓶頸,繼續翻印或盜印這些圖書,盈利已不多。若繼續採用這種策略來經營書坊,恐怕也無法長久維持,很快就被市場所淘汰。因此,唯有不斷推出與眾不同的舉業用書,才能夠在這個競爭激烈的圖書市場紮根。若要達到這個目標,就必須尋求新的書源,以便推出一些在內容上眾不同,答卷技巧更加有效的舉業用書,以立足於當時競爭極為激烈的舉業用書市場。書坊的這個需要就給那些失

---

50 孫楷第在《中國通俗小說書目》卷五介紹鄧志謨的生平說:「志謨字景南,號竹溪散人(一作竹溪散生),亦號百拙生。所著書多自署饒安人」,「嘗遊閩,為建陽余氏塾師,故所著書多為余氏所刊。」見孫楷第,《中國通俗小說書目》(北京:作家出版社,1957),卷 5,頁 169-170。

51 轉引自肖東發〈明代小說家、刻書家余象斗〉,《明代小說論叢》第 4 輯(瀋陽:春風文藝出版社,1986),頁 198。

意於科場的士子、退休的官員,以及在任的官員提供了就職或副業的機會,通過替書坊編纂、評閱、參訂舉業用書來賺取或增加收入。這些文人利用他們本身的優勢,即是對科舉考試的內容和形式的熟絡,加上自己的親身經驗來編撰舉業用書。書坊所提供的這個機會尤其對那些手無縛雞之力的失意士子的意義更加重大,讓他們在編撰舉業用書,賺取生活開支的同時,也利用這個機會擦拳磨掌,準備來臨的科舉考試,一舉兩得。[52]一些文社也

---

[52] 以商品經濟發達的江南地區來說,明中葉以後社會最基本的消費指數為「得五十金則經年八口之家可以免亂心曲」(李廷昰,《南吳舊話錄》,上海:上海古籍出版社,1985,卷上,頁 221-222)。也就是說,一年至少要有五十金的收入才能維持一家八口的基本開銷。除了家庭開銷外,不少文人還得負擔日益頻繁的社交開支。(關於明代中晚期士人頻繁的社交的情況,可參閱徐林,《明代中晚期江南士人社會交往研究》,長春:東北師範大學博士學位論文,2002)這麼沉重的經濟負擔,對那些有正業而有穩定收入,像從事教學與幕賓的士人而言基本上是處於一種勉強維持生計的狀態之中,至於那些層次較低者甚至處於極度貧困之中。因此,為了避免陷於入不敷出的窘境,他們必須在正業之外尋求其他的收入。其中,不少文人通過「賣文」來賺取外快。特別對一些既不能教學,又不能入幕的士人而言,「賣文」是他們賺取生活開支的主要謀生手段。除撰寫墓誌、壽贊、碑傳、抄書外,替書坊編選舉業用書也是賣文的一種方式。「一般窮書生」,通過替書坊編撰這些圖書賺取酬金「作生活維持費」(見謝國楨,《明清之際黨社運動考》,北京:中華書局,1982,頁 119)。像馮夢龍(1574-1646)和陳際泰(1567-1641)都曾在中舉前替書坊編撰過舉業用書賺取生活開支,同時也利用這些機會準備參加科舉。前者編撰過《麟經指月》、《春秋衡庫》、《春秋定旨參新》、《四書指月》等指導諸生準備《春秋》考試的舉業用書;後者編撰過《五經讀》、《易經說意》、《四書讀》、《周易翼簡捷解》等舉業用書。舉業用書的稿源除了來自於民間文人外,還有一些是來自於品秩較低,特別是那些社交頻繁的官員。宣黨領

通過結集出版的社稿來維持文社的開支,晚明文社所以能夠達到極盛,通過出版社稿所賺取的收入而建立起來的經濟力量應計一功。唯有強大的經濟力量,才能應付少則數人,多則數千人的經常社會開支。[53]

舉業用書的風行不僅給文人提供了編撰這類圖書的機會,也同時給自雇的或受雇於書坊的繕寫人員、校對人員、刻工、印工、裝訂工提供了大量的工作機會,從中取得報酬,使得他們至少能夠得到三餐的溫飽。與此同時,造紙業、製墨業、製筆業、運輸業等與出版業息息相關的行業和人員也因舉業用書出版活動的繁盛而進一步增加了對製書材料和相關服務的需求,增加了更多的商業和就業機會,共同成為了贏家。尤其值得注意的是,由於雕版印刷技術的採用凌駕於活字印刷之上,不僅使得相關的人員,如繕寫人員、刻工、伐木工人、木材加工工人等的工作得到

袖湯賓尹(1569-？)在他任官期間和遭革職後,都曾替書坊編撰過《四書衍明集註》、《新鐫翰林評選歷科四書傳世輝珍程文墨卷》、《鼎鐫徐筆峒增補睡庵太史四書脈講意》、《湯睡庵太史論定一見能文》等舉業用書來賺取生活開支。

[53] 謝國楨說:「那時候(按:明萬曆以後)對於社事的集合,有『社盟』、『社局』、『坊社』等等的名稱。坊字的意義,不容說,就是書鋪,可見結社與書鋪很有關係。說起書坊來,倒是很有趣的故事。原來他們揣摩風氣,必須要熟讀八股文章,因此那應時的制藝必須要刻版,這種士子的八股文章,卻與書店裏作了一披好買賣,而一般操選政的作家,就成了書坊店裏的臺柱子。」見《明清之際黨社運動考》,頁119-120。何宗美也指出,明萬曆以後出現了普遍出現了以坊養社、以社興坊、文社和書坊一體化的傾向。書坊多揣摩時文風氣,刻書上市,以此贏利。見何宗美,《明末清初文人結社研究》(天津:南開大學出版社,2003),頁36。

保障，也使得相關行業，如伐木業、木材加工業等得到扶持。

除此之外，舉業用書對知識傳播方面也起著正面作用。由於舉業用書能夠幫助士子掌握科舉考試所需知道的知識和答卷的竅門，因而深受他們的歡迎，一些士子對坊刻舉業用書的熟諳程度甚至比考試所規定的經史典籍來得深入。[54]無可否認的是，一些素質較高的舉業用書，像綱鑑和《歷朝捷錄》系列的通史類舉業用書、諸子彙編、類書等也分別普及了一些歷史、哲學和常識性知識。前述馮夢龍的《綱鑑統一》就是一個很好的例子。馮夢龍在編撰《綱鑑統一》時悉心擷取了《資治通鑑》和《資治通鑑綱目》二書的精華，將它們濃縮成三十九卷，這有助於讀者對歷史發展的來龍去脈有通盤的認識及充分的領略。袁黃的《羣書備考》「參據經史百家之言，摘其要旨，述其沿流變遷」，「而於明代事蹟，皆較詳細，書中有句讀，有註釋，又有輿圖」，「觀其所論，多屬簡賅之作。如謂某事起與某年，多精審可據。又如〈聖制篇〉，於明代敕撰書籍，原始要終，陳述了然；且其書不傳於今者，得知其涯略；頗堪珍貴，不能以原書為備帖括之用，而視若敝屣也。」[55]明代相當多職業讀書人和非職業讀書人的很多知識，可能就是從這些素質較高的舉業用書獲得的，並成為了他們進行文學創作運用的材料。[56]

---

[54] 顧炎武覺察到當時八股文選本已取代四書五經，讀書人「惟知此物可以取科名、享富貴，此之謂學問，此之謂士人，而他書一切不觀」。見顧炎武，《原抄本顧亭林日知錄》，卷19〈十八房〉，頁472。

[55] 鄧嗣禹編，《燕京大學圖書館目錄初稿‧類書之部》（北京：燕京大學圖書館，1935），頁38。

[56] 像不少文學創作者從綱鑑類史書中獲得靈感，於是明代一大批「按鑑」

三、明中晚期朝野人士對坊刻舉業用書的態度

然而，自舉業用書在明中葉以後重現以來，儘管它們深受不少士子歡迎，廣為習誦，對當時的出版業和知識傳播等方面也起著正面影響，但它們也同時遭到不少朝野人士的批評，其中以俗陋的八股文選本最為人們詬病。而它們所遭受到的最大非難，是它們造成了士子為求仕進而在舉業之途上浮躁競進的狀態的出現，對明中葉以後的文風、士風和學風造成了負面的影響，甚至有人指斥八股文選本乃禍國殃民之幫兇。

丘濬（1421-1495）可說是較早對舉業用書提出批評的官員。成化前後，各種小題不斷出現，士人們為作好這種語意不連貫，甚至是上下節文意完全相反的文題，只得生拉硬扯，甚至違背經旨傳註去瞎湊，這樣各種奇澀險怪的言論和見解都出現了。[57]丘濬對這種文風極為不滿，一直嘗試以其考官和國子監祭酒的影響力來整頓當時的文風。[58]他認為文章應是依時而作，並遵循古書經典的真理來闡發，文藻措辭則不是首要考量。寫文章絕非是嘩眾取寵以愉悅他人，或盡是無謂之論。[59]從丘濬在國子監內

通俗歷史演義作品就應運而生了，成為一般民眾喜愛的歷史讀物，推動了史學通俗化的活動。詳參紀德君，〈明代「通鑑」類史書之普及與通俗歷史教育之風行〉的討論，《中國文化研究》2004 年春之卷，頁114。

[57] 龔篤清，《明代八股文史探》，頁216。
[58] 《明史》丘濬傳記載「時經生文尚險怪，濬主南畿鄉試，分考會試皆痛抑之。及是，課國學生尤諄切告誡，返文體於正。」見張廷玉等，《明史》，卷181〈丘濬本傳〉，頁4808。
[59] 李焯然，《丘濬評傳》（南京：南京大學出版社，2005），頁39-40。

部考試時給監生所出的試題,可以看出他為矯正文風所付出的努力。在其中一道試題中,丘濬闡明了「文章關乎氣運之盛衰」的想法。他指出一個人如果要了解一個國家或時代,不需要去看它的吏治或行政管理,只要觀察當時的文風就可以略知一二。丘濬認為,歪風的出現,暗示著一個朝代的逐漸衰亡,同時也是對天子和朝廷百官的一個警戒。[60]他在另一個道試題中向考生提出了以下的一個問題:

> 近年以來,書肆無故刻出晚宋《論範》等書,學者靡然效之,科舉之文遂為一變。說者謂宋南渡以後無文章,氣勢因之不振,殆謂此等文字歟?伊欲正人心作士氣,以復祖宗之舊,使明經者潛心玩理,無穿冗空疏之失;修辭者順理達意,無險怪新奇之作;命題者隨文取義,無偏主立異之非;二三子試策之,其轉移之機安在?[61]

《論範》等書應當是南宋流行的制舉範文選集。丘濬認為這些圖書與當時宋朝的衰頹密切相關,其時書肆又無緣無故刊行這些圖書,「學者靡然效之,科舉之文遂為一變」,文風也因而逐漸走向沒落,故他在這道問題要求考生提出防範和矯正文風衰微的建議。雖然我們無法肯定丘濬對於扭轉文風所作出的影響有多深遠,然而,像上引的試題應當會引起監生對舉業用書的負面影響的思考。

---

[60] 丘濬,《重編瓊臺稿》(《景印文淵閣四庫全書》第 1248 冊),卷 8〈大學私試策問〉,頁 166。

[61] 丘濬,《重編瓊臺稿》,卷 8〈大學私試策問〉,頁 166。

如果說丘濬對舉業用書影響文風的看法只是在科舉和國子監中取得成效，還未直接打擊當時刊行舉業用書的書坊，弘治年間的國子監祭酒謝鐸（1435-1510）和河南按察司副使車璽先後奏革坊刻舉業用書，可說是啟開了打擊出版這類圖書的書坊的端緒。謝鐸「性介特，力學慕古，講求經世務」，「經術湛深」。[62]他對舉業用書給士子治學態度所引起的負面影響極為不滿，上疏要求禁絕。他說：「今之科舉者，雖可以得豪傑非常之士，而虛浮競躁之習亦多。蓋科舉必本於讀書，今而不讀《京華日抄》，則讀《主意》；不讀《源流至論》，則讀《提綱》；甚至不知經史為何書。」他建議：「凡此《日抄》等書，其版在書坊者，必聚而焚之，以永絕其根；牴其書在民間者，必禁而絕之，以悉校於水火。」[63]但是，謝鐸的奏疏似乎沒有取得預期的效果。車璽在弘治十一年（1498）的奏摺中指出，謝鐸所奏革的《京華日抄》、《主意》、《提綱》等不僅在當時沒有革去，「令行未久」即「夙弊滋甚」，反而增加了「《定規》、《模範》、《拔萃》、《文髓》、《文機》、《文衡》、《青錢》、《錦囊》、《存錄》、《活套》、《選玉》、《貫義》」等十二種名目的舉業用書。車璽建議搜查福建書坊的這類圖書的書板並將它們「盡燒之」，對販賣這類圖書的書賈和沒有執行禁約的官員也都予以懲治。禮部接受了車璽的建議，同時也向士子重申所作文章的文字必須「純雅通暢，毋得浮華險怪、艱澀」，「也不

---

[62] 張廷玉等，《明史》，卷 163〈謝鐸本傳〉，頁 4431-4432。
[63] 張萱，《西園聞見錄》（《明代傳記叢刊》第 110 冊，臺北：明文書局，1991），卷 45〈禮部四・國學〉，頁 368-369。

許引用謬誤雜書」。[64]

弘治十二年（1499），吏科給事中許天錫（1461-1508）也上奏請求禁絕坊刻八股文選本。他持的理由是：

> 自頃師儒失職，正教不修。上之所尚者，浮華靡豔之體；下之所習者，枝葉蕪蔓之詞。俗士陋儒，妄相裒集，巧立名目，殆且百家。梓者以易售因圖利，讀者覬倖而決科。由是廢精思實體之功，罷師友討論之會；損德蕩心，蠹文害道。一旦科甲致身，利祿入手，只謂終身溫飽，便是平昔事功，安望其身體躬行以濟世澤民哉？[65]

這就是說，當時世風不正，連「代聖人立言」的八股文也流行著「浮華靡豔之體」、「枝葉蕪蔓之詞」，而此類八股文選本竟有百家之多。這樣，士人就一頭鑽入八股文選本中，以為研習這些東西就能考取功名，而對於聖人的經書反而不好好學習，當然更不能領會其精神，身體力行了。一旦考中而做了官，自然也不會根據聖賢的教導來「濟世澤民」。所以，他建議將建陽書坊中的「晚宋文字及《京華日抄》、《論範》、《論草》、《策略》、《策海》、《文衡》、《文髓》、《主意》、《講章》之類，凡得於煨燼之餘者，悉皆斷絕根本，不許似前混雜刊行。仍令兩京

---

[64] 黃佐，《南雍志》（《續修四庫全書》第 749 冊，上海：上海古籍出版社，1995），卷 4，頁 170。

[65] 明史館修纂，中央研究院歷史語言研究所校勘，《明實錄》，弘治十二年十二月乙巳，頁 2825-2827。

國子監及天下提學等官」,「遇有前項不正書板,悉用燒除」。禮部接受了許天錫的建議,令「《京華日抄》等書板已經燒毀者,不許書坊再行翻刻」[66]。這也就意味著,此類書籍的書板已經燒毀的雖不准再翻刻,但書板仍然完好的,卻未禁止其再印行。而且,即使對《京華日抄》等書,如在書板燒毀以前已經印好的,也並未禁止發售。不過《京華日抄》等書也成了半禁書,在存書賣完以後,就不能再重印。連續兩年都有官員上書奏請禁絕《京華日抄》等舉業用書,可知其刊刻之盛,也可想見其流弊日廣,引起了一些官員的擔憂。

但是,這個禁令似乎沒有維持長久。正德十年(1515),南京禮科給事中徐文溥(1480-1525)又上疏奏革八股文選本:

> 近時時文流布四方,書肆資之以貿利,士子假此以僥倖,宜加痛革。凡場屋文字,句語雷同,即繫竊盜,不許謄錄。其書坊刊刻一應時文,悉宜燒毀,不得鬻販。各處提學官尤當變革。如或私藏誦習不悛者,即行黜退。[67]

可是,這道奏疏上傳到明武宗這個不負責任的皇帝後,只是批「下所司知之」[68],也就是提供有關部門的參考。而顯然的,這

---

[66] 明史館修纂,中央研究院歷史語言研究所校勘,《明實錄》,弘治十二年十二月乙巳,頁2827。

[67] 明史館修纂,中央研究院歷史語言研究所校勘,《明實錄》,正德十年十二月甲戌,頁2631。

[68] 明史館修纂,中央研究院歷史語言研究所校勘,《明實錄》,正德十年十二月甲戌,頁2631。

道奏疏對坊刻八股文選本的打擊和士風的矯正並沒有起多大作用。

嘉靖年間，以博學著稱的楊慎（1488-1559）對舉業用書所造成的士習的鄙陋也極為痛心，他說：

> 本朝必經學取人，士子自一經以外，罕所通貫。今日稍知務博，以嘩名苟進，而不究本原，徒事末節。五經、諸子，則革取其粹語而誦之，謂之「蠢測」。歷代諸史，則抄節其碎事而綴之，謂之「策套」。其割取抄節之人已不通經涉史，而章句血脈皆失其真。有以漢人為唐人，唐事為宋事者；有以一人析為二人，二事合為一事者。余曾見考官程文引「制氏論樂」，而以「制氏」為「致仕」。又士子墨卷引《漢書‧律曆志》「先其算命」作「先算其命」。書坊刊佈，其書士子珍以為秘寶，轉相差訛，殆同無目人說詞話。噫！士習至此，卑下極矣。[69]

當時為士子視為秘寶的粗陋坊刻經史節本和八股程墨往往將馮京當馬涼，錯誤百出，它們的謬誤很容易就被以考證見長的楊慎洞穿。他更不能忍受士子們「自一經以外，罕所通貫」，「不究本原，徒事末節」，所讀的也僅是坊刻的庸俗經史節本，憑藉如此淺薄的知識怎麼能夠透徹地了解古代經史的真正含義呢？

嘉靖末年，著名學者何良俊（1506-1573）對那些於經傳無

---

[69] 楊慎，《丹鉛總錄》（《景印文淵閣四庫全書》第855冊），卷10〈舉業之陋〉，頁428。

所體認,單憑記誦坊刻「千篇舊文」,即可「榮身顯親,揚名當世」的情況極為痛恨。他擔任南京翰林院孔目時曾向南直隸督學使者趙方泉建議將上元、江甯、建陽等「書坊刊行時義盡數燒出」。「方泉雖以為是,然竟不能行,徒付之空言而已」。[70]他的建議最終也沒有得到落實,可能是官微言輕的緣故。

學風的敗壞到了晚明呈惡化之勢。據王祖嫡(1531-1592)觀察,其時(約萬曆年間)「俗皆以書坊所刊時文競相傳誦,師弟朋友自為捷徑,經傳註疏不復假目」。[71]袁宗道(1560-1600)亦親見士人「自蒙學,以至白首,篋中惟蓄經書一部,煙薰《指南》、《淺說》數帙而已。其能誦《十科策》幾段,及程墨後場數篇,則已高視闊步,自誇曰奧博。」[72]一些士人甚至連「本經業」亦「多鹵莽」,「他經尤不寓目」,「朝以誦讀,惟是坊肆濫刻。」[73]顧炎武(1613-1682)也揭露:當時八股文選本已取代四書五經,「天下之人惟知此物可以取科名、享富貴,此之謂學問,此之謂士人,而他書一切不觀」。而鼓勵士子鑽研舉業用書的,竟然是他們的父兄和師長。顧炎武回憶其少年時所見說:「余少時見有一、二好學者,欲通旁經籍而涉古,則父師交相譙呵,以為必不得顓業於帖括,而將為坎坷不利之人。」[74]

---

[70] 何良俊,《四友齋叢說》(北京:中華書局,1997),卷3,頁24。
[71] 王祖嫡,《師竹堂集》(《四庫未收書輯刊》第5輯第23冊),卷22〈明郡學生陳惟功墓誌銘〉,頁250。
[72] 袁宗道,《白蘇齋類集》(《四庫禁毀書叢刊》集部第48冊,北京:北京出版社,2000),卷10〈送夾山母舅之任太原序〉,頁590-591。
[73] 孫承澤,《春明夢餘錄》(《景印文淵閣四庫全書》第869冊),卷40,頁656。
[74] 顧炎武,《原抄本顧亭林日知錄》,卷19〈十八房〉,頁472-473。

父兄、師長擔心士子「分心」,所以都不鼓勵子弟讀舉業用書以外,甚至正經正史的書籍。在他們對舉業用書的極力推崇下,乃直接地鼓勵了士子「不究心經傳,惟誦習前輩程文以覬僥倖」[75]的虛浮之風,導致「不知曾有漢、晉」的固陋士人比比皆是。[76] 一些士人雖通過研習舉業用書而躋身科第、名列前茅,卻往往「不知史冊名目,朝代先後,字書偏旁」。面對著這種情況,也就難怪顧炎武要大聲疾呼「八股盛而六經微,十八房興而廿一史廢」了。[77]

面對著由八股文選本所帶來的惡劣的學風,不少學者也一再呼籲士子不要去學令人作嘔的坊刻制藝,並認為文運有關於國家氣運。張慎言(1577-1646)在《泊水齋詩文鈔》卷三〈家書七首〉中說:

> 閱坊刻數首,令人欲嘔,文章之壞以至於此!氣運為之可歎也。……聞又有《五經對語》一書,頗為少年所喜,未讀,然稟報此書當付秦火。所謂「析言破律,託名該作」,其斯之謂與?爾當從原用功。[78]

---

[75] 楊士奇,〈國子司業吳先生墓誌銘〉,收錄於徐紘編,《明名臣琬琰錄》(《景印文淵閣四庫全書》第453冊),卷23,頁256。
[76] 李鄴嗣,《杲堂文鈔》(《四庫全書存目叢書》集部235冊),卷5〈戒庵先生生藏銘〉,頁602。
[77] 顧炎武,《原抄本顧亭林日知錄》,卷19〈十八房〉,頁472。
[78] 張慎言,《泊水齋詩文鈔》(太原:山西人民出版社,1991),卷3〈家書七首〉,頁150。

崇禎年間,內憂四起,外患紛亂,民生凋敝。以經邦濟世為懷的張慎言在國家存亡危在旦夕之際,目睹到了那些無用於振興國勢,重振王綱的靡麗頹廢、空疏淫巧的八股文後,自然引起了他的強烈不滿。張慎言囑咐自己子弟要從本源即經學用功,不要去學令人反胃的坊刻制藝,並認為文運影響國家氣運,而這是許多親歷明亡清興的學人的共識。

除張慎言外,顧炎武也痛心士子「舍聖人之經典、先儒之註疏與前代之史不讀」,專以投機取巧,誦習坊刻時文為務,使得科舉考試不能選拔到真正的人才。他在〈生員論〉中說:

> 國家之所以取生員而考之以經義、論、策、表、判者,欲其明六經之旨,通當今之務也。今之書坊所刻之義,謂之時文。……時文之出,每科一變。五尺小童能誦數十篇而小變其文,即可以考功名,而鈍者至白首而不得遇。老成之士,既以有用之歲月,銷磨之場屋之中,而少年捷得之者,又易視天下國家之事,以為人生之所以為功名者,惟此而已。故敗壞天下之人材,而至於士不成士,官不成官,兵不成兵,將不成將,夫然後寇賊奸宄得而乘之,敵國外侮得而勝之。[79]

在顧炎武看來,由於科舉考試所選拔到的都是一些剽竊剿襲舊文的庸才,他們多數沒有濟世安民的能力替國家效力,使敵寇得以乘虛而入,明廷忙於招架而無還手之力。

---

[79] 顧炎武,《亭林文集》,卷1〈生員論中〉,頁78。

通過以上的討論，說明了明代朝野人士對舉業用書有頗多指責。那麼，舉業用書是否需要對明代文風、士風、學風乃至於國家氣運出現的逆轉，甚至對國祚興亡負起責任呢？

誠然，舉業用書對明代文風、士風、學風乃至於國家氣運所造成的負面影響難辭其咎。但必須說明的是，舉業用書是果不是因。通過前文的討論，我們知道舉業用書是明代科舉制度的產物。當「科舉之為，驅一世於利祿中」的時候，作為「舉業津梁」的舉業用書自然成為士子趨之若鶩的對象。而人們不願花費太多精力去沉潛經史，而以揣摩房稿為學術時尚的時候，其對文風、學風等的敗壞自不待言。不過，由於這些舉業用書都作為形體站在舞臺前，它們的一舉一動都在人們的視野範圍，故而人們在抨擊這些舉業用書所帶來的負面影響時，習慣性地將批判的矛頭指向站在科舉舞臺前列的舉業用書，而往往忽略了對藏身於舞臺後方，主導它們的生產的科舉制度的責任追究。

從明廷頒定科舉制度的意圖來說，它是希望通過這個與任官緊密結合的制度，從全國各地公正地選拔到「經明行修，博古通今，文質得中，名實相稱」的全方位人才來加入當時的文官系統，幫助帝王治理國家，使國家繁榮富足，人民安居樂業。其三場考試有它們各自的作用，張中曉指出：「科制，就其好處而言，夫先之以經義，經觀其理學；繼之以論，經觀其器識；繼之以判，以觀其斷讞；繼之以表，以觀其才華；而終之以策，以觀其通達乎事務。」[80]因此，其三場考試的規定是對士子的一種全

---

[80] 張中曉，《無夢樓文史雜抄》，路莘整理，《無夢樓隨筆》（上海：上海遠東出版社，1996），頁 51。

面性的測試,不僅要求士子們對四書和本經有透徹的了解,也希望更進一步從中選取能夠反映士子在學問、德行和實際能力兼具的人才,減低僥倖取勝的可能性。

但是,這個制度在實際執行的過程中,出現了朝廷意想不到的偏差。科舉與任官的緊密結合,使得尋求科舉出身成為了不少士子終身追求的目的。但是,朝廷官員數額是有限的,官僚隊伍膨脹的有限性與社會考取功名期望的無限性必然形成巨大的張力。為了選拔德才兼備的官吏,科舉制度自其誕生之日起,就試圖找出公平、公正的科舉錄取途徑。而框定考試內容和評判標準往往成為判定公允與否的準則之一。但是,從朝廷所制定的人才選拔標準來看,士子們要達到這個目的也非易事。顧炎武指出:「夫昔之所謂三場,非下帷十年,讀書千卷,不能有此三場也。」[81]在顧炎武看來,要達到這個選拔標準,並取得科舉出身,則士子就非得下工夫十年寒窗苦讀千卷圖書不可。這樣高的標準雖非高不可攀,但對不少士子來說是一種能力上的考驗。這裏所謂的能力就包括才力和財力兩個方面。理想的情況是才力與財力兼具,先天與後天能力的相得益彰,肯定使得這些士子在舉子業的路途中占盡優勢。但是,實際的情況是不少士子或限於後天財力的制約,或礙於先天才力的不足。財力的制約使得一些士子即使有先天的才力,限於後天條件的不足,也導致他們在起跑點上吃了虧。才力的不足,使得一些士子縱使有財力購買千卷圖書,限於先天條件的匱乏,使得他們無法靈活地駕馭所吸收的知識,將它們拓展成為引起考官注目的考試文字。

---

81 顧炎武,《原抄本顧亭林日知錄》,卷19〈三場〉,頁475。

實際上，單就首場考試規定的八股文這個程式化的考試文體來說，要完全掌握這種文體的寫作技巧並寫出突出的文章也不是易事。八股文是一種命題作文，它的題目必須從四書五經中摘取，且要模仿古人語氣，根據程頤、朱熹的傳注來闡發題旨。如果士子對程朱的傳注領會得深，能發掘出題旨中的精義奧旨，且完完全全符合程朱理學，能起到替聖賢立言的效果，這樣心得體會才算是出采的文章，才有中選的可能。不過，這種心得體會有著特殊的程式，須先破題、承題，再起講。其標準的正文部分，必須用聲律要求的四個有著邏輯關聯的對偶段落來層層深入地闡發題旨，寫出心得；要在規定的正、反、起、承、轉、合的邏輯程式中將自己的心得體會闡發無疑。[82]沒有一定的聰明才智，確實也無法寫作出這種心得體會的八股文。

個人能力與國家人才選拔政策脫節，使得一些士子不得不尋求其他的捷徑，來幫助他們順利地完成舉子業。而舉業用書就是在這個需求下產生的一個怪胎。這個怪胎表面上與科舉制度所規定的內容亦趨亦隨，實際上它的實質內容又與科舉制度的規定存在差異的。它大大地簡化了考試的內容和準備的工作，以輔助那些能力欠缺的士子，在最短的時間內掌握考試所必須知道的一切知識和答卷技巧，來取得考試的成功。

國家選拔人才制度在執行時出現的紕漏，使得原本繁複的備考工作的走向簡化成為可能。首先，首場考試的出題範圍都出自四書五經，但它們可出題的範圍畢竟有限，而各級考試繁多，行之既久，必然出現了雷同題目。它們的每句話幾乎都可以找到多

---

[82] 龔篤清，《八股文鑑賞》（長沙：岳麓書社，2006），頁4。

篇現成範文,它們在書坊和選家的共同合作下製作成一部部的選本,在坊間可輕易找到,這就使得浮躁競進的士子的剽竊剿襲成為可能。再者,顧炎武指出:「明初三場之制,雖有先後而無輕重。」若是三場並重,誦習八股文選本的士子也僅能在首場占了些優勢。若他們冀望高中的話,也必須花費一些精力在二、三場考試的準備上。但是,隨著士子人數的激增、考生答卷的冗長,評卷時間的緊促,加上三場考試衡文標準的模糊多元,難以掌握,使得考官的工作量非常繁重和緊迫,而日趨程式化的八股文易於把握標準,便於衡文。於是「主司閱卷,復護所中之卷,而不深求其二、三場。」單純以首場考試成績的優劣來決定考生的命運,使得一些能力欠缺的士子就把大部分的精力集中在首場考試的閱讀範圍和答卷技巧的掌握上。不少「務求捷得」的士子乾脆誦讀坊刻「數十篇而小變其文」,就踏進考場考功名。甚者直接「竊取他人之文記之。入場之日,抄謄一過」,希望得以「僥倖中式」[83]。不少士子也不再將精力花費在二、三場考試的準備上,而將閱讀的範圍集中在二、三場考試的試墨範文、經史節本和類書等舉業用書上。當這種情況成為了為數眾多的士人的共同行為時,其結果就是恰如當時朝野人士所描述的種種負面影響的出現。

因此,追根究底,若要肅清舉業用書所帶來的負面影響的話,則非得對科舉制度進行一番整頓。可是,儘管不少有識之士對科舉制度尤其是八股文的弊端有極其清楚的認識,也提出了他們對這個制度進行改革的設想。然而三場之制不僅在明代行而不

---

[83] 顧炎武,《原抄本顧亭林日知錄》,卷19〈三場〉,頁475。

廢,又為繼之者所延續。從這一點來看,說明三場之制對朝廷而言自有其可取之處。八股文一度在康熙初年廢止,改試策、論、表、判,但也僅行於甲辰(康熙三年,1664)、丁未(康熙六年,1667)二科。康熙四年(1665),禮部右侍郎黃機疏言:「今甲辰科止用策論,減去一場,似太簡易,恐將來士子剿襲浮詞,反開捷徑;且不用經書為文,則人將置聖賢之學於不講,恐非朝廷舍科取士之深意。」奏請恢復三場舊制。朝廷准其所請,康熙七年命復三場舊制。[84]乾隆三年(1738),兵部侍郎舒赫泰奏請改科舉、廢八股。當時鄂爾泰承認當時的取士制度的確存在弊病,但仍力主維持舊制,其理由是:取士之法每代不同,而莫不有弊。「九品中正之弊,毀譽出於一人之口,至於賢愚不辨,閥閱相高,劉毅所云『下品無寒門,上品無寒士』者是也。科舉之弊,詩賦只尚浮華而全無實用,明經則徒是記誦而文義不通,唐趙匡所謂『習非所用,用非所習,當官少稱職吏』者是也。」他最後的答復是:「時藝取士,自明至今,殆四百年,人知其弊而守之不變者,誠以變之未有良法美意以善其後」。既然沒有更好的方式取代,則不如不變。更況且「時藝所論,皆孔孟之緒言,精微之奧旨,參之經、史、子、集以發其光華,範其規矩準繩以密其法律,雖曰小技,而文武幹濟、英偉特達之才,未嘗不出乎其中」。換言之,八股文雖有弊病,但卻也不失為一個在理論上既能灌輸政治思想、穩定社會秩序,又能選拔人才的一種辦法。至於士子空疏不學、剿襲舊文,則乃其「末流之失」,非作

---

[84] 清實錄館修纂,中國第一歷史檔案館等整理,《清實錄》(北京:中華書局,1987),康熙四年三月條,頁221。

法的本意。[85]在很大的程度上,清廷對三場舊制的護持所提供的理由,也很能代表明廷維護這個制度的看法。

　　既然沒有整頓科舉制度的決心,欲杜絕舉業用書的橫行所帶來的負面影響,最直截了當的做法就是頒佈嚴厲的禁令來遏止這些圖書的流通。無可否認,明代文禍的嚴厲較之前的朝代有過之而無不及。[86]但是,明代對舉業用書的禁絕似乎沒有那麼強硬。只要這些圖書不要傷害到君權的絕對權威和王朝的穩固根基,在可以容忍的情況下,朝廷對於大臣的有關奏疏和學者的有關警戒,或漠然置之,或敷衍了事。即使頒佈了禁書命令,也往往只是影響一時,無法維持長久。同時,對觸犯禁令的書坊也往往僅是命令燒毀書板,使得書坊主不能再利用同樣書板翻印,鮮少有書坊主因刊行這些圖書而被治罪。如此輕微的懲罰自然無法起到有效的阻遏作用。只要國家法令稍為鬆弛,就給書坊充足的呼吸空間讓這些舉業用書重現在坊間。

四、結語

　　通過上文的討論,我們知道坊刻舉業用書的出版在明中葉以後重現後,在坊間大量流通的這類圖書除人們所熟知的四書五經講章以及八股文選本外,還充斥著數目非常可觀的古文選本、明

---

[85] 賀長齡、魏源輯,《皇朝經世文編》(《魏源全集》第 16 冊,長沙:岳麓書社,2004),卷 57〈禮政四・學校〉,〈議時文取士疏〉(乾隆三年禮部議復),頁 207-208。

[86] 明代文禍的詳細情況,可參閱胡奇光,《中國文禍史》(上海:上海人民出版社,1993),頁 83-116。

文選本、論表策試試墨彙編、翰林館課、類書、通史類和諸子彙編等舉業用書，滿足士子們全方位的備考需要。這些舉業用書的風行，不僅便利和簡化了士子的備考工作，對打造明中葉以後蓬勃發達的民間出版業也貢獻了其舉足輕重的力量，也同時對知識傳播起著正面的作用。但它們也同時遭到不少朝野人士的批評，尤其是它們造成了士子為求仕進而在舉業之途上浮躁競進的狀態的出現，對明中葉以後的文風、士風和學風所造成了負面的影響最為人們詬病。但是，由於朝廷沒有整頓科舉制度的決心，也無意頒佈嚴厲的禁令來遏止這些圖書的流通，使得坊刻舉業用書的出版得到了生存的空間，依然浩浩蕩蕩地流通傳佈在明中葉以後的坊間。

伍、清代坊刻舉業用書的影響與朝廷的回應

入清以後,出版環境極為艱辛。其後坊刻舉業用書出版漸多,在嘉、道年間甚至出現了「如山如海」的繁盛局面。[1]在這兩個多世紀期間,坊間充斥著幫助士子了解經書意旨的四書五經講章、指導寫作四書文和五經文章法結構的制義、考據訓詁四書人物事物的參考書、八股文選本、試律詩選本等。士子鑽研舉業用書,目的無非是想在科舉考試中名列前茅。那麼,舉業用書風行對清代的文風、士風和學風有哪些影響?朝野人士如何看待這些圖書?朝廷如何回應舉業用書所造成的衝擊?這些都是本文所要探討的問題。

一、清代坊刻舉業用書出版的發展狀況

清代各地的反清運動持續近二十年,清廷採取高壓政策,殘酷鎮壓異己。經濟文化較發達的南方各省,經過清軍洗劫,已經

---

[1] 龔自珍,《龔自珍全集》(上海:上海人民出版社,1975),〈與人箋〉,頁344。

是財物焚掠殆盡,城鎮荒涼,書坊業同其他工商業一樣,急劇衰落。康熙二十年(1681),吳三桂(1612-1678)等三藩之亂平定後,清廷採取與民休息政策,社會生產力逐漸恢復,書坊業才回復生機。[2]

清代書坊中心發生了相當大的變化,不僅南京、杭州遠不如明代,建陽書坊也失去了昔日的光輝,北京、蘇州、廣州取而代之,成為三大書坊中心。新興的書坊刻書地區也甚多,江蘇的揚州、四川的成都、重慶、山西的太原、山東的聊城等都有刻書的記錄。[3]和前代一樣,書坊刻書以普通百姓日常生活用書、小說、戲曲、啟蒙讀物,以及本文所要討論的舉業用書為主。[4]

隨著西學的東漸,西方印刷術像石印技術也輸入中國。外資出版印刷業興辦後,石印技術逐漸風行。舊式的書坊刻書雖然仍繼續存在,但在圖書事業中所起的作用已大大降低。光緒五年(1879),英商美查(Ernest Major,1841-1908)在上海設立點石齋石印書局,印行中國善本舊書及各種新書,其中《康熙字典》在數月之間銷售十萬冊,書局為此獲利頗豐。各地商人也紛紛仿效,成立石印書局。十九世紀八十年代後,上海就成立了一大批頗具影響的石印書局,如同文書局、蜚英館、拜石山房、鴻文書局、積山書局及鴻寶齋等,出版書籍包括舉業用書行銷全國,營業興旺。全國各地也紛起效尤,廣州、杭州、武昌、蘇州、寧波等地相繼創辦石印書局。石印書籍出書快、投入低、獲利豐、印刷質量好,具有較木刻更容易保存等優點。且石印書籍

---

[2] 戚福康,《中國古代書坊研究》(北京:商務印書館,2007),頁256。
[3] 戚福康,《中國古代書坊研究》,頁275-277。
[4] 陳力,《中國圖書史》(臺北:文津出版社,1996),頁326-327。

大多字體小,能縮小篇幅,便於攜帶,尤其價格低廉,一部木版書為同書石印本價格的二至五倍,因而石印書更受到讀者歡迎。出版物以古籍為多,遍及經史子集四部以及叢書、舉業用書、通俗小說、唱本等。此外,地圖、畫刊、報刊和時人新作等也大量地以石印的方式出版。石印書業如上海鴻文書局、蜚英館在當時印行的大都是舉業用書,在科舉考試施行期間大獲其利,但在清廷下詔廢除科舉後和木版書業一樣紛紛停業或改業。[5]

舉業用書的生產在明末湧現一股熱潮,但在清初並沒有延續這類圖書館出版的盛況。學者指出,清朝是中國歷史上最積極推行禁書政策、努力禁錮思想的時期。[6]尤其是清初,所謂康、雍、乾三世,達到了登峰造極的地步。[7]除禁毀明清史著、小說戲曲外,不少幫助考生投機取巧的舉業用書,由於以下原因,在當時也被列為禁書。

有因政治忌諱而遭禁的。像不少在明代出版的舉業用書因「議論偏謬」[8]、「語有違悖」[9]而在清初為政府列為禁書,其中

---

[5] 來新夏等,《中國近代圖書事業史》(上海:上海人民出版社,2000),頁 128-132;葉再生,《中國近代現代出版通史》(北京:華文出版社,2002),第 1 卷,頁 368-372;高信成,《中國圖書發行史》(上海:復旦大學出版社,2005),頁 216-219。

[6] 陳正宏、談蓓芳,《中國禁書簡史》(上海:學林出版社,2004),頁 4。

[7] 王彬主編,《清代禁書總述》(北京:中國書店,1999),〈出版說明〉。關於康、雍、乾三朝禁書的原因,可參閱丁原基,《清代康雍乾三朝禁書原因之研究》(臺北:華正書局,1983)。

[8] 姚覲光輯,《清代禁毀書目四種》(《萬有文庫》第 2 集第 7 種,上海:商務印書館,1934),《禁書總目·明文衡》,頁 86。

[9] 姚覲光輯,《清代禁毀書目四種》,《禁書總目·狀元策》,頁 87。

包括《翰林館課》、《八科館課錄》、《明館課宏詞》、《續宏詞》、《狀元策》、《策衡》、《策學考實》、《明策雋永》、《策略》、《二三場玉函時務表》、《二三場典》、《二三場日箋》、《二三場旁訓》、《二三場合刪》、《二三場合鈔》、《古今議論參》、《明文衡》、《了凡綱鑑補》、《歷朝捷錄大成》、《捷錄大全》、《捷錄全本直解》、《捷錄真本》、《捷錄法源旁註》等，或因涉及明代史事，或因寄託故國之思等原因，都被列為禁書。在查禁的舉業用書中，以顧充《歷朝捷錄大成》及其演變之書類特別值得注意。山東、陝西、甘肅、湖北、湖南、江西、江蘇、福建、浙江等省均有收繳其書的上奏，山東奏繳書目中對此特別注明「內語多狂悖」、「語多悖誕」。其書被查繳的數量頗大，如江西一次即查繳二十三部；江蘇一次查繳《歷朝捷錄大成》四十八部、《歷朝捷錄》五十八部、《歷朝捷錄法原》十四部，又一次查繳《歷朝捷錄大成》三十二部、《歷朝捷錄直解》十部、《歷朝捷錄》八部、《歷朝捷錄法原》十四部、《捷錄真本》二部、《捷錄原本》十三部，浙江則一次收繳八十四部。[10]

　　當朝編刊的舉業用書也沒有逃過禁售的厄運。順治五年（1648），滿人大學士剛林上疏舉發毛重倬（1617-1685）等人的坊刻八股文選本有嚴重的問題：所刻選文「皆悖謬荒唐，顯違功令，已令人不勝駭異」，尤其是所撰序文，「只寫丁亥干支，並無順治年號」，是「目無本朝，陽順陰違」，犯了「不赦之

---

[10] 喬治忠，〈明代史學發展的普及性潮流〉，《中國社會歷史評論》4（北京：商務印書館，2002），頁452。

條」。於是將毛重倬等人依法治罪,並開始了對八股文選本的清查。[11]

有為打擊假造、濫造而申禁的。順治五年,禮科楊栖鶚（1624-？）奏曰:「自今闈中墨牘,必經詞臣造訂,禮臣校閱,方許刊行,其餘房社雜稿,概行禁止。」康熙九年（1670）,查得「鄉、會墨卷,每一科出,坊賈預先召集多人,造成浮泛不堪文字,假稱新科墨卷、房行,相沿成習,文體日壞。」重申「嗣後每年鄉、會試卷,禮部選其文字中程者,刊刻成帙,頒行天下,一應坊間私刻,嚴行禁止」。並議准了「濫刻選文、窗稿」的處罰:「坊賈預集多人造作文字,妄稱新科墨卷傳賣,及直省生員濫刻選文、窗稿者,其假造之人,如係職官,罰俸三個月;舉人,罰停會試一科;貢生,罰停廷試一次;監生,罰多坐監六個月;生員,降為青衣;儒童,行令該地方官責懲。如有冒名私刻,將假冒之人究治。」[12]希望借此嚴厲措施全面打擊坊間濫刻選文、窗稿。這道命令下達後,「科選家」懼於處罰嚴苛,一時間內「為之寂然」。[13]

為了端正學風,除選文、窗稿外,清廷也禁售有害文業的「瑣語淫詞」之書。清初曾三令五申要依程朱理學教學考試,如順治九年（1652）命令提學官要生員研讀四子書、五經、《性理

---

[11] 鄭敷教,《鄭桐庵筆記補逸》(《叢書集成》第 95 冊,上海:上海書店出版社,1994),頁 907。
[12] 素爾訥等纂修,《欽定學政全書》(《歷代科舉文獻整理與文獻研究叢書》,武漢:武漢大學出版社,2009),卷 6〈厘正文體〉,頁 26。
[13] 葉夢珠,《閱世編》(上海:上海古籍出版社,1981),卷 8〈文章〉,頁 185。

大全》、《資治通鑑綱目》等書,並規定書商只能刊印「理學政治有益文業諸書」,其他「瑣語淫詞」,「通行嚴禁,違者從重究治」。¹⁴順治十九年(1659),給事中楊雍建(1627-1704)上疏,強調朱熹的《集註》發明四書要旨,為功最鉅,而坊間出版「《四書諸家辨》、《四書大全辨》,皆以譏訕先賢,崇尚異說,得罪名教」,力請毀板嚴禁,以使學術大醇,人心可正。朝廷接受此議,還命令學官和生員「務尊經傳,不得崇尚異說」。¹⁵除此之外,清廷也禁止坊間刊行表策與經史節本,以求矯正學風。順治十七年(1660)禮部議准:「二、三場原以覘士子經濟,凡坊間有時務表策名冊,概行嚴禁。」¹⁶乾隆二十九年(1764)湖南學政李綬(1713-1791)上奏請求禁絕坊間《禮記》節本:「《禮記》一經多坊間刪本,有《心典》、《體註》、《省度》等名,較之全經不過十之四五,所存者俱係擬題之處,其餘則不顧文理,一概刪去,以致語氣割裂,與經學殊有關係。」建議「飭令地方官出示,將刪去刻板銷毀,已經印刷者,禁止販賣,毋需存留遺物後學,並令各省學政主考,嗣後經題不得盡出素擬,並不得專就刪本《禮記》出題。」¹⁷高宗准其

---

14 素爾訥等纂修,《欽定學政全書》,卷7,〈書坊禁令〉,頁32。
15 清乾隆十二年敕撰,《欽定皇朝文獻通考》(《景印文淵閣四庫全書》第633冊),卷69〈學校七〉,頁650。
16 崑岡等修,劉啟端等纂,(光緒)《欽定大清會典事例》(《續修四庫全書》第803冊,上海:上海古籍出版社,1995),卷332〈禮部・貢舉・試藝體裁〉,順治十七年,頁296。
17 杜受田等修纂,《欽定科場條例》(《歷代科舉文獻集成》第5卷,北京:北京燕山出版社,2006),卷34〈禁止刊賣刪經時務策〉,頁2670。

奏請,並明令「嗣後專習《禮記》生童,務須誦讀全書,不得仍以刪本自欺滋誤。」[18]

但清廷禁止坊間印售舉業用書,往往只是影響一時,難以賡續。在雍、乾交際年間甚至出現「時文選本,汗牛充棟」的盛況。[19]在禁之不絕的情況下,朝廷在乾隆元年(1736)無奈弛禁坊刻八股文選本的印售。[20]當年奏准:「現弛坊間刻文之禁,應聽操選之士,將鄉、會墨卷,自行刊發;其向由禮部、翰林院選訂之例,即行停止。」[21]學者指出,這道弛禁上諭其實無異承認了國家無法禁絕這類圖書。[22]

嘉、道以降,禁風稍弛。咸豐二年(1852),朝廷刊行《欽定科場條例》,堅持刊賣刪經時務策的禁令,明文規定:

> 坊間刊賣經書,務用全經。其刪本刻板,地方官出示令其銷毀。有已經刷印者,毋許存留售賣,貽誤士子。……刪本經書,督撫等認真查禁,陸續收繳,解經銷毀。將繳過刪本經書數目,及有無傳習之處,三年彙奏一次。臨場慣用講章策略等項,坊間刊刻小本發賣,順天府尹及

---

18 崑岡等修,劉啟端等纂,(光緒)《欽定大清會典事例》(《續修四庫全書》第804冊),卷388〈禮部・學校・頒行書籍〉,乾隆二十九年,頁200。

19 永瑢等撰,《四庫全書總目》,卷190〈集部總集類五〉,頁1729。

20 王德昭,《清代科舉制度研究》(香港:中文大學出版社,1988),頁140。

21 崑岡等修,劉啟端等纂,(光緒)《欽定大清會典事例》,卷332〈禮部・貢舉・試藝體裁〉,乾隆元年,頁298。

22 王德昭,《清代科舉制度研究》,頁140。

各省督撫學政，一體出示嚴禁。[23]

禁令一再重申，似可反映書坊刊售刪經時務策的活動有禁之不絕之勢。實際上，清初艱辛的出版環境似乎沒有完全折損書坊主生產舉業用書的元氣，有清一代舉業用書還是不間斷地出版。像福建閩西四堡的書坊，在禁令期間分別在康熙二十二年（1683）和二十三年刊行《四書集成》和《四書備要》就是一個佐證。[24]當然，經營書肆的投資風險低，利潤高，是吸引人們從事這個行業的主要原因。（同治）《撫州府志》卷六五載：金溪人楊隨在四川瀘州開設藥鋪，有從兄某同在瀘州經營書肆，常年虧損。楊隨以自己的藥鋪讓給從兄，而自己經營書肆，待年終結算，書肆營利比藥鋪大得多。[25]這說明只要經營得當，經營書肆亦可獲得厚利。尤其石印書業本輕利重，吸引了大批人經營。再加上禁令往往只是影響一時，無法維持長久。同時，對觸犯禁令的書坊，也僅是命令燒毀書板，使得書坊主不能再利用同樣書板翻印，鮮少有書坊主因刊行這些圖書而被治罪。如此輕微的懲罰自然無法起到阻遏作用。

通過朝臣的對各地坊刻講章策略和經史節本的奏報，可見書

---

[23] 杜受田等修纂，《欽定科場條例》，卷34〈禁止刊賣刪經時務策〉，頁2669。

[24] Cynthia J. Brokaw, "Commercial Publishing in Late Imperial China: The Zou and Ma Family Businesses of Sibao, Fujian", *Late Imperial China* 17.1 (1996): 67.

[25] （同治）《撫州府志》，卷65，轉引自張海鵬、張海瀛主編，《中國十大商幫》（合肥：黃山書社，1993），頁389。

坊主在利之所趨下,對朝廷禁絕坊間舉業用書的命令置若罔聞。如乾隆五十四年(1789),江西學政翁方綱(1733-1818)彙報該省士子「有臨場習用新出小本講章,以希捷獲者。又坊間亦有編輯經書擬題,及套語策略等類,於臨場時刊刻發賣」。皇帝聞奏後令「嚴行禁止,並於建昌一帶刊書之處,遍為飭禁等語」。[26]龔自珍(1792-1841)曾用「如山如海」來形容坊刻舉業用書在道光初年的刊印之盛:「今世科場之文,萬喙相因,詞可獵而取,貌可擬而肖,坊間刻本,如山如海。四書文祿士,五百年矣;士祿於四書文,數萬輩矣。」[27]凡此種種,不僅說明坊刻舉業用書刊行之盛,流通之廣,「山僻小鎮」皆有這類讀物的蹤跡,[28]也說明在利益的強力誘惑下,儘管「刊書之處」「遍為飭禁等語」,還是有很多書坊主視若不見,甘冒懲處的危險刊行舉業用書。

清初鄉、會試的考試內容與明代相同,順治二年(1645)頒布的《科場條例》規定:鄉、會試「首場四書三題、五經各四題,士子各占一經」,「二場論一道,判五道,詔、誥、表內科一道,三場經史時務策五道」。「鄉、會試首場試八股文」,對八股文的寫作內容有嚴格的規定,要求以程朱理學為標準。此後,相繼頒布了《欽定四書文》、《御纂四經》、《欽定三禮》等作為八股文寫作的規範,並規定:「首場制藝以《欽定四書

26　杜受田等修纂,《欽定科場條例》,卷34〈禁止刊賣刪經時務策〉,頁2670。
27　龔自珍,《龔自珍全集》,〈與人箋〉,頁344。
28　清實錄館修纂,中國第一歷史檔案館等整理,《清實錄》,乾隆五十八年七月戊午,頁163。

文》為準,其輕僻怪誕之文不得取錄。」「經文以遵奉《御纂四經》、《欽定三禮》,及用傳註為合旨,其有私心自用,與泥俗下講章,一無稟承者不錄。」[29]此後,鄉、會試的考試內容多調整。到乾隆五十八年(1793)規定考試內容為:初場為四書文三篇、五言八韻詩一首;二場,五經文各一篇;三場,策問五道,這一做法一直沿用到清末。[30]殿試的內容是策論一道,含三至五題,多屬當世時務。[31]

必須說明的是,本文所討論的舉業用書,僅限於光緒二十七年(1901)清廷下詔改科舉試法以前,書坊為迎合「不循正軌」的俗陋士子「止圖速化」投機取巧的心態出版的這類讀物。

「明代儒生,以時文為重」[32],說明明代科考偏重首場時

---

[29] 素爾訥等纂修,《欽定學政全書》,卷6〈厘正文體〉,頁26。

[30] 清末,鄉、會試三場的內容和體裁有了較大變化。光緒二十七年(1901)七月,清政府以光緒之名下詔變科舉試法,諭自明年始正式廢止八股,改試策論,終止了自明代以來實行了五、六百年的制藝取士之法。第二年(1902),鄉、會試分三場舉行,首場試中國政治史事論五篇,二場試各國政治藝學策五道,三場試四書藝二篇,五經義一篇。生童歲科考亦先試經古一場,考中國政治史事及各國政治藝學策,正場試四書義、五經義各一篇。進士朝考論疏、殿試策問,也都以中國政治史事及各國政治藝學命題。以上考試皆強調:凡四書、五經義,「均不准用八股文程式,策論均應切實敷陳,不得仍前空衍剽竊。」見〈光緒二十七年七月十六日(1901.8.29)上諭〉,收錄於朱有主編,《中國近代學制史料》第1輯(上海:華東師範大學出版社,1986),頁129。

[31] Benjamin A. Elman, "Changes in Confucian Civil Service Examinations from the Ming to the Ch'ing Dynasty", in *Education and Society in Late Imperial China, 1600-1900*, ed. Benjamin A. Elman et al. (Berkeley: University of California Press, 1994), pp. 116-123

[32] 永瑢等撰,《四庫全書總目》,卷37(四書人物考)。

文。清代重蹈明代覆轍,朝廷雖屢次申誡,截至清末,科舉「雖分三場,而只重首場」[33]的現象依然普遍。[34]既重首場,按理言士子定當在學校教官的督導下不遺餘力地鑽研朝廷規定的《四書集註》。事與願違,除少數以振拔人才為己任的教官尚有直接施教之舉外,多數教官不能切實履行施教之責,[35]故而士子尤其是能力欠缺的士子只得尋求其它途徑來了解四書的意涵。參考誦讀自前朝已有的四書類考試輔助讀物,幾乎是當時所有士子的共同行為。其中有便於士子了解四書意旨的講章。其源頭可追溯到胡廣(1369-1418)等人於永樂年間奉敕纂的《四書大全》。[36]

除沿用前朝編撰的四書講章外,士子們也研習清代文人編撰的這類圖書,其量多不勝數。有郭善鄰的《說四書》、黃昌衢彙編的《四書述朱》、金松的《四書講》、范翔的《四書體註》、許寶善編、俞長城等注的《四書便蒙》、李沛霖的《四書諸儒輯要》、陸思誠的《陸批四書》、秦士顯的《四書答問》、朱奇生纂的《四書發註》、洪垣星纂、張承露參訂的《四書繹註覽要》、張權時的《四書合參析疑》、戴鋐的《四書講義尊聞錄》、翁復的《四書遵註》、任啟運的《四書約旨》、王步青的

---

[33] 闕名,〈變通文武考試舊章說〉,收錄於高時良,《中國近代教育史資料彙編》(上海:上海教育出版社,1992),頁616。
[34] 關於明清科考重首場考試的論述,可參閱張連銀,《明代鄉試、會試試卷研究》(蘭州:西北師範大學文學院碩士論文,2004),頁36-45;侯美珍,〈明清科舉取士「重首場」現象的探討〉,《臺大中文學報》23(2005.12),頁323-368。
[35] 霍紅偉,〈清代地方教官的施教方式〉,《河北師範大學學報(教育科學版)》10.3(2008.3),頁24。
[36] 永瑢等撰,《四庫全書總目》,卷36〈經部四書類二〉,頁301-302。

《朱子四書本義彙參》、任時懋的《四書自課錄》、何文綺的《四書講義》、俞廷鏢的《四書評本》、劉豫師的《劉氏家塾四書解》、張謇的《張謇批選四書義》、王伊輯的《四書論》、謝廷龍的《四書勸學錄》、吳宗昌的《四書經註集證》等。[37]

很多四書講章除不只解說經義，也分析章法結構，有趙燦英的《四書集成》、孫琅的《四書緒言》、李戴禮的《四書彙通》、李沛霖等撰的《四書釋疑》、蘇珥的《四書解》、何如漋的《四書自得錄》、孫繩武輯的《四書衷是》、侯廷銓的《四書彙辨》、黃梅峰的《四書解疑》等。[38]

除了四書講章和舉業制藝類舉業用書外，還有一些考據訓詁四書的舉業用書。清人編撰的這類舉業用書較明人多，有呂官山等纂，黃越校的《增訂四書典故人物圖考》、胡掄的《四書典制彙編》、陳宏謀的《四書考輯要》、程天霖的《四書鏡典故》、臧志仁輯的《四書人物類典串珠》、徐杏林的《四書古人紀年》、陶起庠的《四書續考》、凌曙的《四書典故覈》、李揚華的《四書備檢》、松軒主人的《增補四書典腋》等。[39]

清代科舉既考四書義，亦考五經義。當時坊間大量流通著詮釋個別五經經典和指導寫作五經經義的舉業用書，《易經》有張步瀛的《周易淺解》、朱江的《讀易約編》、王士陵的《易經纂

---

[37] 據國立編譯館編，《新集四書注解群書提要》第四節清代著作部分整理（頁 265-449）。皆存世，影印本藏於臺灣漢學研究中心。

[38] 據國立編譯館編，《新集四書注解群書提要》第四節清代著作部分整理。

[39] 據據國立編譯館編，《新集四書注解群書提要》第四節清代著作部分整理。

言》、沈昌基的《易經釋義》、夏宗瀾的《易義隨記》、吳映的《周易會緝》等;《尚書》有劉懷志的《尚書日義》、蔣家駒的《尚書義疏》、冉覲祖的《書經詳說》、徐志遴的《尚書舉隅》、黃璘的《尚書剩義》等;《詩經》有提橋的《詩說簡正錄》、王鍾毅的《詩經比興全義》、趙燦英的《詩經集成》、王心敬的《豐川詩說》、范芳的《詩經彙詁》等;《禮記》有邱元復的《禮記提綱集解》、徐世沐的《禮記惜陰錄》、冉覲祖的《禮記詳說》、孫濩孫的《檀弓論文》等;《春秋》有金甌的《春秋正業經傳刪本》、翁漢麟的《春秋備要》、儲欣、蔣景祁的《春秋指掌》、田嘉穀的《春秋說》、吳應申的《春秋集解讀本》等。[40]

　　士子置本經不顧,專習坊刻四書五經應舉類舉業用書為事,雖嫌鄙陋,但和那些僅熟記數十篇時文,就膽敢上科場應試,希望僥倖中舉的士子比較起來,則顯得格外勤奮。[41]入清以後,沿襲明朝的八股取士制度。書坊也大量刊行八股文墨卷、房稿和行卷來滿足士子的備考需要,隨著朝廷在乾隆元年對坊刻八股文選本的印售的弛禁,在乾隆年間甚至出現「時文選本,汗牛充棟」的盛況。[42]

　　知見的鄉、會試墨卷和房稿有紀昀等評選的《近科房書菁華》、夏秉衡評選的《十科鄉會墨卷秀發集》、安定梅公評選的《四科鄉會墨卷靈珠》、李錫瓚編次的《考卷約選》、無名氏編選的《會試闈墨》、荊溪任階平評選的《直省墨經》、趙機評選

40　據永瑢等撰,《四庫全書總目》卷 1 至 32（頁 1-262）整理。
41　顧炎武,《亭林文集》,卷 1〈生員論中〉,頁 78。
42　永瑢等撰,《四庫全書總目》,卷 190〈集部總集類五〉,頁 1729。

的《考卷青爐》、李岱雲選的《歷科墨選質言》、傅子菴評選的《直省鄉試墨課》等。[43]

墨卷和房稿彙編之外，尚有選家選編的八股文選本，其數量之多，可謂車載斗量，有武陽王客周評選的《文法狐白前後集》、鄭靜山選輯的《家課小題正風》、徐端彙編的《經佘堂課孫草稿》、王客周評選的《文法狐白後集》、樓渢輯選的《分法小題浚靈秘書》、徐敬軒評的《初學玉玲瓏》、王步青編的《分課小題續編》、《分課小題引機》、《小題三集行機》、《小題四集參變》、《小題五集精詣》、湘環山館編次的《小題文觳》、雲溪居士編輯的《小題尖鋒》、李元度編的《小題正鵠》、汪先培評選的《青雲初步》、史子衡輯的《小試芝蘭》、金玉麟評的《新選一見能》、李㮣一輯的《小題別體》、陸麟書輯的《經藝拔萃》、來宗敏選編的《懋齋小題文》、張心蕊編撰的《新搭穿揚》、史子衡著的《搭題易讀》、吳椿編次的《小題采風》、無名氏編撰的《四書小題題鏡》、榴紅書屋主人編選的《小題標品》、陳烜輯的《華國齋小題文雋》、《華國齋小題文暢》、《華國齋小題文醒》、劉坤一鑑定的《利試花樣》、李傅敏籤定、李元度等編輯的《小題正鵠初二三合刻》、上海鴻寶齋編選的《小題森寶》等。[44]

---

[43] 據龔篤清所藏八股文書目整理。見龔篤清，《明代八股文史探》（長沙：湖南人民出版社，2005），頁 687-693。

[44] 據龔篤清所藏八股文書目整理。掃葉山房出版八股文選本頗多，可參閱掃葉山房編，《掃葉山房書籍發兒》（徐蜀、宋安莉編，《中國近代古籍出版發行史料叢刊》第 23 冊，北京：北京圖書館出版社，2003），頁 89-108。

乾隆五十二年（1787），清廷在明代科舉考試的基礎上，在首場考試中增加了五言八韻試律詩一項，並成為定制，其地位與八股文同樣重要，越來越被當時的士子所重視。功令頒行後，為應考生之急需，投機的書商乃刊刻或重刊前代編撰的唐人試律詩選本，有陳舒的《唐省試詩》、蔣鵬翮的《唐人五言排律詩論》、王錫侯的《唐詩試帖課蒙詳解》等。同時也出現了一些新編的唐人試律詩選本，有毛張健的《試體唐詩》、花豫主人的《唐五言六韻詩豫》、吳學濂的《唐人應試六韻詩》、趙冬陽的《唐人應試》、牟欽元的《唐詩排律》、黃六鴻的《唐詩筌蹄集》、張熙賢、李文藻的《全唐五言八韻詩》、陶元藻的《唐詩向榮集》、任南陵的《唐詩靈通解》等。[45]

隨著時間的推移，清人於試帖一道，法積久而大備，名家名作倍增。書商將佳作裒集成帙，供考生揣摩師法，唐人試律詩選本已不再是獨步天下了。紀昀（1724-1805）的《庚辰集》是清人試律詩選本中最早且最有影響力的一部。《庚辰集》後，在嘉慶初刊行的「《九家試帖》震耀一時，實為試律不可不開之風氣。自是而降，又有《七家試帖》，雖蘊味稍遜，而才氣則不多讓，且巧力間有突過前修者。又有《後九家詩》，則後起之秀層見疊出，其光焰有不可遏抑者」。[46]

清承明制，鄉、會試第三場試五道策問。雖說科考重首場，士子無需傾全力準備這場考試，但他們仍需對第三場考試做一些

---

[45] 邱怡瑄，《紀昀的試律詩學》（臺北：國立政治大學中國文學系碩士論文，2009），頁 62-69。

[46] 梁章鉅著，陳居淵校點，《試律叢話》（上海：上海書店出版社，2001），〈例言〉，頁 494。

基本準備。而且殿試只試策問，試策優劣成為殿試高下的惟一依據，故而著眼於高中的考生，也不能忽視策問的研習。其中最取巧的方式是研習坊間層出不窮，五花八門的策學著作。這些著作有直接以「策學」為名的，如《策學纂要》、《策學備纂》、《策學備纂續集》、《精選策學備纂》、《策學新纂》、《策學總纂大全》、《增補策學總纂匯海》、《策學總纂大成》、《增廣策學總纂大成》、《策學淵萃》等等。其中以乾隆年間出版的《策學纂要》為最早，一直到清末仍很暢銷。除此，還有各類試策、策論著作，其中有策府類的《策府統宗》、《新增廣廣策府統宗》、《廣廣策府統宗正續合編》等；試策類的《試策便覽》、《試策絜矩》、《試策法程》、《試策徵實》、《試策問答》、《歷科試策大成二編》、《近科直省試策法程》、《檀默齋先生試策箋註》等；策論類的《三蘇策論》、《評點三蘇策論》、《三蘇經史策論》、《四大家策論》、《策論全璧》、《策論引階》、《論策萃新》、《古今經世策論舉隅》等；經史策類的《經策通纂》、《續經策同纂》、《十三經策案》、《廿二史策案》、《廿四史策案》、《史策題解》、《兩漢策要》等。[47]

　　上述舉業用書是書商為迎合士子投機取巧而出版的備考讀物，此外還為較有求學意願的士子出版了古文選本、通史類輔助讀物、類書等備考讀物。

　　舉業用書在書局出售，書商為了宣傳促銷，在店裏張貼新書

---

[47] 劉海峰，〈「策學」與科舉學〉，《教育學報》5.6（2009.12），頁117-118。

通告或封面,《儒林外史》有具體的描寫。如第十三回對嘉興的書店有這樣的描寫:「那日打從街上走過,見一個新書店裏貼著一張整紅紙的報帖,上寫道:『本坊敦請處州馬純上先生精選《三科鄉會墨程》。凡有同門錄,及朱卷賜顧者,幸認嘉興府大街文海樓書坊不誤。』」[48]第十四回對杭州的書店有這樣的描繪:「過了城隍廟,又是一個彎。又是一條小街,街上酒樓、面店都有。還有幾個簇新的書店,店裏貼著報單,上寫:『處州馬純上先生精選《三科程墨持運》於此發賣』」。[49]這種圖書促銷方式,讓讀者一踏進店裏一眼就能看到所售賣的新書,至今仍為書店所廣泛採用。

自報紙出現後,腦筋轉得快的書商立即利用這個媒介宣傳推銷所出售的圖書。如浙江省如古齋在《申報》1875 年 6 月 16 日刊「書籍告白」宣傳其新印書籍「《近科增註分韻館詩》、《周犢山稿》、《國朝小題潚靈集》、《徐治通稿》、《癸酉科鄉會墨》、《袁秦合稿》、《新選經藝備體處》、《西冷文萃》、《五經類典囊括》、《先正小題》、《汪如洋稿》、《湘中試牘》、《曹寅谷稿》、《四明試鈔》,寄售在申江南北市美華墨海會館。」上海千頃堂書局也曾在《申報》1872 年 12 月 19 日刊「書坊告白」宣傳其「新刊袖珍並舊刻」,其中包括「新出《陳均堂許朱賢袖珍時文》」和舊版《袖珍小題靈秀集》等八股時文

---

[48] 吳敬梓,《儒林外史》(北京:人民文學出版社,1977),第十三回〈蘧駪夫求賢問業,馬純上仗義疏財〉,頁 165。

[49] 吳敬梓,《儒林外史》,第十四回〈蘧公孫書坊送良友,馬秀才山洞遇神仙〉,頁 183。

選本。⁵⁰

　　除固定書局外,這些舉業用書也可在臨時書局分店和考場外的臨時書攤中獲得。1885年9月2日《申報》刊登了掃葉山房廣告,內稱:「今大比之年,除江浙兩省屆時往設(臨時分店)外,湖北武昌亦往(設)分店。」⁵¹另外,每逢鄉、會試時,都有大量的書商雲集考場附近,形成一個繁榮的圖書市場。這些書商或「稅民舍於場前」,或搭一個簡單書棚,或在空地上擺一個書攤。⁵²前引江西學政翁方綱在乾隆五十四年的奏報中,揭示「江西士子,有臨場習用新出小本講章,以希捷獲」的情況,而這些「經書擬題,及套語策略等類」,都是在「臨場時刊刻發賣」,說明的就是這種情況。這個臨時圖書市場在當時圖書發行管道中佔有相當重要的地位。像千頃堂書局就非常積極地開展考場供應工作。遇到考試之年,千頃堂書局往往會在考棚上設有臨時書店,尤其是浙江的杭、嘉、湖、明、紹、臺、金、衢、嚴、溫、處十一府,都有千頃堂臨時書店。這種考市供應方式在當時相當普遍,每逢考試之年,都有大量書商雲集考場附近,爭做考生的生意。⁵³陸費逵(1886-1941)在〈六十年來中國之出版業與印刷業〉中曾對此加以介紹:「平時生意不多,大家都注意『趕考』,即某省鄉試、某府院考時,各書賈趕去做臨時商店,

---

50　《申報》,961號,1875年6月11日,6版;199號,1872年12月19日,7版。

51　《申報》,4449號,1885年9月2日,4版。

52　胡應麟,《經籍會通》(北京:北京燕山出版社,1999),卷4,頁49。

53　高信成,《中國圖書發行史》,頁212。

做兩三個月生意。應考的人不必說了,當然多少買點書;就是不應考的人,因為平時買書不易,也趁此時買點書。」[54]從乾隆五十八年(1793)山西學政戈源(1738-1800)彙報該省歲考的情況,可窺探舉業用書流通的深度和廣度,他指出:「各府文風,平陽、潞安兩府為下,緣坊間刻有不知姓名文字,稱為《引蒙易知》、《學文正法》、《童子升階》、《一說曉》、《三十藝》、《二十藝》等名目,通套鄙陋,隨題可鈔。山僻小鎮,師傳弟受,以致性靈汩沒。」[55]凡此種種,說明了坊刻舉業用書刊行之盛、流通之廣,連「山僻小鎮」皆有這類讀物的蹤跡。

二、朝野人士對舉業用書的態度

儘管舉業用書深受不少士子歡迎,廣為習誦,但它們也在清代一直遭到不少朝野人士的批評。清初,滿漢文化衝突,一些舉業用書,尤其是八股文選本也往往成為文人寄託故國之思的手段。故而清初禁止舉業用書,其實質是禁止反滿以及肅清文人對故國的懷念。不過,隨著清代統治的穩固,以及排滿思緒又在舉業用書中幾乎絕跡,清廷對舉業用書的關注,轉向它們造成士子為求仕進而在舉業之途上浮躁競進,敗壞清代的文風、士風和學風。

孫承澤(1592-1676)目睹士人「本經業」「多鹵莽」,

---

[54] 陸費逵,〈六十年來中國之出版業與印刷業〉,收錄於張靜廬輯註,《中國出版史料補編》(北京:中華書局,1957),頁275。
[55] 清實錄館修纂,中國第一歷史檔案館等整理,《清實錄》,乾隆五十八年七月戊午,頁163。

「他經尤不寓目」,「朝以誦讀,惟是坊肆濫刻」。[56]顧炎武(1613-1682)也揭露:當時八股文選本已取代四書五經,「天下之人惟知此物可以取科名、享富貴,此之謂學問,此之謂士人,而他書一切不觀」。父兄和師長以子弟讀書為戒,顧炎武親見其少年時「見有一二好學者,欲通旁經而涉古書,則父師交相譙呵,以為必不得顯業於帖括,而將為坎軻不利之人」。士子通過誦習時文而僥幸躋身科第,卻往往「不知史冊名目,朝代先後,字書偏旁」。面對著這種情況,也就難怪顧炎武要大聲疾呼「八股盛而六經微,十八房興而廿一史廢」了。[57]

顧炎武在〈生員論〉中說,士子「舍聖人之經典、先儒之註疏與前代之史不讀」,專以投機取巧,誦習坊刻時文為務,使得科舉考試不能選拔到真正的人才:「國家之所以取生員而考之以經義、論、策、表、判者,欲其明六經之旨,通當今之務也。今之書坊所刻之義,謂之時文。……時文之出,每科一變。五尺小童能誦數十篇而小變其文,即可以考功名,而鈍者至白首而不得遇。老成之士,既以有用之歲月,銷磨之場屋之中,而少年捷得之者,又易視天下國家之事,以為人生之所以為功名者,惟此而已。故敗壞天下之人材,而至於士不成士,官不成官,兵不成兵,將不成將,夫然後寇賊奸宄得而乘之,敵國外侮得而勝之。」[58]

顧炎武也有同調,黃宗羲(1610-1695)便說:「科舉之

---

[56] 孫承澤,《春明夢餘錄》(《景印文淵閣四庫全書》第869冊),卷40,頁656。
[57] 顧炎武,《原抄本顧亭林日知錄》,卷19〈十八房〉,頁472-473。
[58] 顧炎武,《亭林文集》,卷1〈生員論中〉,頁78。

弊,未有甚於今日矣。余見高曾以來,為其學者,五經、《通鑑》、《左傳》、《國語》、《戰國策》、《莊子》、八大家,此數書者,未有不讀以資舉業之用者也。自後則束之高閣,而鑽研於《蒙》、《存》、《淺》、《達》之講章。又其後則以為汎濫,而《說約》出焉。又以《說約》為冗,而主撮於低頭四書之上,童而習之,至於解褐出仕,未嘗更見他書也。此外但取科舉中選之文,諷誦摹倣,移首碼後,雷同下筆已耳。昔有舉子以堯舜問主司者,歐陽公答之云:『如此疑難故事,不用也罷。』今之舉子大約此類也。此等人才,豈能効國家一幛一亭之用?徒使天之生民受其笞撻,可哀也夫!」[59]在顧炎武和黃宗羲看來,由於科舉考試所選拔到的都是一些剽竊剿襲舊文的庸才,他們多數沒有濟世安民的能力替國家效力。

對舉業用書所造成的敗壞風氣,朝臣也沒有視若無睹,屢屢啟奏,引起皇帝對此的深切關注。雍正七年(1729)七月,四川道監察御史李元直(1686-1758)在奏摺中臚列取士之法的弊病時,揭示了當時「富家買人文字,記誦抄錄;貪者或竊人窗課,或徑抄刻本,亦往往倖中」的現象。[60]通過乾隆四十四年(1779)曉諭,說明半世紀過後,這種情況不僅沒有改善,在師長的鞭策下甚至變本加厲:「大抵近來習制義者,止圖速化,而

---

[59] 黃宗羲,〈科舉〉,收錄於賀長齡編,《皇朝經世文編》,《近代中國史料叢刊》第 74 輯第 731 種(臺北:文海出版社,1972),卷 57〈禮政四・學校〉,頁 2108-2109。

[60] 《中國第一歷史檔案館館藏檔案・宮中朱批奏摺・文教類》,轉引自王戎笙主編,《中國考試史文獻集成・第六卷(清)》(北京:高等教育出版社,2003),頁 531。

不循正軌,每義經籍束之高閣,即先正名作,亦不暇究心。惟取庸陋墨卷,剿襲撏撦,效其浮詞,而全無精義。師以是教、弟以是學,舉子以是為揣摩,試官即以是為去取。且今日之舉子,即異日之試官,不知翻然悔悟,豈獨文風日敝,即士習亦不可問矣。」[61]清廷明令凡抄錄舊文倖中者,本生斥革。

道光十九年(1839),針對「荒疏之士」「將舊文鈔錄剿襲」,在無人告發的情況,「竟得濫列科名」,乃頒發「嚴行查禁」的諭示,[62]說明士子剿襲舊文的惡習,在道光年間仍大有人在。積習相沿,至同、光年間不衰:「咸、同而後,士習不整,山長除閱月課試卷外,別無他事。故士有一經未遍而入膠庠者,其素稱博雅者,則數紅對黑,以詞賦為八股,謂之墨卷。所置書多《(四書)人物串珠》、《大題文府》、《小題文府》,及其他帖括類書。」[63]同治元年(1862)的上諭透露,「近來積習相沿,專以此為揣摩進身之階,敝精勞神,無裨實用,將經史性理等書束之高閣」的現象。[64]同治十一年(1872),御史吳鴻恩(1834-?)奏報:「近來科場或剿襲膚辭,或鈔錄舊文」,在他看來,「於士習文風大有關係」。穆宗指示「嗣後考官衡文,務當認真校閱,以清真典雅為宗,出題亦應明白正大,不得割裂

---

61 清乾隆十二年敕撰,《欽定皇朝文獻通考》,卷52,頁309-310。
62 崑岡等修,劉啟端等纂,(光緒)《欽定大清會典事例》(《續修四庫全書》第803冊),卷359〈禮部・貢舉〉,〈磨勘處分二〉,頁613。
63 (民國)《重修宣漢縣誌》,卷8〈官師下〉,轉引自王戎笙主編,《中國考試史文獻集成・第六卷(清)》,644。
64 清實錄館修纂,中國第一歷史檔案館等整理,《清實錄》,同治元年十二月庚寅,頁1423。

穿鑿，致乖文體」。[65]

　　光緒初年，下詔求言。薛福成（1838-1894）應詔上《治平六策》，對當時的士習有如此說：「明初始專以八股文取士，文風渾樸，得人稱盛。今行之已五百餘年，陳文委積，剿說相仍，而真意漸汨。取士者束以程式，工拙不甚相遠，而黜陟益以難憑。遂使世之慕速化者，置經史實學於不問，競取近科闈墨，摹擬剽竊，以弋科第。前歲中式舉人徐景春，至不知《公羊傳》為何書，貽笑海內，乃為明鑑。」[66]

　　民國初年詩人劉禺生（1873-1952）曾親身經過科舉的洗禮，據云從咸豐以至光緒中葉崇尚實學的氛圍中，仍有「人崇墨卷，士不讀書」的劣風。[67]他對科舉社會的士風做出如下剖析：「當時中國社會，讀書風氣各別，非如今之學校，無論貧富雅俗，小學課本，教法一致也。曰書香世家，曰崛起，曰俗學，童蒙教法不同，成人所學亦異。所同者，欲取科名，習八股試帖，同一程式耳。世家所教，兒童入學，識字由《說文》入手，長而讀書為文，不拘泥於八股試帖，所習者多經史百家之學，童而習之，長而博通，所謂不在高頭講章中求生活。崛起則學無淵源，俗學則鑽研時藝。」[68]俗學不務實學，欲藉由鑽研時藝以求中

---

[65] 清實錄館修纂，中國第一歷史檔案館等整理，《清實錄》，同治十一年十二月庚午，頁569。

[66] 薛福成，〈治平六策〉，收錄於葛士濬編，《皇朝經世文續編》（《近代中國史料叢刊》第75輯第741種，臺北：文海出版社，1972），卷12〈治體三〉，頁389。

[67] 劉禺生，《世載堂雜憶》（北京：中華書局，1960），〈清代之教學〉，頁13。

[68] 劉禺生，《世載堂雜憶》，〈清代之科舉〉，頁3。

式。

　　雖然舉業用書一般學術價值並不高,但也不乏嚴謹的作品。如李祖惠的《虹舟講義》,據四庫館臣考論,它「大抵涵泳《章句集註》之文,一字一句,推求語意。其體會頗費苦心,在時文家亦可云操觚之指南矣」。[69]再如題名陳宏謀編輯的《四書考輯要》,《新集四書注解群書提要》云此書乃「宏謀令其長孫蘭森,將坊間陳仁錫、薛應旂兩家《四書人物備考》舊本,詳加參核,輯其要略,增以註釋,有疑異者申以按語」。「宏謀之輯此編,欲俾窮鄉初學,每讀四書一章,即從此考究一章之典制人物,觸類引申,漸得經史貫通。足見此書有資於舉業,然亦有助於實學,用意至善」。[70]八股文選本中也難免魚目混珠,但從積極的角度來看,優秀的八股文選本像王步青的《塾課八集》、吳懋政的《八銘塾鈔》、徐楷的《目耕齋讀本》、許振褘的《明文才調集》、《國朝文才調集》等的流傳,對清代士子在為文之法及個人修養方面也起著促進的作用。畢竟只讀經書,不讀名家時文,想提高自己的識見是非常困難的。

　　舉業用書素質參差不齊,必須嚴加篩選。對於那些能夠靜心學習、明辨是非的士子,舉業用書可以說是有益無害的。阮葵生(1727-1789)云:

> 任香谷宗伯(蘭枝)常言,其鄉有老宿丙先生者專心制義,自總角至白首,凡六十年不停批,皆褒譏得失之語。

---

[69] 永瑢等撰,《四庫全書總目》,卷37〈經部四書類存目〉,頁319。
[70] 國立編譯館主編,《新集四書注解群書提要》,頁322。

老不應舉,乃舉生平評騭之文分為八大箱,按八卦名排次。其乾字箱則王、唐正宗也;坤字箱則歸、胡大家,降而瞿、薛、湯、楊以及隆、萬諸名家連次及之,金、陳、章、羅諸變體又次及之;其坎、離二箱則小醇大疵,褒貶相半;其艮、兌二箱則皆歷來傳誦之行卷、社稿及歲科試文,所深惡也而醜詆之者也。書成後,自謂不朽盛業,將傳之其人,舉以示客,無一肯閱終卷首,數年後,益無人過問焉。一日有後生叩門請業,願假其書,先生大喜,欣然出八大箱,後生檢點竟日,乃獨假其艮、兌二箱而去,先生太息流涕者累日。任宗伯猶及見其人。[71]

像丙先生那樣的評點者,確實把八股文的評點作為志業,而像後生那樣有主見的士子,是以一種謹慎的態度來對待前人的評點,即沒有棄之不用,也沒有一味的盲從,這正是利用舉業用書來準備考試的士子所應該具有的正確態度。唯有這樣的正確態度,才能發揮舉業用書的功能。

從前文所舉的例子看,當時的圖書市場上並不乏編撰舉業用書的文人。葉夢珠(1624-?)《閱世編》云:「公(龔之麓)念文風之壞,蓋由選家專取偽文,托新貴名選刻,以誤後學,因督學詞臣蔣虎臣超疏,請嚴禁偽文,遂為覆准。定例:凡鄉、會程墨及房稿行書,比由禮部選定頒行。各省試牘必由學臣鑑定發刻,如有濫選私刻者,選文之人無論進士、舉人、監生、生員、童生,分別議處,刊示頒行。是科選家為之寂然,部頒房書,出

---

[71] 梁章鉅著,陳居淵校點,《制義叢話》,卷2,頁92。

力洗惡習,然其中又不無矯枉過正者。」[72]葉夢珠的記載所反映的是清初的情況。結合前文引康熙九年議准的「濫刻選文、窗稿」的處罰,說明在職官員、進士、舉人、監生、生員、童生都是坊刻選文的編選者,其中較著者有紀昀、王步青(1672-1751)等社會名流。

除知名的編撰者外,參與舉業用書生產活動的編撰者中更多為「不知姓名」的科場失意文人,他們絕大多數是為了生計而參編選這類圖書。周亮工(1612-1672)《賴古堂集》記:「盛此公,名于斯,南陵人,家故不資。世有義聲。」「間復至秣陵遴選考試義行之,非其志也」。[73]盛此公與周亮公有很深的交情,可能是位飽學之士,但因為經濟原因而經常到南京替書坊編選時文。

在當時,書坊唯有不斷推陳出新,才能夠在這個競爭激烈的圖書市場紮根。若要達到這個目標,就必須尋求新的書源,以便推出一些在內容上與眾不同,答卷技巧更加有效的舉業用書。書坊的這個需要就給那些文人尤其是失意於科場的士子提供了就職或副業的機會,他們熟悉科舉考試的內容和形式,加上親身經驗,替書坊編纂、評閱、參訂舉業用書來賺取收入。[74]

---

[72] 葉夢珠,《閱世編》(上海:上海古籍出版社,1981),卷8〈文章〉,頁185。

[73] 周亮工,《賴古堂集》(《四庫禁燬書叢刊》第1400冊),卷18〈盛此公傳〉,頁654。

[74] 通過《儒林外史》第十八回的描繪,可以讓我們看到書商向文人邀稿的過程:「次日清晨,文瀚樓店主人走上樓來,坐下道:『先生,而今有一件事相商。』匡超人問是何事。主人道:『目今我和一個朋友合本,要刻一部考卷賣,要費先生的心替我批一批,又要批的好,又要批的

舉業用書的風行不僅給文人提供了編撰這類圖書的機會，也給自雇的或受雇於書坊的繕寫人員、校對人員、刻工、印工、裝訂工等相關人員提供了大量的工作機會，從中取得報酬，使得他們至少能夠得到三餐的溫飽。同時，也為造紙業、製墨業、運輸業等與出版業息息相關的行業和從業人員，增加了更多的商業和就業機會。

三、朝廷對舉業用書帶來的負面影響的回應

誠然，舉業用書對清代文風、士風和學風有不良影響，但這是果，不是因。舉業用書是科舉制度的產物，當舉業用書自然成為士子趨之若鶩的對象，而人們不願花費太多精力去沉潛經史，而以揣摩選文窗稿、研習經史節本為時尚的時候，其敗壞風氣自不待言。不過，由於這些舉業用書都在人們的視野範圍，故而在

快，合共三百多篇文章。……這書刻出來，封面上就刻先生的名號，還多寡有幾兩選金和幾十本樣書送與先生。不知先生可趕的來？』……匡超人心裏算計，半個月料想還做的來，當面應承了。主人隨即搬了許多的考卷文章上樓來，午間又備了四樣菜，請先生坐坐，說：『發樣的時候再請一回，出書的時候又請一回。平常每日就是小菜飯，初二、十六，跟著店裏吃『牙祭肉』；茶水、燈油，都是店裏供給。』」（吳敬梓，《儒林外史》，第十八回〈約詩會名士攜匡二，訪朋友書店會潘三〉，頁 218。）這段小說情節描繪了文瀚樓店主向匡超人邀稿的過程。當時書商為了出版舉業用書，會邀約一些稍有聲名或學識的文人來編選這些書籍，並在書籍的封面刻上編選者的名字，藉此為書籍做宣傳。書商在書籍編輯完成後會依先前約定支付「選金」和樣書給這些編選者。在編選書籍的那一段日子，書商還提供予菜飯、茶水和燈油給編選者，將編選者視為座上賓招待。

抨擊這些舉業用書所帶來的負面影響時，習慣性地將批判的矛頭指向舉業用書，而往往忽略了追究主導其生產的科舉制度的責任。像首場考試的出題範圍都出自四書五經，但可出題的範圍畢竟有限，而各級考試繁多，行之既久，題目必然雷同。經書的每句話幾乎都可以找到多篇現成範文，經書坊和選家合作下製作成一部部的範文選本，在坊間可輕易找到，這就使得浮躁競進的士子可以任意剽竊剿襲。士人無不如此，則非得對科舉制度進行一番整頓不可。

　　自明代以來，儘管不少有識之士對科舉制度尤其是八股文的弊端有清楚認識，也提出了改革設想。然而三場之制不僅在明代行而不廢，又為繼之者所延續。從這一點來看，說明三場之制對朝廷而言自有其可取之處。八股文一度在康熙初年廢止，改試策、論、表、判，但也僅行於甲辰（康熙三年，1664）、丁未（康熙六年，1667）二科。康熙四年（1665），禮部右侍郎黃機（1612-1686）疏言：「今甲辰科止用策論，減去一場，似太簡易，恐將來士子剿襲浮詞，反開捷徑；且不用經書為文，則人將置聖賢之學於不講，恐非朝廷舍科取士之深意。」奏請恢復三場舊制。朝廷准其所請，康熙七年命復三場舊制。[75]乾隆三年（1738），兵部侍郎舒赫德（1710-1777）奏請改科舉、廢八股。當時鄂爾泰（1677-1745）承認取士制度的確存在弊病，但仍力主維持舊制，其理由是：取士之法每代不同，而莫不有弊。「九品中正之弊，毀譽出於一人之口，至於賢愚不辨，閥閱相

---

[75] 清實錄館修纂，中國第一歷史檔案館等整理，《清實錄》（北京：中華書局，1987），康熙四年三月條，頁 221。

高,劉毅所云『下品無寒門,上品無寒士』者是也。科舉之弊,詩賦只尚浮華而全無實用,明經則徒是記誦而文義不通,唐趙匡所謂『習非所用,用非所習,當官少稱職吏』者是也。」他最後的答覆是:「時藝取士,自明至今,殆四百年,人知其弊而守之不變者,誠以變之未有良法美意以善其後」。既然沒有更好的方式取代,則不如不變。更況且「時藝所論,皆孔孟之緒言,精微之奧旨,參之經、史、子、集以發其光華,範其規矩準繩以密其法律,雖曰小技,而文武幹濟、英偉特達之才,未嘗不出乎其中」。換言之,八股文雖有弊病,但卻不失為一個在理論上既能灌輸政治思想、穩定社會秩序,又能選拔人才的一種辦法。至於士子空疏不學、剿襲舊文,則乃其「末流之失」,非作法的本意。[76]清代中後期,科舉考試流弊加深,不能適應培養和選拔人才的社會需求。增設新考試科目的訴求越來越強烈,但由於受到頑固保守勢力的竭力阻擾,這一改革要求步履艱難。這個願望一直等到光緒二十七年(1901),清朝國勢江河日下之時才得以實現。

既然沒有整頓科舉制度的決心,欲杜絕舉業用書的橫行所帶來的影響,最直截了當的做法就是頒佈嚴厲的禁令遏止這些圖書的流通。前文已經提到,清廷多次明令禁止舉業用書,但收效不盡理想,往往只是影響一時。不過這並沒有打擊朝廷打擊舉業用書橫行的決心,為了更加有效的打擊剽竊剿襲和「士不讀書」的劣風,清廷循多種管道,以達到打擊舉業用書橫行的目的,包括

---

[76] 闕名,〈議時文取士疏〉(乾隆三年禮部議復),收錄於賀長齡輯,《皇朝經世文編》,卷57〈禮政四‧學校〉,頁2117-2119。

責令地方各級官員,像掌管地方行政的督撫、掌管本省學校政令,以及考察師生勤惰及升降等的學政、掌管鄉試的提調、負責覆核試卷的磨勘官、負責地方學校教育的各級教官,或嚴加督促管束生儒誦習政府規定的標準讀本,或嚴格執行規定的衡文標準,或追究官員查禁坊間刪本經書不力的責任,希望通過這些途徑,將士習和文風引向正軌。

順治九年(1652),世祖嚴飭掌管鄉試的提調以及負責地方學校教育的各級教官督促生儒誦習政府規定的教科書:「說書以宋儒傳註為宗,行文以典實純正為尚。今後督學,將四書、五經、《性理大全》、《(四書)存疑》、《(四書)蒙引》、《資治通鑑綱目》、《大學衍義》、《歷代名臣奏議》、《文章正宗》等書,責成提調、教官,課令生儒誦習講解,務俾淹貫三場,通曉古今,適於世用。其有剽竊異端邪說,矜奇立異者,不得取錄。」[77]這道諭旨明確指示提調、教官在說書時「以宋儒傳註為宗」,士子在「行文時以典實純正為尚」,特別指示提調「不得取錄」那些「剽竊異端邪說,矜奇立異」的考生,希望藉此培養和選拔到優秀的治國人才。

除沿用前代編刊的讀本像《四書章句集註》、《五經四書大全》、《性理大全》、《資治通鑑綱目》、《大學衍義》、《歷代名臣奏議》、《文章正宗》的同時,[78]清廷也積極地編刊了不少供士子誦習的標準讀本。清入關後的第二年,就把圖書的編刊列入施政日程。為了抑制士子研習坊間刊行表策、經史節本和

---

[77] 素爾訥等纂修,《欽定學政全書》,卷6〈釐正文體〉,頁26。
[78] 崑岡等修,劉啟端等纂,(光緒)《欽定大清會典事例》(《續修四庫全書》第804冊),卷388〈禮部・學校・頒行書籍〉,頁197。

濫造選文、窗稿,清政府出面主持正經正史的編纂,乃至選稿的工作,[79]並將這些官方讀本頒發兩京及直省所屬各學與書院,「以為士子觀覽學習之用」,並准許坊間書賈刷印鬻售,使「士子人人誦習,以廣教澤」,希望藉此來端正士行與矯正文風,「以為國家造士育才」。[80]康熙四十五年(1706),聖祖曉諭:「朕制《古文淵鑑》、《資治通鑑綱目》等書,皆已刷印,頒賜大臣。此等書籍,特為士子學習有益而制,可速頒行直省。凡坊間書賈,有情願刊刻售賣者,聽其傳佈。」[81]

除《古文淵鑑》、《御批資治通鑑綱目全書》外,康熙一朝還整理和刊刻了不少按照程朱理學家觀點詮釋的儒學著述,包括刊《日講四書解義》、《日講書經講義》、《日講易經講義》、《朱子全書》、《周易折中》、《性禮精義》、《春秋傳說彙纂》等。雍、乾兩朝內府也刊刻不少「特為士子學習有益而制」的書籍,其中也不乏程朱理學的相關著述,包括雍正年間的《五經四書讀本》,乾隆年間的《周易述易》、《書經傳說彙纂》、《詩經傳說彙纂》、《詩義折中》、《日講禮記解義》、《日講春秋解義》、《春秋直解》、《論語集解義疏》、《三禮義疏》等。這些書籍刊刻後都頒行學宮,以便教官傳授和生儒研習。像「《周易述義》、《詩義折中》、《春秋直解》告成。於從來

---

[79] 清內府刻書內容相當廣泛,除正經正史以及選稿之外,還有典章制度、佛經、自然科技、文學藝術、音韻、字書、類書、叢書、翻譯圖書等。詳參楊玉良,〈清代中央官刻圖書綜述〉,《故宮博物院院刊》2(1995.5),頁51-56。

[80] 素爾訥等纂修,《欽定學政全書》,卷4〈頒發書籍〉,頁18-20。

[81] 素爾訥等纂修,《欽定學政全書》,卷4〈頒發書籍〉,頁18。

傳、註離合異同之處,參稽是正,允宜津逮士林」。高宗指示「將此書每省各頒一部,依式鋟版流傳,俾直省士子咸資誦習。」高宗並在乾隆年間規定以《御纂四經》(四經即《周易》、《春秋》、《書》、《詩》)和《欽定三禮》為寫作八股文的規範:「學宮頒行《御纂四經》、《欽定三禮》,博采先儒之說,折衷至當。嗣後考校經文,應遵奉聖制及用傳為合旨。其有私心自用,與泥俗下講章,一無秉承者,概置不錄。違者議處。」[82]

此外,清廷還校刊了不少古代史籍,用以考鑑古今、裨益經濟、政治和學術。除纂修《明史》、校刻二十一史外,康、乾二帝尤為重視《資治通鑑》的評述。聖祖自稱自幼「樂觀前代興衰得失之跡,故《通鑑》一書,披覽未嘗去手」。曾親加評點批注《資治通鑑綱目》,命宋犖(1634-1713)校刻於揚州詩局,名之為《御批資治通鑑綱目全書》。高宗效仿其皇祖,於校刻二十一史後,命張廷玉(1672-1755)負責仿朱熹《資治通鑑綱目》的體例,將明代史事纂修成《資治通鑑綱目三編》二十卷,與聖祖御批綱目銜接。乾隆三十三年(1768)又命儒臣在李東陽(1447-1516)《通鑑纂要》的基礎上,編成《御批通鑑輯覽》一百十六卷。[83]這些書充分反映了康、乾二帝對中國興衰的系統評述,以此作為全國學校和科考的標準讀本。[84]

另外,清初政府還親自主持選稿的工作來矯正文風。最早的

---

[82] 素爾訥等纂修,《欽定學政全書》,卷6〈釐正文體〉,頁26。
[83] 故宮博物院圖書館、遼寧省圖書館編,《清代內府刻書目錄解題》,頁87-89。
[84] 楊玉良,〈清代中央官刻圖書綜述〉,頁52。

一部選集是康熙二十四年（1685）由清聖祖御選，內閣學士徐乾學（1631-1694）等奉敕編注的《古文淵鑑》六十四卷。據四庫館臣考論，此書「所錄上起《春秋左傳》，下迄於宋，用真德秀《文章正宗》例。而睿鑑精深，別裁至當，不同德秀之拘迂。名物訓詁，各有箋釋，用李善註《文選》例。而考證明確，詳略得宜，不同善之煩碎。每篇各有評點，用樓昉《古文標註》例。而批導窾要，闡發精微，不同昉之簡略。備載前人評語，用王霆震《古文集成》例。而搜羅賅備，去取謹嚴，不同霆震之蕪雜。諸臣附論，各列其名，用五臣註《文選》例。而夙承聖訓，語見根源，不同五臣之疏陋。至於甲乙品題，親揮奎藻，別百家之工拙，窮三準之精微，則自有總集以來，歷代帝王未聞斯著，無可援以為例者。蓋聖人之心無不通，聖人之道無不備。非惟功隆德盛，上軼唐虞，即甲乙鑑之餘，品題文藝，亦詞苑之金桴，儒林之玉律也」。[85]《古文淵鑑》是清朝第一部欽定的文章標準指導用書，四庫館臣譽之為「詞苑之金桴，儒林之玉律」，對士子影響極大。

　　明初八股文風尚屬純樸，隆慶以後已有追求華麗、以奇取勝的傾向，「於是敢橫議之風，長傾詖之習，文體斁而士習彌壞，士習壞而國運亦隨之矣」。[86]入清，士子寫作八股文往往不按題義，摭拾子書中怪僻之語，以炫新奇，對八股文風的整治便被提上日程。康熙時期李光地（1642-1718）提出「清通」的要求：「文字不可怪，所以舊來立法，科場文謂之清通中式，『清通』

---

[85] 永瑢等撰，《四庫全書總目》，卷190〈集部總集類五〉，頁1725。
[86] 永瑢等撰，《四庫全書總目》，卷190〈集部總集類五〉，頁1729。

二字最好,本色文字,句句有實理實事,這樣文字不容易,必須多讀書,又用過水磨工夫方能到,非空疏淺易之謂也。」[87]雍正十年(1732)有更明確的上諭:「所拔之文,務令『雅正清真,理法兼備』,雖尺幅不據一律,而支蔓浮誇之言,所當屏去。」乾隆元年(1736)也有同類上諭:「皇考世宗憲皇帝特降諭旨,以『清真雅正』為主」,警戒「司衡者尤宜留心區擇,以得真才實學之士,脫實有厚望焉」。簡言之,「清真雅正」就是要用簡潔、典雅、暢達的語言來闡述士子所領悟到的孔孟之道、程朱之學。[88]

「清真雅正」是清代對八股文寫作的一個全面要求。為了此一目標,又鑑於「自坊選之禁,垂諸公令,而大家名作不得通行,士子無由睹斯文之炳蔚,率多因陋就簡,剽竊陳言,襲取腐語。間或以此幸獲科名,又輾轉流布,私相仿效,馴至先正名家之風味,邈乎難尋」,高宗乃命方苞(1668-1749)「裒集有明及本朝諸大家時藝,精選數百篇」,皇帝親自審定,輯成《欽定四書文》四十一卷,頒佈天下,作為各級學校和應試士子的舉業指南,從而達到引導文風和矯正士習的目的。[89]此書共分五部分,按四書順序排列。選明代四百八十六篇,清代二百九十七篇,明代分化治、正嘉、隆萬、啟禎等四部分,清代只署本朝。

---

[87] 李光地,《榕村語錄》(《景印文淵閣四庫全書》第725冊),卷29,頁458,
[88] 龔延明、高明揚,〈清代科舉八股文的衡文標準〉,《中國社會科學》2005年第4期(2005.7),頁183-186。
[89] 清實錄館修纂,中國第一歷史檔案館等整理,《清實錄》,乾隆元年六月己卯,頁501-502。

從此,八股文有了正式的習作範本。《欽定四書文》同時與前述的《御纂四經》、《欽定三禮》等作為八股文寫作的規範,正式規定:「首場制藝以《欽定四書文》為準」,「如有剿竊異端邪說,及闌入子史文集,不合經書立言之旨者,不得取錄」。[90]

世祖也飭令鄉、會試各級考官嚴格按「雅正清真」這個衡文標準核定去取,以杜絕僥倖:「再飭考試各官,凡歲、科兩試以及鄉、會衡文,務取雅正清真,法不詭於先型,辭不背於經義,拔置前茅,以為多士程式。若仍有於題義毫無發明,但為險僻怪異不可解之語,妄希詭遇者,經磨勘官察出,即行據實參奏。並將所取之人,分別議處。其磨勘各官,亦務嚴加校閱,毋得稍有瞻徇。」[91]乾隆二十四年(1759),高宗申飭學政在主持考試時必須嚴格執行「清真雅正」的衡文標準,使士子知所取捨:

> 前因磨勘順天等省鄉試卷,見其中詞句紕繆者不一而足。甚至不成文義,如飲君心於江海之語。於文風士習,深有關係。已降旨宣諭中外,俾衡文、作文者知所儆惕。第念別裁偽體,以端風尚,固在考官臨時甄拔公明;而平時之造就漸摩,使士子皆知崇實黜浮,不墮揣摩掉扯惡習,則學政責任尤重。鄉、會兩試,乃士子進身階梯。而學臣於三年之前歲、科考校,評騭甲乙者,此日之生童,即可為他日之舉人、進士。所云正本清源,舍是無由也。為學政者,果能以清真雅正為宗,一切好尚奇詭之徒無從倖售,

---

[90] 杜受田等修,《欽定科場條例》,卷15〈鄉會試藝〉,頁2486。
[91] 素爾訥等纂修,《欽定學政全書》,卷6〈釐正文體〉,頁27-28。

文章自歸醇正。否則素日趨向紛歧，一當大比，為試官者鎖闈校拔，不過就文論文，又何以激勸而懲創之。而學政按臨，謁廟講書，原與士子相見，非考官易書、糊名，暗中摸索者比。文字一道，人品心術即於此見端。自應隨時訓勵整頓，務去佻巧僻澀之澆風，將能為清真雅正之文，而其人亦可望為醇茂端正之士。由此賢書釋褐，足備國家任使。斯士子無負科名，而學臣亦不負文衡之任。但不得因有是旨，徒以字句癖纇易為磨勘指摘，遂專取貌似先正之文，於傳註無所發明，至相率而歸於空疏淺陋。此又所謂矯枉過正，救弊適以滋弊。不獨輿論難諉，一經朕鑑察，亦惟於該學政是問。今歲正學政受代之始，諸臣皆朕特簡，各宜勉副興賢、育才至意。著將此旨錄於學政公署，並各府、州、縣學明倫堂，用資觸目警心。而凡我多士，亦皆得審所就範。[92]

此外，朝廷也責令地方官及各督撫、學政嚴行查禁坊間刪本經書。乾隆五十七年（1792）六月，高宗在批山東學政翁方綱的奏摺中對各省學政隱瞞士子不讀全經而唯讀刪經的陋習極為不滿：「（翁方綱稱）考試士子經解默經時，卻於坊間所刪經題內出題，其有未讀全經者，蓋不錄取等語。五經為聖賢垂教之書，士子有志進取，竟有未經全讀者，可見士習之荒疏卑靡。……著傳旨申飭。蓋各省坊間射利之徒，往往於經書內避去不詳諳用語句，擅行刪節，標寫擬題，以為習場屋揣摩之具，而躁進之士

---

[92] 素爾訥等纂修，《欽定學政全書》，卷6〈厘正文體〉，頁30。

伍、清代坊刻舉業用書的影響與朝廷的回應　175

子,遂以為捷徑秘傳,最為惡習。山東一省如此,各省當亦不免,而各督撫、學臣知而不言,則更翁方綱之不如矣。朕甚愧之。此事於士風大有關係,不可不明為查禁。著通諭各督撫及學政等務須實心查察,嚴行禁止。俾士各通經,文風振作。」[93]並指示軍機大臣會同禮部商議立法查禁事宜,以端士習。軍機大臣查辦後在七月回復皇帝的指示說:「查此等刪本經書,前經飭令銷毀,日久生玩。應行令各督撫、學政轉飭所屬,將坊間所存刪本板片,限三月內押令繳銷。逾限不交,查出治罪,未能查禁之地方官及各督撫、學政分別議處。」皇帝從之。[94]高宗在翌年七月重申這道命令:

> 諭:前因各省士子有肄習坊間刪本經書一事,降旨令各省督撫嚴行查禁,解經銷毀。節據該督撫等陸續查繳,但恐日久懈弛,不可不再申飭禁,以端士習而崇實學。夫經籍自孔子刪定,豈容後人妄為芟節,皆由不通士子或落第之人不能通經致用,遂以弋名之心,轉而弋利,往往於經書內,避去諱用句語,任意刪減,或標寫擬題,以為庸陋士子場屋揣摩之具,而坊間即為刊刻傳播,彼此沾潤。此等貪鄙之見,不特非讀書上進者所為,亦且有玷士林,自慚名教。各督撫當飭屢留心查辦,使若輩知所儆懼,自不敢復蹈故轍。而坊間既無此種書本,亦無從刊佈漁利。況六

---

[93] 清實錄館修纂,中國第一歷史檔案館等整理,《清實錄》,乾隆五十七年六月癸巳,頁915-916。
[94] 清實錄館修纂,中國第一歷史檔案館等整理,《清實錄》,乾隆五十七年七月己未,頁940。

經為聖賢垂教之書，字字俱有精義，乃竟臆為揀擇，作此刪本經書，而躁進之士，又欲於糟粕另標捷徑，不但失前聖立言之意，於士風亦大有關係。想自用制義取士以來，或即有此項刪本經書，亦非起於今日，然不清其源，安能禁其流之不滋甚耶？該督撫若以此次查繳之後，即視為具文，弛其禁令，則牟利書坊，又復漸行出售，輾轉流傳，終難盡絕。嗣後，仍著落各督撫嚴飭所屬認真查禁，並將繳過刪本經書數目及有無傳習之處，三年彙奏一次。俾士各通經，文風振作，以副朕敦崇經學、整飭士風至意。[95]

地方官及各督撫、學政必須擔負查禁不力的責任，希望藉此警醒他們全力追查銷毀刪本經書，使士子無從獲得刪本經書，只得誦讀全經，士習也因此得以矯正。

　　道光十九年（1839），針對給事中況澄（1799-1866）奏報各省鄉試錄舊卷中。宣宗指示：「鄉會試為掄才大典，多一倖進，即少一真才。如該給事中所奏，近代荒疏之士，每將舊文鈔錄剿襲，無人告發參劾，竟得濫列科名，不可不嚴行查禁。著各省督撫、學政，嗣後，鄉試士子凡有剿襲錄舊卷中者，一經聞之，即行詳細查明，據實參辦。至順天鄉試中式士子，有覆試之文可以覆校，如有剿襲情弊，即由府尹順天學政及磨勘官併科道等查明指參。會試文場，如有前項情弊，亦由磨勘官及科道等查

---

[95] 清實錄館修纂，中國第一歷史檔案館等整理，《清實錄》，乾隆五十八年七月辛亥，頁 157-158。

明參奏,以杜幸進而拔真才。」[96]

　　清廷既禁售坊刻舉業用書,也設法端正坊刻舉業用書所造成的剽竊剿襲和「士不讀書」的劣風,希望藉此將士習和文風引向正軌。然而從清末仍存在「人崇墨卷,士不讀書」的事實來看,這些舉措的成效頗微。朝廷雖一再申誡,學校教育的失衡、科場舞弊的嚴重,以及地方官員、教官、考官的怠職,使得朝廷的努力事倍功半。

　　清代的學校制度,國子監為國學,府、州、縣學為地方學,二者構成學校系統的主幹,書院為此系統的支派,莫不受政府的管轄、督查和經費的支持。它們大抵以教人科舉入仕為宗旨,而科舉之學尤重者為首場之四書文,即時文或八股文,鄉、會試如此,生員的歲、科試也是如此。不僅如此,為清代學校主體的國學和府、州、縣學,可說僅有考課,鮮事講學,教官雖責在訓迪士子,除少數以振拔人才為己任的教官尚有直接施教之舉外,「率多昏耄龍鍾,濫竽戀棧」[97],不能切實履行施教之責,其所司則為月課、季考,其考績也是以士子考試成績為根據,故而教官與學生雖有「師生之名」,「而無訓誨之實」[98]。書院所重亦在考課,所以多數主講者也但知從事考課,而罕有教學。最後演變到國學、府、州、縣學、書院甚至連考課學生一事也都不認真

---

[96] 清實錄館修纂,中國第一歷史檔案館等整理,《清實錄》,道光十九年九月甲寅,頁 1126-1127。

[97] 崑岡等修,劉啟端等纂,(光緒)《欽定大清會典事例》(《續修四庫全書》第 804 冊),卷 384〈禮部・學校・拔貢事宜〉,頁 142。

[98] 清史稿校註編纂小組編纂,《清史稿校註》(臺北:國史館,1984),卷 113〈選舉一〉,頁 3150。

執行。[99]

　　原本應當督促教官施教的一些學政亦玩忽職守。清代學政「掌學校政令，歲科兩試，巡歷所至，察師儒優劣，生員勤惰，升其賢者、能者，斥其不師教者，凡有興革，會督撫行之。」[100]以三年一任為常，平均任期為二至三年，匆匆而來，遽遽而去。學政在抵達主管地區的次日例有講學，然除由教官宣讀《臥碑文》與《聖諭廣訓》外，生員經抽籤後各講《大清律例》三條或四書一章，即告完事。[101]不少學政不過「布條教，舉大綱」，與行賞罰於「經舉報得實」的優劣諸生。[102]更有學政劉鳳誥（1761-1830）、鄒植行（1771-1825）、徐松（1781-1848）等二十七人，由於失職遭降調處分。[103]學政雖有察覆教官教學績效的職權，惜他們對教官的施教敦促不足，沒能激發教官的教學熱誠。世宗曾說：「教官多屬中材，又或年齒衰邁、貪位竊祿，與士子為朋儕，識考課為故套，而學臣又但以衡文為事，任

---

[99] 關於清代科舉制度下的教育情形，可參閱王德昭，《清代科舉制度研究》，頁 55-126。

[100] 清史稿校註編纂小組編纂，《清史稿校註》，卷 123，頁 3319。關於清代學政之職權，可參閱魏秀梅，〈從量的觀察探討清季學政的人事嬗遞〉，《中央研究院近代史研究所集刊》5（1976.6），頁 95-98；劉德美，〈清季的學政與學風、學制的演變〉，《國立臺灣師範大學歷史學報》17（1989.6），頁 306-315。

[101] 崑岡等修，劉啟端等纂，（光緒）《欽定大清會典事例》（《續修四庫全書》第 804 冊），卷 382〈禮部‧學校‧諸生考課〉，頁 109-110。

[102] 許振禕，〈奏設味經書院疏〉，收錄於盛康編，《皇朝經世文續編》（《近代中國史料叢刊》第 85 輯第 841 種，臺北：文海出版社，1972），卷 65〈禮政五‧學校下〉，頁 375-376。

[103] 魏秀梅，〈從量的觀察探討清季學政的人事嬗遞〉，頁 116。

教官之因循怠惰,苟且塞責,漫不加察。」[104]既無教官施教,這麼一來,朝廷所頒佈的標準讀物,除少數像《欽定四書文》外,絕大多數都塵封於學校的藏書處。求學無門,又得應付頻繁的考課,士子只得「求教」於坊間俯拾即是的舉業用書。

另外,儘管清代對科舉舞弊的處罰較之前代更為嚴厲,但科舉舞弊事件仍層出不窮,手段亦多種多樣,如挾帶、賄買、請託、假冒、換卷、槍替、割卷、通關節等。有學者曾對清朝歷代科舉考試典型要案進行統計分析,發現通關節為主流舞弊手段。[105]所謂的「關節」,就是士子與考官之間一種非正式的考試與錄取關係,主要表現在權力干預和人情賄買兩個方面。這種舞弊行為無疑的削弱了科舉競爭的公平性,「雅正清真」這個衡文標準亦行同具文。加上應試者眾,像江南地區考生「多至一萬四、五千人」[106],「試卷黑格朱書,本已目迷五色,時間既逼,卷帙又多,一人精神,一日看數十藝,已屬神昏目眩」,「以十餘日功夫,每人須看數百卷,統計之,即是數千藝」[107],考官因此閱卷匆遽,無法切實品評。在這種情況下,朝廷規定的衡文標準形同虛設,考生也因此沒有認真對待「雅正清真」這個衡文標準。另外,經過無數次的嘗試和長期的經驗積累,以及目睹遂於

---

[104] 乾隆五年敕編,《世宗憲皇帝聖訓》(《景印文淵閣四庫全書》第412冊),卷10,頁148。

[105] 黃超、向安強,〈清朝科舉考試舞弊要案的計量歷史學分析〉,《廣東教育學院學報》30.1(2010.2),頁101。

[106] 林則徐,〈請定鄉試考官校閱章程並防士子勦襲諸弊疏〉,收錄於葛士濬編,《皇朝經世文續編》,卷53〈禮政四‧學校上〉,頁1390。

[107] 何德剛,《春明夢錄》上(《筆記小說家大觀》第36編第4冊,臺北:新興書局,1984),頁40。

舉業而卻困於場屋的老生宿儒，剽竊剿襲舊文而「濫列科名」的庸才大有人在，讓考生們深切地體會到中式與否繫於時機，不全關乎才學的高下。士子於是乎「舍聖人之經典、先儒之註疏與前代之史不讀」，把精力轉而研習坊間俯拾即是的舉業用書。

由於制度有缺陷，執行人員又有過失，朝廷在矯正舉業用書之弊時，取得的效果並不盡如人意。

四、結語

考試競爭的趨向激烈，加上個人能力有限，使得一些士子不得不尋求捷徑完成舉子業，舉業用書就是在這個需求下產生的一個怪胎，它表面上與科舉制度所規定的內容亦趨亦隨，實質上大大地簡化了考試的內容和準備的工作，以輔助那些能力欠缺的士子，在最短的時間內掌握考試所必須知道的一切知識和答卷技巧，給士子構建起一座更快更易在舉子業取得成功的橋樑，使得原本艱辛的備考工作更加簡易，這也是士子爭相研習坊刻舉業用書的原因。在師長的鼓勵下，這種情況也逐漸演變成士子們的共同行為。

這些舉業用書大大地簡化了士子的備考工作，卻促使士子為求仕進而在舉業之途上浮躁競進，對清代的文風、士風和學風造成不良影響。對此，清廷試圖將士習和文風引向正軌。但是，由於學校教育的失衡、科場舞弊的日益嚴重，以及地方官員、教官、考官的怠忽職守，大大地影響了朝廷的應對舉措成效。在大多數士子們幾乎與坊刻舉業用書連為一體的情況下，坊刻舉業用書不僅禁之不絕，反而呈「如山如海」之勢覆蓋至「山僻小鎮」。

陸、清代坊刻四書舉業用書的生產活動

清代科舉取士「雖分三場」，卻存在「只重首場」[1]的現象，士人讀書方向主要是首場科舉考試的四書文，故四書舉業用書是他們重視誦習的讀物。四書舉業用書的生產規模為何？內容與形式特點為何？價值為何？這些都是本文要探討的問題。

一、清代坊刻四書舉業用書的生產規模

「明代儒生，以時文為重」[2]，說明明代科考偏重首場時文。清代重蹈明代覆轍，朝廷雖屢次申誡，截至清末科舉「雖分三場，而只重首場」的現象依然普遍存在。[3]既重首場，按理言

---

[1] 闕名，〈變通文武考試舊章說〉，收錄於高時良編，《中國近代教育史資料彙編》（上海：上海教育出版社，1992），頁 616。

[2] 永瑢等撰，《四庫全書總目》，卷 37〈經部四書類存目〉，頁 310。

[3] 關於明清科考重首場考試的論述，可參閱張連銀，《明代鄉試、會試試卷研究》（蘭州：西北師範大學文學院碩士論文，2004），頁 36-45；侯美珍，〈明清科舉取士「重首場」現象的探討〉，《臺大中文學報》23（2005.12），頁 323-368。關於明清兩朝科舉考試制度的承傳關係與發展情況，可參閱 Benjamin A. Elman, "Change in Confucian civil service

士子定當在學校教官的督導下不遺餘力地鑽研朝廷規定的《四書集註》。事與願違，除少數以振拔人才為己任的教官尚有直接施教之舉外，多數「昏耄龍鍾，濫竽戀棧」[4]的教官不能切實履行施教之責，其所司則為月課、季考，其考績也是以士子考試成績為根據，故而教官與學生雖有「師生之名」，「而無訓誨之實」[5]。書院所重亦在考課，「山長除閱月課試卷外，別無他事」[6]，罕有教學。最後演變到國學、府、州、縣學、書院甚至連考課學生一事也都不認真執行。[7]在這種情況下，士子尤其是能力欠缺的士子只得尋求其它途徑來幫助他們了解四書的意涵。

倫明（1882-1943）指出：「自明初以來，士子以八股進身。讀四子書者，大都為弋獲科第起見。」[8]參考誦讀四書舉業用書幾乎是清代所有士子的共同行為。黃宗羲（1610-1695）察覺不少士子將「五經、《通鑑》、《左傳》、《國語》、《戰國

---

examinations from the Ming to the Ch'ing dynasty", in Benjamin A. Elman and Alexander Woodside, ed. *Education and Society in Late Imperial China, 1600-1900* (Taipei: SMC Publishing Inc., 1996), pp. 111-149.

[4] 崑岡等修，劉啟端等纂，（光緒）《欽定大清會典事例》（《續修四庫全書》第804冊），卷384〈禮部・學校・拔貢事宜〉，乾隆十六年，頁142。

[5] 清史稿校註編纂小組編纂，《清史稿校註》（臺北：國史館，1984），卷113〈選舉一〉，頁3150。

[6] 汪承烈修，龐麟炳纂，（民國）《重修宣漢縣誌》，卷8〈官師下〉，轉引自王戎笙主編，《中國考試史文獻集成・第六卷（清）》（北京：高等教育出版社，2003），頁644。

[7] 關於清代科舉制度下的教育情形，可參閱王德昭，《清代科舉制度研究》，頁55-126。

[8] 中國科學院圖書館整理，《續修四庫全書總目提要・經部》，頁954。

策》、《莊子》、八大家」等有資「舉業之用」的圖書「束之高閣」，將心思集中在鑽研《四書蒙引》、《四書淺說》、《四書說約》等講章，「至於解褐出仕，未嘗更見他書也」，慨嘆「今之舉子大約此類」。[9]積習相沿，至同、光年間不衰，「士習不整」，考生「所置書多《（四書）人物串珠》、《大題文府》、《小題文府》，及其他帖括類書」。[10]通過清人的親睹，可見舉業用書對士子的閱讀重心起著一定的影響。

　　四書類舉業用書可細分為「講章」、「制藝」和「考據訓詁」三種。所謂「講章」，大抵皆是為科舉而作的講義，以便於士子了解經書中的意旨。葉啟勛指出：「自元延祐復科舉後，以四書懸為功令，講章一派，從此而開。」[11]這類圖書可以溯源到元代人倪士毅的《四書輯釋》。皇慶二年（1313）十一月，元仁宗（1311-1320 在位）詔告天下復行科舉。考試程式方面，規定蒙古和色目人「第一場經問五條，《大學》、《論語》、《孟子》、《中庸》內設問，用朱氏《章句集註》。其義理精明，文辭典雅者為中選。」漢人和南人則稍有不同，「第一場明經經疑二問，《大學》、《論語》、《孟子》、《中庸》內出題，並用

---

[9]　黃宗羲，〈科舉〉，收錄於賀長齡編，《皇朝經世文編》（《近代中國史料叢刊》，臺北：文海出版社，1972），卷 57〈禮政四・學校〉，頁 2108-2109。

[10]　汪承烈修，龐麟炳纂，《（民國）重修宣漢縣誌》，卷 8，〈官師下〉，頁 644。

[11]　中國科學院圖書館整理，《續修四庫全書總目提要・經部》（北京：中華書局，1993），頁 963。

朱氏《章句集註》，復以己意結之，限三百字以上。」[12]於是，「闡明（四書）義理之書，遂為弋取利祿之具」[13]。

倪士毅，字仲宏，歙縣人，約元文宗至順（1330-1333）初前後在世。嘗學於陳櫟（1252-1334），後隱居祁門山，潛心講學，學者稱道川先生。[14]《四書輯釋》後來成為胡廣等人於永樂年間奉敕編纂的《四書大全》的藍本。[15]明代此類著作很多，其中最為有名的則莫過於《四書大全》。四庫館臣指出：「後來四書講章浩如煙海，皆是編（《四書大全》）為之濫觴。」[16]甘鵬雲在《經學源流考》說：「至永樂中《大全》出而捷徑開，八比盛而俗學熾，科舉之文，名為發揮經義，實則發揮《註》意，不問經義何如也。且所謂《註》意者，又不甚究其理，而惟揣摩其虛字語氣，以備臨文之模擬，並不問《註》意何如也。」[17]

自《四書大全》以後的四書講章，當以蔡清（1453-1508）的《四書蒙引》為最早。四庫館臣對此書有頗高的評價，云：

---

[12] 宋濂等撰，《元史》（北京：中華書局，1976），卷81〈選舉一〉，頁2019。

[13] 甘鵬雲，《經學源流考》，頁264-265。

[14] 馮從吾，《元儒考略》（《景印文淵閣四庫全書》第453冊，臺北：臺灣商務印書館，1983），卷4，頁800；趙弘恩、黃之雋等編纂，《江南通志》（《景印文淵閣四庫全書》第511冊），卷164，頁703。

[15] 永瑢等撰，《四庫全書總目》，卷37〈經部四書類存目〉，頁309。該書的〈凡例〉即明白寫道：「凡《集成》、《輯釋》（吳真子《四書集成》、倪士毅《四書輯釋》）所取諸儒之說有相發明者，採附其下，其背戾者不取。凡諸家語錄、文集，內有發明經註，而《集成》、《輯釋》遺漏者，今悉增入。」

[16] 永瑢等撰，《四庫全書總目》，卷36〈經部四書類二〉，頁301-302。

[17] 甘鵬雲，《經學源流考》，頁265。

「此書雖為科舉而作,特以明代崇尚時文,不得不爾。至其體認真切,闡發深至,猶有宋人講經講學之遺,未可以體近講章,遂視為揣摩弋獲之書也。」[18]自它成書後,講學家多所徵引,刻本亦有多種。[19]較蔡清《四書蒙引》稍後的有林希元的《四書存疑》和陳琛的《四書淺說》,它們問世後幾成明代四書講章的經典著作,加上《四書大全》以及朱熹的《四書語類》、《四書或問》,經常為明清講章所徵引與併合,像明代盧一誠的《四書便蒙講述》、白翔的《四書羣言折衷》、吳當的《合參四書蒙引存疑定解》、管大勳的《四書三說》、丘橓的《四書摘訓》等都大量地徵引和併合了三書之說。

入清以後,一些明人編纂的四書舉業用書仍為士子所沿用。除《四書蒙引》、《四書存疑》與《四書淺說》外,明初教諭鄧林編撰的《四書補註備旨》到了清代仍有很大的市場,「刊行即久,坊間遂多增刪之本」[20],包括乾隆間人杜定基的增訂本和嘉慶間人鄒汝達的參訂本,其中以杜定基增訂的《新訂四書補註備旨》通行最廣。杜定基在自序中交代增訂此書的原委云:

> 前明鄧退庵先生《備旨》一書,啟迪後學,至今海內傳習如布帛菽粟之無可厭斁者。緣是書逐章逐節逐句逐字悉各發明其旨趣,無不與朱子相脗合,斯誠初學之津梁,而亦成材之受其範圍也。但書行世日久,翻刻既多,訛誤不

---

[18] 永瑢等撰,《四庫全書總目》,卷37〈經部四書類二〉,頁302。

[19] 沈津,《美國哈佛大學哈佛燕京圖書館中文善本書志》(上海:上海辭書出版社,1999),頁53。

[20] 國立編譯館編,《新集四書注解群書提要》,頁32。

少,又其甚者增刪弗當,幾失本來面目。予方欲重校而釐正之,適值友人王子若攀江右名宿素與予有同志鑒此書之沿誤,遂以校訂之則委予。予因欣然就事焉。……間載名家講義之不刊者以補所未備,總期不背於《大全》、朱子,即其能不背於退菴先生者矣。上截發明章旨、節旨,尤聖賢意指所關,即後學步趨,攸係舊本精確者仍之。若其稍未愜心必嚴加參酌,融會諸家妙義竊附其內,要以朱子之說為歸。夫如是《備旨》之疏句詮字綱舉,目張本來面目,庶以不失即質之退菴先生有不默引,為此書之知己哉。閱六年寒暑,編始告竣。因舊本上附人物典故,並加檢核,以便初學覽觀,是亦於《備旨》中求無不備之意云爾。[21]

它約成書於乾隆四十四年(1779),「於舊本上欄中增人物典故及章旨節旨,雖為帖括制藝之屬,然頗簡明,且頗能闡述經義,可作為通行讀本」[22]。其知見刊本約有三十種,並在晚清間一度引起出版熱潮(見表一)。

表一:《新訂四書補註備旨》知見刊本

咸豐二年桐石山房刊本	光緒十九年上洋熙記書莊刊本
咸豐十年三元堂書坊刊本	光緒二十一年有益堂刊本
同治十年翰墨林記刊本	光緒二十二年刊本
同治十年文益堂刊本	光緒二十二年燕臺文勝堂刊本

---

[21] 鄧林著,杜定基增訂,《新訂四書補註備旨》(上海章福記書局刊本),杜定基,〈增訂四書備旨序〉,頁1。
[22] 國立編譯館編,《新集四書注解群書提要》,頁32。

光緒三年光華堂刊本	光緒二十四年上海文瑞樓刊本
光緒五年上洋紫文閣刊本	光緒二十六年新化三味堂刊本
光緒五年成文堂刊本	光緒三十年天津萃文魁刊本
光緒七年壽春棣萼堂刊本	光緒文奎堂鉛板印本
光緒九年善成堂刊本	光緒文英堂石印本
光緒十年刊本	光緒善成堂刊本
光緒十二年三義堂刊本	光緒誠文信記刊本
光緒十二年上海點石齋石印本	清掃葉山堂刊本
光緒十四年經義山房刊本	清會文堂刊本
光緒十五年京都來鹿堂刊本	清上海章福記書局石印本（書影三）
光緒十八年江左書林刊本	清末李光明刊本

除沿用前朝文人編撰的坊刻講章外，士子們也研習清代文人編撰的這類圖書，其數量極為可觀。在康熙間編撰的四書講章有郭善鄰的《說四書》、黃昌衢彙編的《四書述朱》、董哲、陳玫纂輯的《四書備解》、金松的《四書講》、范翔的《四書體註》、呂留良的《天蓋樓四書語錄》、《四書講義》、許寶善編、俞長城等註的《四書便蒙》、李沛霖的《四書諸儒輯要》、周大璋的《四書朱子大全精言》、黃瑞的《四書會要錄》等；雍正間有戴鈜的《四書講義尊聞錄》、翁復的《四書遵註》、許泰交的《四書大全學知錄》等；乾隆間有任啟運的《四書約旨》、王步青的《朱子四書本義彙參》、范凝鼎的《四書句讀釋義》、任時懋的《四書自課錄》、李灝的《四書疑問》、汪鯉翔的《四書題鏡》、桂含章的《四書益智錄》等；嘉慶年間有李嵩侖的《四書讀》、陶起庠的《四書集說》、《四書補義》、林文竹的《四書貫珠講義》等；道光年間有楊大受的《四書講義切近錄》、金澂

的《四書味根錄》、孫應科的《四書說苑》等；同、光年間有俞廷鏢的《四書評本》、劉豫師的《劉氏家塾四書解》、張謇的《張謇批選四書義》、王伊輯的《四書論》、謝廷龍的《四書勸學錄》等。

其中，初刊於乾隆九年（1744）的《四書題鏡》是一部頗受歡迎的四書講章，除初刊本外，知見的刊本還有十三種（見表二）。此書作者汪鯉翔，字靈川，歸安人，康熙戊子舉於鄉考，授內閣中書，改選諸暨學諭。[23]汪氏在此書中彙集了「前輩講義」，博採了「名家篤論」。[24]鴻文書局指出此書「行世百有餘年」，「操觚之士」群將它奉為圭臬，讚譽它能「窺孔孟之奧，析程朱之理」，乃「聖域之功臣，文壇之寶鏡」。[25]

表二：《四書題鏡》知見刊本

乾隆九年刊本	光緒十四年上海點石齋石印本
乾隆十七年刊本	光緒十九年鴻寶齋石印本
乾隆年間刊本（書影四）	光緒二十一年上海寅文書局刊本
嘉慶二十五年掃葉山堂刊本	光緒袖海山房石印本
道光十三年文會堂刊本	清世德堂刊本
同治三年刊本	清文錦堂刊本
同治六年禕文堂刊本	清上海同文書局石印本

---

[23] 沈椿齡，（乾隆）《諸暨縣志》（清乾隆三十八年刻本），卷 20，頁 35。

[24] 汪鯉翔，《四書題鏡》（清乾隆年間刊本），汪鯉翔，〈敘〉，頁 5-6。

[25] 汪鯉翔、金澍編，《四書題鏡味根合編》（清光緒十四年鴻文書局石印本），頁 1。

另一部受清代士子關注的四書講章是初刊於道光丙申（1836）的《四書味根錄》。此書「久已風行海內，幾於家置一編」[26]。此書作者金澂（1780-1854），字憲清，一字秋潭，江蘇太倉人。嘉慶二十五年（1820）進士，其他事跡不詳。[27]此書以朱《註》為主，分總論、章旨、經文等，有疏註、敘講、析解、考典等部分。金氏在識語中透露此書的編輯始末及其疏註、敘講、析解、考典等的依據云：

> 四書講義，始此乎，前此乎，止此乎，後此乎，無慮千百種。……自公車北旋，家居無事，時檢敝簏，見平生鑽研之本，甲乙丹鉛，琳琅觸目，不忍棄置也。鱗次命兒輩鈔存之，遂已裒然成帙。其中疏註多本之王乙山（王文焴）先生《大全》，敘講多本之曹萬為（曹璸）先生《詳說》，析解多本之胡蓉芝先生（胡斐才）《撮言》，考典多本之周理衷《辨正》。外如任翼聖先生（任啟運）《約旨》、江慎修先生（江永）《典林》及《鄉黨圖考》、張惕菴先生（張陶甄）《翼註》、宋慎三先生《論語管窺》、謝臥雲先生（謝廷龍）《勸學錄》，凡厥精言，悉加採摭，亦藉以省繙閱之勞耳。第自道光乙未春始，事迄丙申冬。……因取古賢味義根之意名篇，既以自勗兼不俾我沒人迷雲。[28]

---

[26] 《申報》，5357 號，1888 年 3 月 21 日，4 版。
[27] 國立編譯館編，《新集四書注解群書提要》，頁 394。
[28] 金澂，《加批四書味根錄》（光緒間上海錦章圖書局石印本），金澂，〈識語〉，頁 1。

學者指出,此書雖是綜合眾家之作,仍可說是「四書講章中較善者,書以義理為主,亦兼及考據」。[29]知見的版本達二十種之多(見表三),不僅有木刻本,也有石印本。一再重刊,很能說明它受歡迎的程度。光緒年間,有文人給此書作了批點和增補,註入了新鮮的血液,交託書商石印出版,其中有同文書局和上海錦章圖書局的《加批四書味根錄》(見書影一)以及光緒十五年(1889)上海蜚英館的《加批增補四書味根錄》。也有文人將此書和其它四書舉業用書合併成一書的,如鴻文書局在光緒十四年(1888)將它與汪鯉翔的《四書題鏡》合併成《四書題鏡味根合編》一書石印出版(見書影二),還有將它與陳宏謀的《四書考輯要》合併成《四書味根錄增考輯要》一書出版的。

表三:《四書味根錄》知見刊本

道光十六年刊重鐫本	光緒八年學海堂刊本
道光二十六年粲花吟館刊本	光緒十一年掃葉山房刊本
清文玉樓刊本	光緒十四年上海鴻文書局石印本
咸豐十年綠菀書舍刊本	光緒二十一年上海寶文書局石印本
同治二年刊本	光緒二十一年問竹山房刊本
同治四年同文堂刊本	光緒上海鴻寶齋石印本
同治十三年三元堂刊本	光緒上海點石齋石印本
光緒三年宵善堂刊本	光緒襟文堂刊本
光緒六年寶光閣刊本	光緒袖海山房石印本
光緒七年海陵書屋刊本	

---

[29] 國立編譯館編,《新集四書注解群書提要》,頁394。

「制藝」類的用途與「講章」相仿,「講章」重在解釋經義,「制藝」重在分析文章結構,以為學習時文之用。這兩類舉業用書,除獨立出現外,更有不少是以「二合一」的面貌出現的,即詮釋經義的同時,也分析文章結構,細究章法、句法、字法。「自宋之神宗,朝廷以經義取士,元代因之。當時攻舉業者,莫不各習一經,朝夕以摘題作文為要務。而老生宿儒,且命題若干則,選時人名著若干篇,以備學子觀覽揣摩,其旨趣以獲中為繩。」[30]像元人倪士毅的《作義要訣》、王充耘的《書義矜式》、涂溍生的《易義矜式》、林泉生的《詩義矜式》,明人徐汧(1597-1645)的《四書剖訣》和項聲國的《四書聽月》等都是詮釋經義與分析章法結構並重的四書舉業用書。清人編撰的這類舉業用書有康、雍間趙燦英的《四書集成》、孫琅的《四書緒言》、李沛霖等撰的《四書釋疑》、邢淳的《四書通解》等;乾、嘉間郝寧愚的《甌香館四書說》、蘇珥的《四書解》、何如滌的《四書自得錄》、趙龍詔的《四書參解》、顧天健的《四書一貫講》等;同、光年間沈濟燾的《四書就正錄》、俞樾的《曲園四書文》、劉維翰、劉文翰的《四書文法摘要三編》等。

除了四書講章和舉業制藝類舉業用書外,還有一些考據訓詁四書的舉業用書。元明有不少這類應舉用的參考書。甘鵬雲《經學源流考》云:「專考四書名物人物者,元有周良佐《四書人名考》,明有陳仁錫《四書備考》、薛應旂《四書人物考》、薛寀《註解四書人物》、錢受益、牛斗星《四書名物考》。」[31]故這

---

[30] 中國科學院圖書館整理,《續修四庫全書總目提要・經部》,頁 217。
[31] 甘鵬雲,《經學源流考》,頁 269。

類書可追溯到元代周良佐《四書人名考》。科舉「以時文為重，時文以四書為重，遂有此類諸書，襞積割裂，以塗飾試官之耳目」[32]。大體說來，這類舉業用書「意在使學者開拓其心胸，新鮮其耳目，廣闊其見聞，庶幾撰文者胸有成竹，左宜右有，詞源汩汩，而免空虛掜漏之患也」[33]。清人編撰的這類舉業用書較明人多，有雍正年間呂官山等纂，黃越校的《增訂四書典故人物圖考》、江永的《四書古人典林》、胡掄的《四書典制彙編》等；乾隆年間陳宏謀的《四書考輯要》、閻其淵的《四書典制類聯音註》等；嘉慶年間臧志仁輯的《四書人物類典串珠》、徐杏林的《四書古人紀年》、凌曙的《四書典故覈》等；同、光年間松軒主人的《增補四書典腋》、點鐵齋主人編的《四書典類淵海》、周炳中的《四書典故辨正》等。其中以《四書古人典林》、《四書典制類聯音註》和《四書人物類典串珠》最受士子推崇。

江永（1681-1762），字慎修，婺源人。歲貢生，數十年楗戶授徒。[34]江氏在序中說明前此諸家同類著作的缺點及其書的體例說：

> 四書古人有典故可考者二百餘人，宜倣前體薈萃成完書，

---

[32] 中國科學院圖書館整理，《續修四庫全書總目提要・經部》，頁963。
[33] 中國科學院圖書館整理，《續修四庫全書總目提要・經部》，頁1000。
[34] 關於江永的生平事跡，可參閱江藩，《漢學師承記》（《清代傳記叢刊》第1冊，臺北：明文書局，1985），卷5，頁123-128；徐世昌纂，《清儒學案小傳》（《清代傳記叢刊》第5冊），卷6〈江慎修學案〉，頁875-885。

藝林有《四書人物備考》，昉於薛方山（薛應旂）迭相鈔錄，增損不一，事無提要，既不便學者觀考徧閱，諸本大都排纂無法，擇言不精，往往拾瓦礫而遺金玉，事詞蕃蕪不知芟薙。其有節目關要者，又或遭刊落也。古人在《集註》當考其事者，又未經纂錄也。經傳原文臆為改竄，文不連屬，妄為牽引。書無其語，漫爾標題。事在四書，猶煩贅述。此皆書體之病。至援引之踈謬，如以衛公南楚為公子荊衛公子……若此類者又皆不能考覈辯正。夫鈔錄故籍不自具眼，其賢於鈔胥者幾何矣。茲編體裁一新，力矯前弊，事之隱僻未經蒐羅者，尚有之若其著在簡冊，昭如日星者固可一覽瞭然，足資學者無窮之取材矣。[35]

此書問世後，「帖括之士，竊其唾餘，取高第者掇巍科者」有數百人之多[36]，可見此書於考生備考極為有益。由於其在考生心目中的權威性地位，故而新舊民間出版商也樂於刊行。在一個半世紀的時間裏，此書計有十六種刊本（見附表四）。

閻其淵，字鑒波。附監生，幼好學，淹貫經史，熟於宋五子書，旁及天文地理、諸子百家，靡不研究，海內知其名。主河南省講席凡十餘年，中州文風為之一振。著有《四書典林續》、《廣廣事類賦》、《師山書院課藝》流傳於世，操觚家沾餘澤，

---

[35] 江永，《重訂四書古人典林》（《故宮珍本叢刊》第 62 冊，海口：海南出版社，2001），頁 2。
[36] 江藩，《漢學師承記》，卷 5，頁 128。

咸獲雋以去。[37]閻氏在序中追述《四書典制類聯音註》成書始末與刊行過程說：

> 余自束髮後事舉子業，心知四子書包孕經史，無乎不貫，而資質懦下不能浸婬醞釀，代聖賢立言。每於披覽之，次見有成語之相對相當者輒不禁心焉。誌之謂，典籍益人，此亦其一端也。自辰迄寅，筆畊十載，暇即取四書中典制約千種比類而組織之，得三十三卷。適因浙水諸友慫恿付梓，竟為帖括家所嗜，兩年來坊間翻刻至再。余既悔是編之行，而坊刻訛謬甚多，尤重予過。不得已亟為音註，詳加校刊，俾閱者因流溯源由，由末反本，恍然於是編之為糟粕，聊以印證其所讀之經史焉，是則余之厚幸也夫。[38]

此書「徵引宏富，裁對工整，音註詳明，直駕《典林》、《香艷》等書而上之。行文家手置一編，洵能匡所不逮」[39]，是書坊競相刊行的暢銷書（見附表五所列知見刊本）。點石齋在光緒十年刊行此書前曾在《申報》刊登啟事，稱此書雖「詞華富有，考據精詳，為藝林珍本」，惜「坊間翻刻魚魯頗多」，故在刊行此書時「特詳加校對，凡一字一音無不推求確當，其字體悉依館閣

---

[37] 李蔚，（同治）《六安州志》（清同治十一年刊光緒三十年重刊本），卷32〈儒林〉，頁1。
[38] 閻其淵，《四書典制類聯音註》（清嘉慶元年善成堂刊本），閻其淵，〈序〉，頁3。
[39] 《申報》，5188號，1887年9月26日，4版。

寫法,用照相石印法縮成四本,外用綢套,每部洋七角」。[40]三年後,點石齋刊行的本子「早已銷罄」,「知是軒主人購得初印善本,重加抄校」後再次版行。值得注意的是,知是軒主人刊行的這個本子售「洋一元二角」,價格幾乎漲了一倍。估計是由於它乃是根據初印善本抄校印製的緣故,有其賣點,加上「外加錦套,紙張潔白,裝訂精工」[41],故而價格定得比較高。光緒十五年(1889),點石齋重印此書,可能是物價上漲的緣故,價格較光緒十年的印本貴了一角。[42]

臧志仁「讀書數十年,研究精微,沉酣典籍」,屢試不第,「上之不能抒其學問,發為事業,下不能抗志名山,與《漢書》以來註疏家後先輝映屢試不第」,授課為業,特「於佔畢之餘,出其生平所得力」,編輯《四書人物類典串珠》「授諸其徒」,「以提示後學」。[43]臧氏自序中陳述編輯《四書人物類典串珠》原委說:

> 余於課徒之暇,取《四書典制》分類為目六百七十餘條。其中有宜於對仗者不便考據,有宜於考據者不便對仗,二者不可偏廢,亦不可兼得。總之以文氣貫串其間,宜對仗則不惜纂織之勞,宜考據則不憚折衷之苦,夾議論於排偶

---

[40] 《申報》,3940號,1884年4月4日,1版。
[41] 《申報》,5188號,1887年9月26日,4版。
[42] 《申報》,5859號,1889年8月11日,1版。
[43] 臧志仁,《四書人物類典串珠》(王春瑜主編,《中國稀見史料》第1輯第24冊,廈門:廈門大學出版社,2007),寧貴,〈序〉,頁14-15。

之中。即寓編輯於參稽之內,俾後學開卷了然,心手相應。或連引數十典不見堆垛,或泛論十行不嫌空滑。即學者偶有迷惑而觀其文以知其義,不至數典而忘祖也。余以「串珠」名篇,蓋取牟尼串珠一線穿成之義,以別於坊間之為類書者。是篇原係家塾鈔本,非敢問世。邇因遠近覓鈔者眾,復以諸生釀金授梓。書既出不免餖飣之譏,唾餘之誚。然集聖賢書以自成一編,採古眾論,以力求一是,積數十年辛苦而後成雪案,螢燈不甘湮沒,以公之同人,倘以此邀識者之諒則幸矣。[44]

此書頗受士子關注,知見的刊本計有十二種(見附表六)。

上文所列清人編撰的四書舉業用書,主要是根據《四庫全書總目》、《續修四庫全書提要‧經部》、《新集四書注解群書提要》、《販書偶錄》、《東北地區古籍線裝書聯合目錄》、晚清營業書目、上海書業公所書底掛號、《申報》的書籍啟事和告白等整理而出。不過,由於絕大多數的這類圖書大多隨著科舉制度廢止後,時代需求消失而煙消雲散,故而當時所出版的這類圖書的實際數目應當更多。

二、清代坊刻四書舉業用書的內容與形式特點及其價值

我們發現,四書舉業用書的生產活動並沒有在文禁極為嚴苛

---

[44] 臧志仁,《四書人物類典串珠》,臧志仁,〈自序〉,頁 11-12。

的康、雍、乾三朝受到打擊。在科舉考試普遍重視首場四書義的風氣下,形成了一定數量的四書舉業用書的讀者群。[45]為了滿足這些讀者的需要,不少文人不間斷地進行四書舉業用書的編撰,書坊主也沒有忽視這個可以帶來厚利的商機,繼續出版前代與當代文人編撰的這類圖書。它們沒有受到查禁,或許是由於他們能夠自覺機警地以前人的經驗為鑑,游走在安全區的邊線上,在生產這類圖書時注意迴避忌諱,按照程朱理學家觀點來對四書進行詮釋的緣故。

在清初帝王的推尊下,程朱理學被清政府定為官方思想。清中葉,乾嘉考據學興盛,理學的學術地位邊緣化,但它對科舉考試影響仍不容忽視。倫明指出:「朱子作《四書章句集註》,自謂銖兩悉稱,歷數百年無異詞。自元仁宗以八比取士,明清因之,功令遵用朱《註》,或有小異於朱《註》者,例遭擯斥,以故無敢參異議者。」[46]像毛奇齡(1623-1716)曾於康熙年間撰《四書改錯》一書「改朱子之錯」,乾嘉間人戴大昌對毛氏之書

---

[45] 明末清初名士顧炎武曾對文生員的數字作過一次粗略的統計,他說:「合天下之生員,縣以三百計,不下五十萬人,而所以教之者,僅場屋之文。」(顧炎武,《顧亭林詩文集》,北京:中華書局,1983,卷1,〈生員論上〉,頁 21)據張仲禮的觀察,「清朝前兩百年中,生員總數仍然是小有變化的,但是到清末發生了大變,人數劇增。」(張仲禮著,李榮昌譯,《中國紳士——關於其在 19 世紀中國社會中作用的研究》,上海:上海社會科學院出版社,1991,頁 150-151)據他的統計,太平天國以前的文生員總數約五十三萬,與顧炎武的估算頗為接近,太平天國以後增加百分二十一,約六十四萬。這數目上逾六十萬的生員是舉業用書的基本讀者群,從這裏可窺探到舉業用書的龐大市場,必然能夠給民營書局帶來豐厚的回報。

[46] 中國科學院圖書館整理,《續修四庫全書總目提要·經部》,頁 952。

深為不滿,以為毛氏非以闡釋書義為心,而以攻朱《註》為事,乃在嘉慶年間特撰《駁毛西河四書改錯》一書駁斥之。光緒二十年(1894),河南學政邵松年(1849-1923)上「請尊崇正學」一摺,稱:「毛奇齡所著《四書改錯》,自逞才辯,詆毀先賢。近來石印盛行,高明之士惑於其說,以程朱為不足法」,奏請嚴禁此書。德宗(愛新覺儸·載湉,1871-1908)聞奏後諭令:「《四書改錯》一書有違正解,於士習人心頗有關係,現在河南既有此書,他省恐亦不免流播。著各直省督撫出示嚴禁,不得再行出售。」指示考官在「校閱文藝」時,「自當恪遵功令,悉以朱《註》為宗,不得錄取異說,致乖文體,用副朝廷崇尚正學至意」。[47]朝廷的干預,使得違背朱《註》的讀物幾乎完全喪失了市場價值。

　　這些講章大率薈萃與朱熹《四書章句集註》相發明的諸儒議論,尤重當世名儒之說。誠如甘鵬雲所說:「大抵歷朝之說四書,其日出不已者,由其群相襲也。其相襲也,又必出以相非其始之相襲也,猶出於一塗,其繼之相襲復相非也,則雜而已矣。《四庫提要》之糾之曰:其書不過陳因舊本,增損數條,即別標一書目,別提一撰人而已。旋生旋滅,有如浮漚,不亦信哉。」[48]清人所編撰的這類圖書也沒有跳脫出前人的框框,往往不過薈萃朝廷所認可的諸家之說而已。像李沛霖、李禎的《四書朱子異同條辨》「以《朱子集註》為主,並擇要載錄《或問》、《語類》、《精義》、《輯略》之說,宋以及清初儒者之論,則顯然

---

[47] 清實錄館修纂,中國第一歷史檔案館等整理,《清實錄》,光緒二十四年六月庚申,頁384。
[48] 甘鵬雲,《經學源流考》,頁271。

叛離朱子者,不加採錄,其有發明聖道而或以偶見而偏,或以似是而謬,則分別同異,而後以己意辯論異同之故」。[49]周大璋的《四書朱子大全精言》「採輯《或問》、《語類》、《大全》則有刪節。就明代及清初百餘家之說,就一二語可採,亦為搜入」。[50]范凝鼎的《四書句讀釋義》「先列《集註》,次錄《或問》、《語類》,其餘諸儒議論,與朱《註》相發明者,乃採錄之,稍有所異,則屏斥不載」。[51]邢淳《四書通解》「悉依《集註》,彙集先儒之說,以程朱為宗而斥陸王;又廣采當時名家之論,如蔡清、陸隴其等十數家言條分之」。[52]

從版面體式來看,也因襲前朝舊套。或不錄經文,但標章節名稱,徵引諸家解說,如謝廷龍的《四書勸學錄》、何文綺的《四書講義》等;或採取大字條列朱《註》各章原文,遇有須批註闡明者,輒以雙行小字引諸家之說於該字句之下,以相參照。如洪垣星纂、張承露參訂的《四書繹註覽要》、任時懋的《四書自課錄》、許泰交的《四書大全學知錄》;或採取上下兩欄的形式。如黃昌衢《四書述朱》下欄「全載朱《註》為主,再依口氣順講一段」,上欄則「取《大全》、《蒙引》、《存疑》,並摘錄明代薛瑄、呂柟等論說,以相參照」。[53]黃越《四書或問語類大全合訂》下欄「載白文《章句集註》、《精義》、《或問》、《語類》、《大全》」,上欄「全載己說,間有陸隴其、呂留良

---

49 國立編譯館編,《新集四書注解群書提要》,頁281。
50 國立編譯館編,《新集四書注解群書提要》,頁292。
51 國立編譯館編,《新集四書注解群書提要》,頁301。
52 國立編譯館編,《新集四書注解群書提要》,頁307。
53 國立編譯館編,《新集四書注解群書提要》,頁268。

之語,使不悖朱子,標以某某云。或未定、或疑似,則加折衷」。[54]再如《四書題鏡味根合編》,書商將汪鯉翔的《四書題鏡》和金澄的《四書味根錄》合併後一起出版,上欄錄《題鏡》,下欄錄《味根錄》。

當時的圖書市場上並不匱乏編撰四書舉業用書的文人。其中不乏社會名流,像呂留良(1629-1683)、王步青(1672-1751)、江永(1681-1762)、陳宏謀(1696-1771)等,或是有政治影響力的政治人物,或是學有專長的權威學者。葉夢珠(1624-?)《閱世編》記:

> 公(龔之麓)念文風之壞,蓋由選家專取偽文,托新貴名選刻,以誤後學,因督學詞臣蔣虎臣超疏,請嚴禁偽文,遂為覆准。定例:凡鄉、會程墨及房稿行書,比由禮部選定頒行。各省試牘必由學臣鑑定發刻,如有濫選私刻者,選文之人無論進士、舉人、監生、生員、童生,分別議處,刊示頒行。是科選家為之寂然,部頒房書,出力洗惡習,然其中又不無矯枉過正者。[55]

葉夢珠的記載所反映的是清初的情況,說明進士、舉人、監生、生員、童生都是坊刻八股文選本的編選者。與八股文選本的編選情況相類,坊刻四書應舉用的舉業用書由在職或離職官員、塾

---

[54] 國立編譯館編,《新集四書注解群書提要》,頁304。
[55] 葉夢珠,《閱世編》(上海:上海古籍出版社,1981),卷8〈文章〉,頁185。

師、進士、舉人、生員,以及那些被學者們目為「鄉曲小儒」[56]的文人所編撰。這些文人對科舉考試的程序和要求都有一定的了解,對答卷的竅門可能會有一些領會。把這些難得的經驗和體會,傾註在所編寫的舉業用書,傳授給士子,很容易就能得到他們的認同和信服。如方桂如乃康熙丙戌(1706)進士,官順天豐潤知縣,因事落職。後主講紫陽書院,口授四書,令生徒筆錄,三年成帙,故名《四書口義》。[57]又如康熙壬戌進士孫洤,曾授內閣中書,後請假遍遊名山,不復出。孫洤在晚年寫作《四書醒義》,書未成即在康熙庚辰(1700)冬天逝世,其子孫用楨補成完書,始付之梓。[58]必須指出的是,絕大多數的四書舉業用書皆出自生員,以及那些被學者們目為「鄉曲小儒」之手。如金松、桂含章、胡斐才等皆僅有生員的身份。黃昌衢、李沛霖、周大璋、黃瑞、翁復等作者的生平事跡皆有待考究。這些文人從事編輯活動的原因,是出於單純地為便利士子備考的信念,或為了改善自身的經濟條件,抑或是為了提高自己的社會地位,還是有其他原因。若資料允許,是一個值得探討的課題。

楊守敬(1839-1915)指出:明代書估有「好假託名人批評以射利」[59]的陋習。書坊主這樣做的目的無非是要利用「名人效應」來進行「借勢」和「造勢」,擴大其刻書的影響,增強其可靠性和權威性,在讀者群中引起關注,提高身價,便於銷售。坊間偽託當代名人,在明代已幾成公害,頗遭非議。焦竑(1540-

---

[56] 中國科學院圖書館整理,《續修四庫全書總目提要・經部》,頁993。
[57] 中國科學院圖書館整理,《續修四庫全書總目提要・經部》,頁947。
[58] 中國科學院圖書館整理,《續修四庫全書總目提要・經部》,頁949。
[59] 楊守敬,《日本訪書志補》(《續修四庫全書》第930冊),頁762。

1620）、王世貞（1526-1590）、袁宏道（1568-1610）、陳繼儒（1558-1639）等都是文壇名流，也是書坊喜於託名的對象。[60]這種陋習亦延續到清代。在明代託名王世貞出版的《綱鑑會纂》，[61]由於深受士子青睞，書坊也「將錯就錯」，一再翻印這部學習歷史的經典之作。另外，據四庫館臣的考證，題名顧炎武（1613-1682）的《經世篇》的門類，「悉依場屋策目，每目一篇，附以諸家雜說，頗為穿陋。蓋應科舉者抄撮類書為之，而坊賈託名於炎武也。」[62]本文所討論的四書舉業用書中亦有一些偽作。像題名焦循（1763-1820）的《四書典故備覽》，《新集四書注解群書提要》認為「循學識淹博，似不致編此兔園冊子，疑是他人假託其名」[63]。

在一些學者看來，不少四書舉業用書終究是清代「鄉曲小儒」為「舉業而作」，往往是一些「無益於學問之道」的「俗書」，「所見大率空淺迂腐」[64]。像胡掄的《四書典制彙編》

---

[60] 詳參 Sim Chuin Peng, "A Study of the Deceiving Tricks Employed by the Civil Service Examination Aids Publishers in the Mid- and Late Ming Period", in Susan M. Allen, et al, *The History and Cultural Heritage of Chinese Calligraphy, Printing and Library Work* (Munich: De Gruyter Saur, 2010), pp. 215-225.

[61] 姜公韜，《王弇州的生平與著述》（臺北：國立臺灣大學文學院，1974），頁 74-80；孫衛國，《王世貞史學研究》（北京：人民文學出版社，2006），頁 284-285。

[62] 永瑢等撰，《四庫全書總目》，卷 139〈子部類書類存目三〉，頁 1177。

[63] 國立編譯館編，《新集四書注解群書提要》，頁 375。

[64] 中國科學院圖書館整理，《續修四庫全書總目提要·經部》，頁 956，959，993。

「援引經傳僅具崖略,未見精核。間有按語,亦無甚發明。又所引多不標原書,泛以舊說或曰等渾括之」[65]。王道然的《四書圖說》雖「悉尊朱《註》,詁義極為深切」,但它仍「不過為讀朱《註》及作時文者計其便。若云精研聖賢意蘊,則為之逮也」[66]。郝寧愚的《四書說》「蓋為舉業家作文而設,非治經之書也」[67]。王汝謙的《四書記悟》「題曰記悟,記其所自得也」。但卻遭倫明斥「義多陳腐,絕少新得」[68]。學者概歎:「自元祐復科舉後,以四書懸為功令,講章一派,從此而開。庸陋相仍,遂以朱子之書,專為時文而設,而經義於是遂荒」。這些講章給經學帶來的積弊,是「程朱編定四書」、「元延祐用四書義」,以至「明洪武定三場法」之時所始料不及的。[69]必須說明的是,舉業用書的編撰目的,不過是單純的「良便誦習」[70]。加上自明「以制義衡士」之後,「海內操觚學語者人人自命為宗匠」者,[71]都可編撰舉業用書。編撰群體的龐大,四書舉業用書中魚龍混雜,良莠不齊的情況也就無法避免了。

雖然不少舉業用書的學術價值並不高,但我們也不能一竹竿打翻全船人,鄙視它們為「俗書」。在這些舉業用書中也有不少

---

[65] 中國科學院圖書館整理,《續修四庫全書總目提要・經部》,頁957。
[66] 中國科學院圖書館整理,《續修四庫全書總目提要・經部》,頁961。
[67] 中國科學院圖書館整理,《續修四庫全書總目提要・經部》,頁962。
[68] 中國科學院圖書館整理,《續修四庫全書總目提要・經部》,頁991。
[69] 中國科學院圖書館整理,《續修四庫全書總目提要・經部》,頁963。
[70] 中國科學院圖書館整理,《續修四庫全書總目提要・經部》,頁1000。
[71] 張鳳翼,《句註山房集》(《四庫禁毀書叢刊》集部第70冊),卷14,頁251。

「足資參考」[72]的作品。其中有便利士子備考用途的,如李祖惠的《虹舟講義》「大抵涵泳《章句集註》之文,一字一句,推求語意。其體會頗費苦心,在時文家亦可云操觚之指南矣」。[73]又如張江的《四書辨疑》於「四子書中一名一物,已具備無遺。且搜采甚博,抉擇尚慎,亦參考者所不可廢焉」[74]。再如查體仁的《大學俗話》、《中庸俗話》「大旨以程朱為旨,即采他說,亦必不悖於程朱者,就經旨演成俗話,委曲暢達,於文理接續脈絡貫通之處,使讀者心目豁然」,甚便於講習。[75]

也有在便利備考之餘,於「剪裁之間,甚有斟酌,非僅治舉業者所必資」,於經術、實學或文藝的學習亦益處良多。在這些四書舉業用書中,不少「亦有深邃之思,足以發抒經旨者」[76],如鐘謙鈞序林文竹的《四書貫珠講義》稱:「林敘亭先生,博學無所不窺,而於四子書尤深。嘉慶七年進士,選庶吉士,出為江西縣令。數年歸,日以讀書課徒為事。主湖北龍泉。揚州廣陵書院,先後十餘年,啟迪不倦。嘗以四書講義不下百數十家,各有發明,然皆講義自講義,經文自經文,不善讀之,則如隔膜,乃摭取朱《註》及諸家講義與經文聯絡貫串之,見者無不快其解之

---

[72] 中國科學院圖書館整理,《續修四庫全書總目提要・經部》,頁 995。
[73] 永瑢等撰,《四庫全書總目》,卷 37〈經部四書類存目〉,頁 319。
[74] 中國科學院圖書館整理,《續修四庫全書總目提要・經部》,頁 956。
[75] 中國科學院圖書館整理,《續修四庫全書總目提要・經部》,頁 1000。
[76] 中國科學院圖書館整理,《續修四庫全書總目提要・經部》,頁 954,959。

捷而易為通也。」[77]此書每節錄朱《註》，列諸家要義於上方，並附各圖考於後。它「頗能發明朱《註》義蘊，讀之可收貫通分明之效」[78]。又如題名陳宏謀編輯的《四書考輯要》，《新集四書注解群書提要》云此書乃「宏謀令其長孫蘭森，將坊間陳仁錫、薛應旂兩家《四書人物備考》舊本，詳加參核，輯其要略，增以註釋，有疑異者申以按語」。「宏謀之輯此編，欲俾窮鄉初學，每讀四書一章，即從此考究一章之典制人物，觸類引申，漸得經史貫通。足見此書有資於舉業，然亦有助於實學，用意至善」[79]。再如董余峰、高其閎的《四書琳琅冰鑑》「分天文、時令、地理等五十四部，部下子目，總計逾千。一目一文，皆櫽括成詞，集句成篇，期於璧合珠聯，有得有言。子目之文，有明出處，並引述原文，欲學子非但記誦其詞，且貫通其意，綜觀其書，雖本為科舉而作，然於經術、文藝亦不無裨補」[80]。

　　面對著素質參差不齊的舉業用書，士子們在使用它們時就必須進行嚴格的篩選。對於那些能夠靜心學習、明辨是非的士子，舉業用書可以說是有益無害的。

---

[77] 林文竹輯，《四書貫珠講義》（光緒十二年夏同德堂校仿聚珍板），頁1。
[78] 國立編譯館編，《新集四書注解群書提要》，頁387。
[79] 國立編譯館編，《新集四書注解群書提要》，頁322；中國科學院圖書館整理，《續修四庫全書總目提要‧經部》，頁960。
[80] 國立編譯館編，《新集四書注解群書提要》，頁324。

三、結語

　　舉業用書幫助士子在最短的時間內掌握考試須知和答卷技巧，給士子構建起一座更快更易在舉子業取得成功的橋梁，使得原本艱辛的備考工作更加簡易，這也是士子爭相研習舉業用書的原因，這種情況也逐漸演變成士子的共同行為。舉業用書的大行其道致使不少士子對正經正史不置一顧，而將閱讀重心放置在鑽研坊間俯拾即是的舉業用書。為了端正士行與矯正學風，清世祖（愛新覺羅‧福臨，1638-1661）在順治九年（1652）嚴飭掌管鄉試的提調以及負責地方學校教育的各級教官督促生儒誦習官方認可的教科書如《四書大全》、《五經大全》、《性理大全》、《四書存疑》、《四書蒙引》等，希望藉此使得士子皆能「淹貫三場，通曉古今，適於世用」。明令「其有剽竊異端邪說，矜奇立異者，不得取錄。」[81]同時，清廷也積極地整理和刊刻了不少按照程朱理學家觀點詮釋的儒學著述，包括《日講四書解義》、《朱子全書》、《性禮精義》、《四書章句集註》、《五經四書讀本》等，並將這些官方讀本頒發兩京及直省所屬各學與書院，「以為士子觀覽學習之用」，並准許坊間書賈刷印鬻售，使「士子人人誦習，以廣教澤」，藉此端正士行與矯正文風，「以為國家造士育才」。[82]

　　事與願違，朝廷雖一再申誡，地方執行人員的怠職使得這些舉措收效甚微。像學政雖有察覆教官教學績效的職權，惜他們對

---

[81] 素爾訥等纂修，《欽定學政全書》，卷6〈厘正文體〉，頁26。
[82] 素爾訥等纂修，《欽定學政全書》，卷4〈頒發書籍〉，頁18-20。

教官的施教敦促不足,沒能激發教官的教學熱誠。清世宗(愛新覺羅・胤禛,1678-1735)覺察到當時「教官多屬中材,又或年齒衰邁、貪位竊祿,與士子為朋儕,識考課為故套,而學臣又但以衡文為事,任教官之因循怠惰,苟且塞責,漫不加察。」[83]既無教官施教,這麼一來,朝廷所頒佈的標準讀物,絕大多數都塵封於學校的藏書處了。求學無門,又得應付頻繁的考課,無奈之下只得尋求援助,以增加中舉機會。書坊主看準了這個商機,在與文人的密切配合下,編刊了多不勝數的四書舉業用書來滿足士子的備考需求,並通過了各種行之有效的途徑來宣傳推介這些圖書,使得它們鋪天蓋地的深入全國各地。

---

[83] 清乾隆五年敕編,《世宗憲皇帝聖訓》(《景印文淵閣四庫全書》第412冊),卷10,頁148。

附表

附表一：《新訂四書補註備旨》知見刊本
咸豐二年桐石山房刊本
咸豐十年三元堂書坊刊本
同治十年翰墨林記刊本
同治十年文益堂刊本
光緒三年光華堂刊本
光緒五年上洋紫文閣刊本
光緒五年成文堂刊本
光緒七年壽春棣萼堂刊本
光緒九年善成堂刊本
光緒十年刊本
光緒十二年三義堂刊本
光緒十二年上海點石齋石印本
光緒十四年經義山房刊本
光緒十五年京都來鹿堂刊本
光緒十八年江左書林刊本
光緒十九年上洋熙記書莊刊本
光緒二十一年有益堂刊本
光緒二十二年刊本
光緒二十二年燕臺文勝堂刊本
光緒二十四年上海文瑞樓刊本
光緒二十六年新化三味堂刊本
光緒三十年天津萃文魁刊本
光緒文奎堂鉛板印本
光緒文英堂石印本
光緒善成堂刊本
光緒誠文信記刊本
清掃葉山堂刊本
清會文堂刊本
清上海章福記書局石印本（書影三）
清末李光明刊本

附表二：《四書題鏡》知見刊本
乾隆九年刊本
乾隆十七年刊本
乾隆年間刊本（書影四）
嘉慶二十五年掃葉山堂刊本
道光十三年文會堂刊本
同治三年刊本
同治六年襌文堂刊本
光緒十四年上海點石齋石印本
光緒十九年鴻寶齋石印本
光緒二十一年上海寅文書局刊本
光緒袖海山房石印本
清世德堂刊本
清文錦堂刊本
清上海同文書局石印本

附表三：《四書味根錄》知見刊本	附表四：《四書古人典林》知見刊本
道光十六年刊重鐫本	乾隆十四年金間函三堂刊本
道光二十六年粲花吟館刊本	乾隆三十九年刊本
清文玉樓刊本	乾隆三十九年養正堂刊本
咸豐十年綠筠書舍刊本	乾隆汲經齋刊本
同治二年刊本	乾隆三十九年集道堂刊本
同治四年同文堂刊本	嘉慶十八年刊本
同治十三年三元堂刊本	道光七年同文堂刊本（書影五）
光緒三年宵善堂刊本	道光和安堂刊本
光緒六年實光閣刊本	咸豐四年刊本
光緒七年海陵書屋刊本	同治十二年一經堂刊本
光緒八年學海堂刊本	同治慈水鋤經閣刊本
光緒十一年掃葉山房刊本	光緒二年海陵書屋刊本
光緒十四年上海鴻文書局石印本	光緒十年石印本
光緒二十一年上海寶文書局石印本	光緒十四年石印本
光緒二十一年問竹山房刊本	清小酉山房刊本
光緒上海鴻寶齋石印本	清崇德書院刊本
光緒上海點石齋石印本	
光緒褘文堂刊本	
光緒袖海山房石印本	

附表五：《四書典制類聯音註》知見刊本	附表六：《四書人物類典串珠》知見刊本
乾隆五十九年刊本	嘉慶四年東昌聚奎堂刊本（書影七）
嘉慶元年蕭山縣署刊本	嘉慶六年致和堂刊本
嘉慶元年善成堂刊本（見書影六）	嘉慶元聚堂刊本
同治七年維經堂刊本	嘉慶十四年刊本
光緒二年兒山草堂刊本	咸豐十年三元堂刊本
清書業堂刊本	咸豐十一年同文堂刊本
光緒十年上洋掃葉山房刊本	同治十二年刊本
光緒十年上海點石齋刊本	光緒六年墨潤堂刊本
光緒十三年上海鴻文書局影印	光緒七年刊本
	光緒十年掃葉山房刊本
	光緒十二年點石齋石印本
	光緒三十一年文新書局刊本
	清上海錦章書局鉛印本

書影

書影一：上海錦章圖書局石印《加批四書味根錄》

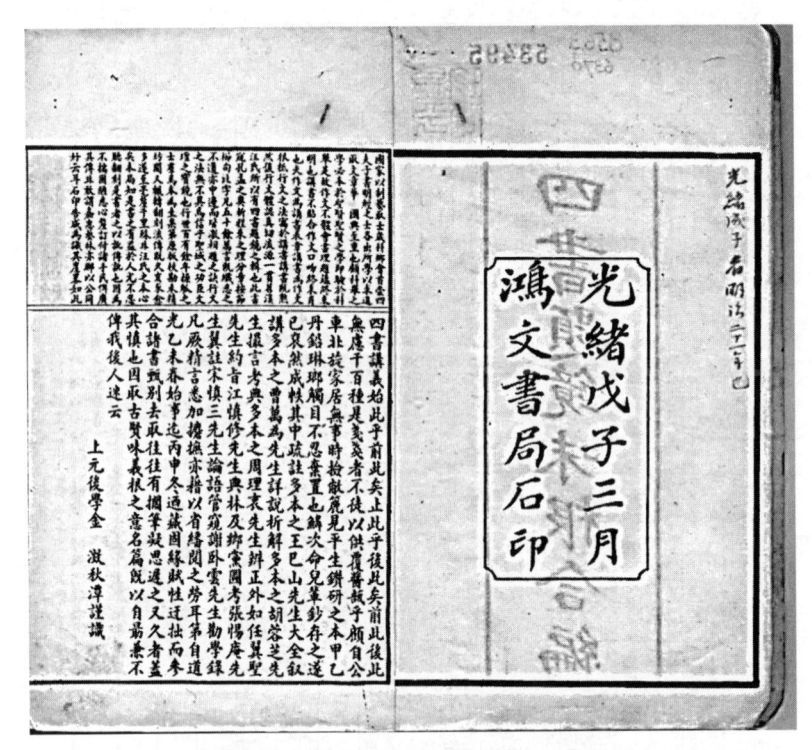

書影二:光緒戊子(十四年,1888)
鴻文書局石印本《四書題鏡味根合編》

書影三：上海章福記書局石印《新訂四書補註備旨》

四書述

大學

大學章

此述聖經以垂訓。須提起大學二字為一章之主。看定綱領條目以修身為本二句貫串全題。提束分明。逐節不漏。此正格也。從顧麟士分四五節詳言條目而重本意已寓。故末二節結言之。以示人知要。大學之道亦正格也。前二節平敘明新知得。而先後已寫。故第三節結言。以示人知要。大學之道字對第四節古之二字首節三在字。對第四節六先字。一在字第二節五而后字。對第五節七而后字。以末二節對物有節。至從綱領中標出明德之事。兩本字中標出修身為本修。身結本末帶後始結本末帶厚薄文理四柝八整兩對當不易舊說專重明德理雖可通但語氣多不合

會講諸子孫 壻張 昂立庭
珠山金德瑛此止 男 皓松
受業門人訂 姪 諧孫芭豐
齡大年 仝校

書影四：乾隆年間刊《四書題鏡》

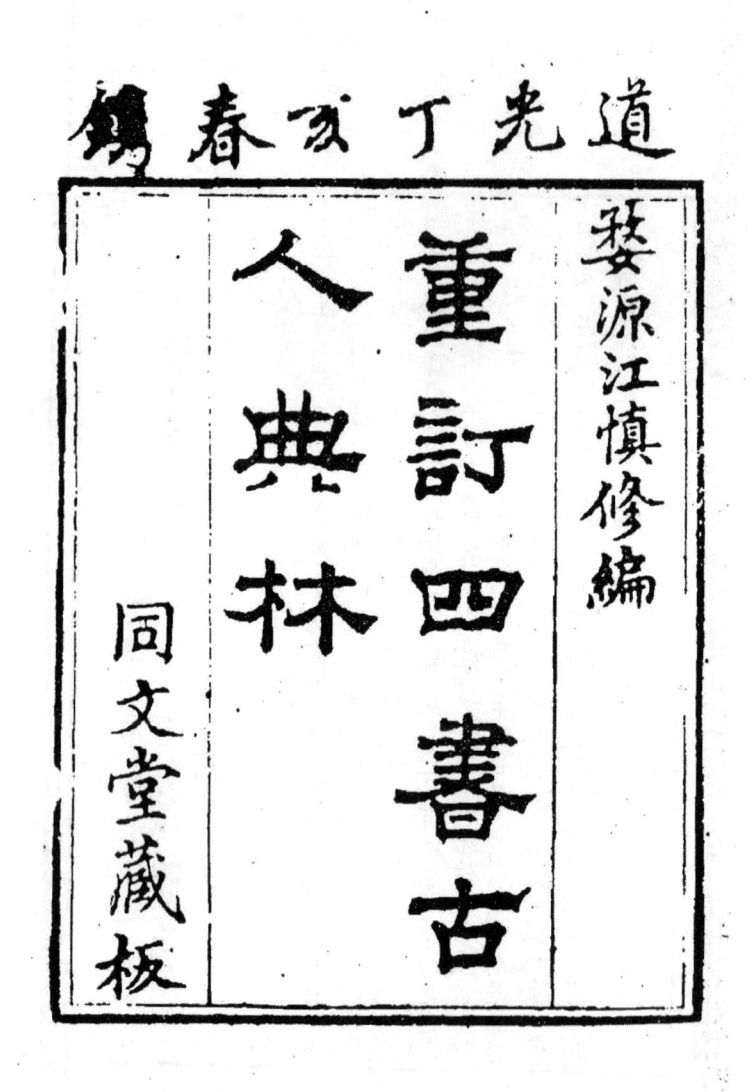

書影五：道光丁亥（七年，1827）同文堂刊《重訂四書古人典林》
摘錄自海南出版社《故宮珍本叢刊》第 62 冊

書影六：清嘉慶元年（1796）善成堂刊《四書典制類聯音註》

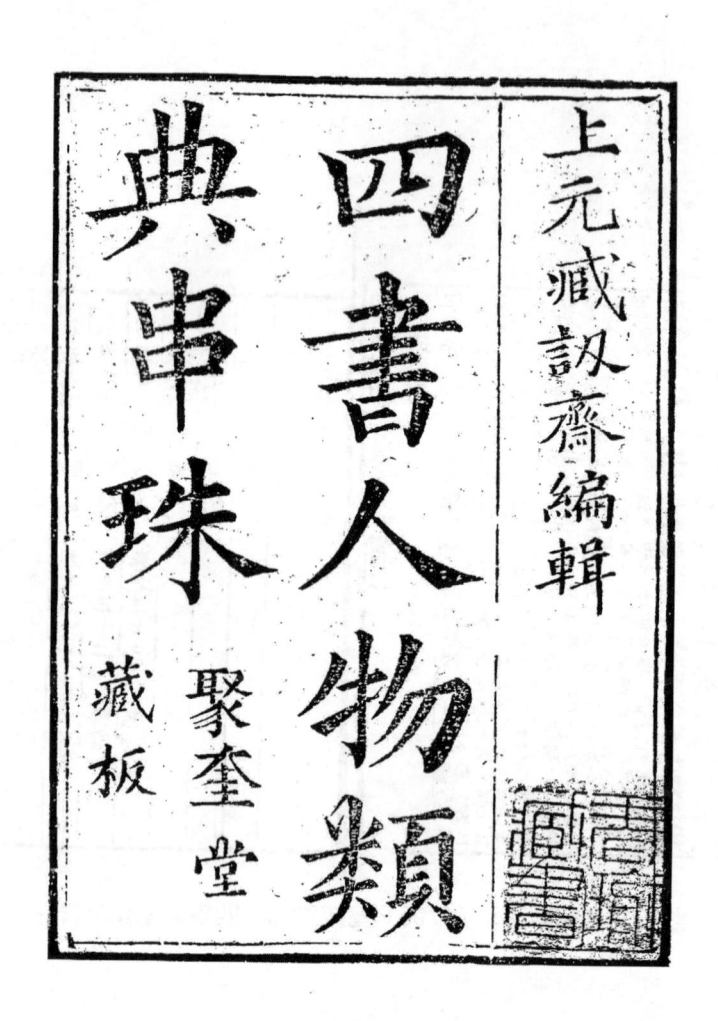

書影七：嘉慶四年（1799）東昌聚奎堂刊本《四書人物類典串珠》
摘錄自廈門大學出版社《中國稀見史料‧第一輯》第 23 冊

柒、晚清石印舉業用書的生產與流通：以 1880-1905 年的上海民營石印書局爲中心的考察

　　清代科舉考試，上承明制。[1]在艱辛的出版環境下，坊刻舉業用書的出版在經歷了清初的低潮後，逐漸呈上揚趨勢，其出版種類與明代如出一轍，並在道光年間出現「如山如海」的繁盛局面。[2]

　　隨著西學東漸，西方印刷術像石印和鉛印輸入中國。[3]石印術在出書速度、製作成本、印刷效果等具有木刻和鉛印所無可比

1　清史稿校註編纂小組編纂，《清史稿校註》（臺北：國史館，1986），卷 115〈選舉三〉，頁 3171-72。關於清朝科舉考試制度的承傳關係與發展情況，可參閱王德昭，《清代科舉制度研究》，頁 17-53。
2　龔自珍，《龔自珍全集》，〈與人箋〉，頁 344。
3　Cynthia Brokaw, "Commercial Woodblock Publishing in the Qing (1644-1911) and the Transition to Modern Print Technology", in Cynthia Brokaw and Christopher A. Reed ed., *From Woodblock to the Internet: Chinese Publishing and Print Culture in Transition, circa 1800 to 2008* (Leiden; Boston: Brill, 2010), p. 44.

擬的優勢，[4]加上最早採用石印術的點石齋業務蒸蒸日上，使得它成為晚清慣用的印刷術。不少石印書局都印行舉業用書，在科舉考試施行期間大獲其利，但在清廷下詔廢除科舉後紛紛停業或改業。

石印業的風行雖僅曇花一現，但在這短短的二十多年的時間裏，經歷了科舉舊制、改制乃至廢止的進程。面對這瞬息萬變、困難重重的時代，那些將業務重心放在舉業用書出版的書局，援引石印術的長處，不可勝數的出版了順應考試內容遞變的舉業用書，並通過有效的營銷方式與完善的銷售網絡，使得這類書籍鋪天蓋地地流通傳佈到全國各地。

晚清石印舉業用書可深究的問題相當多，限於篇幅，本文將焦點限定在民營石印書坊的發源地上海，考察自 1880 年至 1905 年這二十多年間民營書坊的石印舉業用書的崛起與發展、種類與變化，以及營銷與流通。[5] 1880 年（光緒六年）是石印書局出版首部舉業用參考書《康熙字典》的年份，故以此為考察起點；1905 年（光緒三十一年）是清廷下詔廢止科舉制度的時間，故以此為考察終點。

---

[4] Christopher A. Reed, *Gutenberg in Shanghai: Chinese Print Capitalism, 1876-1937* (Vancouver, B.C.: University of British Columbia Press, 2004), p. 98.

[5] 本文所用材料，大體以民營書局的營業書目、《申報》刊登的新書啟事和告白為基礎，再補充以清代科舉與出版的相關史料，舉凡官書、正史、奏疏、地方誌、野史、文集、筆記、小說、回憶錄，並融匯多年來大陸、香港、臺灣及西方前輩學者在社會史、經濟史、教育史和出版史，尤其是清代部分所取得的成果。

一、石印舉業用書的興起與發展

民營出版社出現以前，書籍出版主要仰賴舊式書坊採用雕版印刷術來進行。隨著西學東漸，西方印刷術傳入中國，舊式書坊雖繼續刻書，但在圖書事業的作用已大幅下降。[6] 1872 年 4 月，英商美查（Ernest Major，1841-1908）與友人合資創辦《申報》。[7]除出版報紙，申報館也承印圖書。它最早出版的即是遭受不少朝野有識之士圍剿，卻又深受專考生推崇的舉業用書。

舉業用書問世以來，朝野人士為之側目。為矯正這類書籍所帶來的不良影響，宋、明，以及清初一度加以查禁，於「刊書之處，遍為飭禁等語」[8]。但所頒布的禁令，往往影響一時，無法維持長久，成效有限，發展到雍、乾交際年間甚至出現「時文選本，汗牛充棟」的盛況。[9]龔自珍（1792-1841）曾用「如山如海」來形容他所目睹的道光年間舉業用書的出版盛況。[10]民國初年詩人劉禺生（1873-1952）發現，從咸豐以至光緒中葉崇尚實

---

[6] Christopher A. Reed, *Gutenberg in Shanghai: Chinese Print Capitalism, 1876-1937*, p. 98.
[7] 關於《申報》的創辦、發展與影響，可參閱《申報》，25000 號，〈本報原始〉，1947 年 9 月 20 日，17 版；徐載平、徐瑞芳，《清末四十年申報史料》（北京：新華出版社，1988），頁 2-3。
[8] 杜受田等修纂，《欽定科場條例》，卷 34〈禁止刊賣刪經時務策〉，頁 2670。
[9] 永瑢等撰，《四庫全書總目》，卷 190〈集部・總集類五〉，頁 1729。
[10] 龔自珍，《龔自珍全集》，〈與人箋〉，頁 344。

學的氛圍中，仍存在「人崇墨卷，士不讀書」的劣風。[11]凡此種種，不僅說明坊刻舉業用書刊行之盛，流通之廣，「山僻小鎮」皆有這類讀物的蹤跡，[12]也說明在厚利之下，儘管「刊書之處」「遍為飭禁等語」，還是有書坊主視若不見，甘冒懲處的危險刊行舉業用書。

舊式書坊出版舉業用書的成功經驗，讓申報館意識到商機，於是在光緒三年（1877）六月採用鉛活字推出一部收錄「近時新出」制藝文的《文苑菁華》，從中獲得豐厚的收益。[13]申報館覺察到鉛印的印刷效果不盡理想，故「在泰西購得新式石印機器一付，照印各式書畫」，不僅「皆能與原本不爽錙銖，且神采更覺煥發。至照成縮本，尤極精工」，且「行列井然，不費目力」。[14]這部機器來到申報館後，美查便成立了點石齋書畫室，成為近代中國最早採用石印術進行商業性出版的企業。[15]申報館出版書籍，「出發點還是為了發展營業，目的不外就是謀利盈利」。[16]

---

[11] 劉禺生：《世載堂雜憶》（北京：中華書局，1960），〈清代之教學〉，頁3，13。

[12] 清實錄館修纂，中國第一歷史檔案館等整理，《清實錄》（北京：中華書局，1986），乾隆五十八年七月戊午，頁163。

[13] 魯道夫・瓦格納（Rudolf G. Wagner），〈申報館早期的書籍出版（1872-1875）〉，收錄於陳平原、王德威、商偉編，《晚明與晚清：歷史傳承與文化創新》（武漢：湖北教育出版社，2002），頁169-171。

[14] 《申報》，2170號，1879年5月18日，1版。

[15] 姚公鶴，《上海閒話》（上海：上海古籍出版社，1989），頁12。

[16] 王建輝，〈申報館：報業之外的圖書出版〉，王建輝，《出版與近代文明》（開封：河南大學出版社，2006），頁118。

申報館和點石齋分別承擔印刷鉛印書和石印書的任務。[17]

以往刻一副版，賣多少刷多少。好賣的書不僅可早些收回本錢和盈利，又可根據市場需要在進行刷印至版片不堪再用為止，[18]若眼光獨到的話都不至於蝕本。但石印就不同了，印少了成本高，利潤低；印多了賣不完，可能血本無歸。這兩者促使石印書店必須在選題上謹慎將事。出版者確立選題的因素是多方面的：對時代趨向的探測，對目標讀者的定位，對市場需求的估計等。明末清初名士顧炎武（1613-1682）曾粗略統計文生員的數字，指出：「合天下之生員，縣以三百計，不下五十萬人。」[19]據張仲禮統計，太平天國前的文生員總數約五十三萬，與顧炎武的估算頗為接近，太平天國後增加百分二十一，約六十四萬。[20]這數目上逾六十萬的生員是舉業用書的基本讀者，從這裏可窺探到舉業用書的龐大市場。考試是改變一個人命運地位的重要途徑，當時熱衷於功名的人「忙於奔走鑽營，博取富貴。一般學子，則從事試帖制藝，迷戀於科舉一途。」[21]如何脫穎而出，如何應試才能中第，是士子心中最重要的問題，故而當時考生「平日所孜孜

---

[17] 〈點石齋申昌書室廣告五件〉，收錄於宋原放主編，《中國出版史料‧近代部分》（武漢：湖北教育出版社，2004），第 3 卷，頁 207。

[18] 據繆詠禾的調查，一般上一副版片可印二三千次，之後筆畫就會模糊不清，不堪再用了。詳參繆詠禾，《明代出版史稿》（南京：江蘇人民出版社，2000），頁 307-08。

[19] 顧炎武，《顧亭林詩文集》（北京：中華書局，1983），卷 1〈生員論〉上，頁 21。

[20] 張仲禮著，李榮昌譯，《中國紳士——關於其在 19 世紀中國社會中作用的研究》（上海：上海社會科學院出版社，1991），頁 150-51。

[21] 〈本報原始〉，《申報》，25000 號，1947 年 9 月 20 日，17 版。

以求之者，不過三場程式、八股聲調、歷科試卷、高頭講章，以是為利祿之資，功名之券」[22]。值得注意的是，貧寒家庭為了子弟與富裕家庭子弟在科舉上的距離，也不惜花費讓子弟購買舉業用書以備考。像出身湖北鄉村貧困家庭的朱峙三（1886-1967），父親以行醫維持全家生計，家中負債累累。七歲入私塾後，朱峙三立志博取功名以擺脫貧困。當他聽聞黃州有考市，「武漢各大書店俱來黃州租屋趕考」，舉業用書的種類勢必齊備，機會難逢，立即與父親商量坐渡到黃州考市購買《時務通考》、《綱鑑》、《康熙字典》等書。家計雖然入不敷出，但為了兒子的前程，父親立即答應朱峙三的要求。[23]這裏反映舉業用書的市場需求之大，故而出版這類圖書勢必能給民營書局帶來豐厚利潤，是當時民營書局力爭出版的陣地。晚清石印書店以射利為目的，在將以上的因素納入考量的同時，結合石印書的特點，乃將其中的一個選題確定在舉業用書上。

石印術是由傳教士帶進中國的。他們以傳播基督教為目的，其印刷品也以佈道小冊子為多。由於經費有限，他們想方設法降低印刷品的成本，曾就此進行了調查。他們曾以印刷兩千本中文《聖經》為基礎，估算了雕版、石印、活字印刷的成本，分別為1,900 英鎊、1,261 英鎊和 1,498 英鎊，得出石印最為便宜經濟的

---

[22] 〈延師說〉，《申報》，6086 號，1890 年 4 月 2 日，1 版。

[23] 朱峙三著，章開沅選輯，〈朱峙三日記（連載第二）〉，光緒二十九年閏五月初十日，中南地區辛亥革命史研究會、武昌辛亥革命研究中心編，《辛亥革命史叢刊》第 11 輯（武漢：湖北人民出版社，2002），頁 298。

結論。[24]據點石齋推算，石印兩百本不算裝訂錢，只須三十七元五角，[25]故石印一本書的成本僅一角八分多，即使算上裝訂費，石印書的成本也相當低，書價也因而較木版書低廉。「以《康熙字典》售價為例：石印各種版本不同，自一元六角至三元。木版大字的售價至十五元」。[26]一部木版書為同書石印本價格的二至五倍，因而石印書更易受到讀者歡迎。[27]而讓「點石齋石印第一獲利之書」的即是《康熙字典》。它「第一批印四萬部，不數月售罄。第二批印六萬部，適某科舉子北上會試，道出滬上，每名率購備五六部，以作自用及贈友之需，故又不數月而罄。」[28]

此外，傳教士也發現：在不影響效果的情況下，石印可按需要印製出各種大小的書籍。[29]點石齋在其刊登的啟事中突出了石印書的這個優點：「本齋用石印照相法所印各書，不特字樣縮小，以便行篋攜帶，並務求點畫分明，俾閱者不費目力，此固久為海內文人所賞鑑，無待贅者。」[30]說明石印本具有小而便攜、

---

[24] Typograhus Sinensis, "Estimate of the proportionate expense of Xylography, Lithography, and Typography, as applied to Chinese printing; view of the advantages and disadvantages", *Chinese Repository*, vol. 3 (Oct., 1834), pp. 246-48.

[25] 《申報》，2490號，1880年4月8日，1版。

[26] "Photo-lithographic Printing in Shanghai", *North China Herald*, issue 1138, May 25, 1889, p. 633.

[27] Christopher A. Reed, *Gutenberg in Shanghai: Chinese Print Capitalism, 1876-1937*, pp. 101-102.

[28] 姚公鶴，《上海閒話》，頁12。

[29] Typograhus Sinensis, "Estimate of the proportionate expense of Xylography, Lithography, and Typography", p. 249.

[30] 《申報》，3558號，1883年3月12日，1版。

點畫分明的優點,以致「石印縮本書籍」,「每一書出,購者爭先恐後」。[31]

　　另外,小的石印冊子可在短時間內印成,約僅需雕版時間十分之一,非常省時。[32]申報館在其「招印時文」的啟事中宣稱石印「百頁之書」,約需「五日當可完工」。[33]黃協塤(1851-1924)曾言石印「千百萬頁之書不難竟日而就」。[34]乍看之下,似言過其實。不過,黃氏曾擔任《申報》總主筆八年,應當目睹過點石齋處理石印的過程,才有這樣的說法。同文書局備有石印機十二部,雇員五百人。以每部石印機每小時印刷幾百張計算,日夜不休,每日至少印刷數萬張不足為奇。舉業用書講究時機、注重時效,尤其像非常容易印製而又暢銷的本科鄉、會試闈墨,若石印書局將時機掌握得恰到好處,就能在眾多競爭對手中脫穎而出,搶佔市場先機,爭取到豐厚利潤。

　　韓琦、王揚宗指出:「起初,石印本多為士子學習應試的參考書。如《康熙字典》、《策學備纂》、《事類統編》、《佩文韻府》、《詩句解題總彙》之類。石印本印刷快捷,能印製十分清晰的袖珍小本,極便攜帶,故深受士子歡迎。這類書因需要量極大而印數很多,一些石印書局因此獲利甚巨。」[35]販賣石印書

---

[31] 《申報》,3655號,1883年6月17日,1版。

[32] Typograhus Sinensis, "Estimate of the proportionate expense of Xylography, Lithography, and Typography", p. 249.

[33] 《申報》,1234號,1876年5月5日,1版。

[34] 黃協塤,《淞南夢影錄》(《中國稀見地方史料集成》第18冊,北京:學苑出版社,2010),卷2,頁365。

[35] 韓琦、王揚宗,〈石印術的傳入與興衰〉,收錄於宋原放主編,《中國出版史料・近代部分》,第3卷,頁400。

的書商也獲利不少。《二十年目睹之怪現狀》描繪得罪上司而辭官的王伯述「改行販書」,「從上海買了石印書,販到京裏去,倒換些京板書出來,又換了石印的去。如此換上幾回,居然可以賺個對本利呢」。[36]當時報章報道:「大部分(石)印的書字體都很小,奇怪的是居然有那麼多的人喜歡買這樣小的書。」其中「購買石印本的人大半是趕考的舉子,年輕,目力好,他們不要寬邊大字,而喜歡旅行時便於攜帶的小本。舉子們需要趕路,又喜歡帶書。」[37]出版石印本的成本低,允許石印局以較木刻書更為低廉的價格將圖書售賣給士子,是石印本深受士子,特別是貧寒士子青睞的關鍵。只是這些石印縮本雖「極為精巧簡便」,「惟嫌字跡過於細小,殊耗精神,蓋久視則眼花,若用顯微鏡,又易於頭眩,則難經久,為經書家所不取,是亦美中不足耳!」[38]。(見圖一)

這些翻開後面積僅有手掌般大小的微型舉業用書,除便於攜帶外,亦可供考生挾帶作弊。清政府為遏制這股惡風,頒佈了一整套嚴密的措施。[39]然而,不論搜檢制度如何嚴格,也不論對違禁者懲處如何嚴厲,都不曾阻止挾帶作弊。相反,入闈挾帶之風

---

[36] 吳趼人,《二十年目睹之怪現狀》,第二十二卷〈論狂士撩起憂國心 接電信再驚遊子魂〉(臺北:廣雅出版社,1984),頁181。

[37] "Photo-lithographic Printing in Shanghai", *North China Herald*, issue 1138, May 25, 1889, p. 633.

[38] 蔡琳舊主編,《新輯上海彝場景緻記》(《中國稀見地方史料集成》第18冊),卷2,〈石印書籍〉,頁245。

[39] 詳參杜受田等修纂,《欽定科場條例》,卷29〈關防・搜檢士子〉,頁2633-2634。

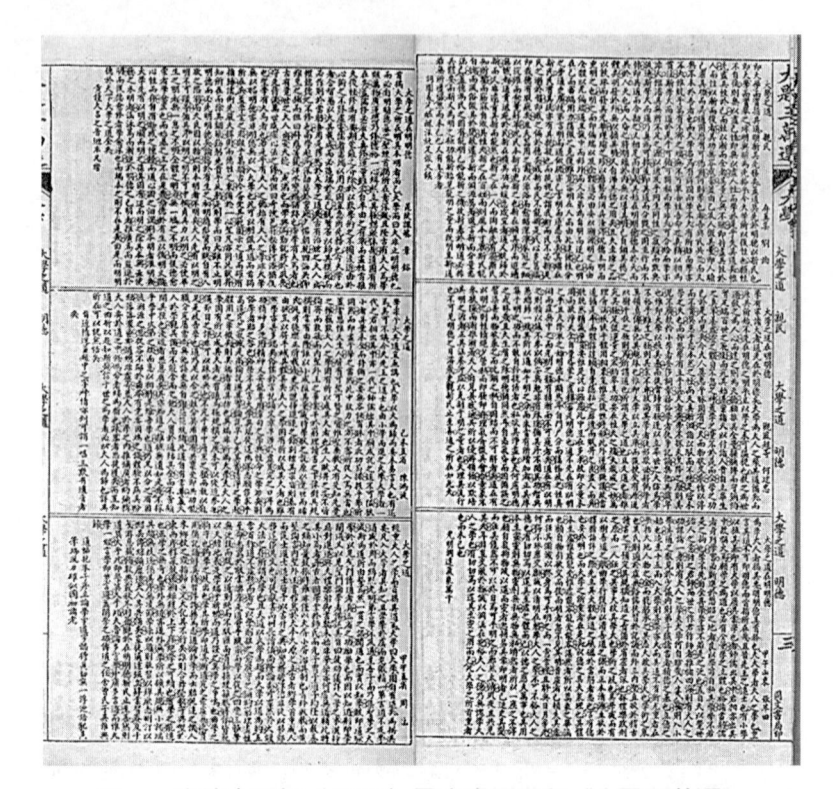

圖一：光緒十四年（1888）同文書局石印《大題三萬選》

日盛一日，手段也越來越巧妙。[40]《清稗類鈔》有以下一段文字記述當時挾帶作弊情形：

> 考試功令，不許夾帶片紙隻字，大小一切考試皆然。……道、咸前，大小科場搜檢至嚴，有至解衣脫履者。同治以

---

[40] 李國榮，〈清代科場夾帶作弊的防範措施〉，《中國考試》2004.7（2004.7），頁36。

後,禁網漸寬,搜檢者不甚深究,於是詐偽百出。入場者,輒以石印小書濟之,或寫蠅頭書,私藏於果餅及衣帶中,並以所攜考籃酒鼈與研之屬,皆為夾底而藏之,甚至有帽頂兩層韈底雙屜者。更有賄囑皂隸,冀免搜檢。至光緒壬午科,應京兆者至萬六千人,士子咸熙攘而來,但聞番役高唱搜過而已。至壬辰會試後,搜檢之例雖未廢,乃並此聲而無之矣。[41]

考生利用科場搜檢鬆弛的漏洞,挾帶石印書或蠅頭書進入試場,其手段可謂極盡刁鑽之能事。愈到後來,科場搜檢形同虛設,「由吏役高呼一聲搜過,掩耳盜鈴」,「後則此聲亦寂無聞,任士子之隨意挾書矣」。[42]考生肆無忌憚地將作弊工具像袖珍石印本帶入考場。在一定的程度上,石印書小而便攜的優點也助長縱容了挾帶作弊之風。

點石齋初創時,主要業務為翻刻楹聯、碑帖及名畫等傳統書畫作品,[43]在光緒五年(1879)初石印《鴻雪因緣圖記》大賣後,才真正走向了石印書籍出版的道路,並在光緒六年三月出版《康熙字典》而獲利甚巨,促使點石齋將重心投入在舉業用書的出版上。在二十多年的時間裏,點石齋生產了逾七十種舉業用書

---

[41] 徐珂,《清稗類鈔》(北京:中華書局,1984),〈搜檢〉,頁 586-87。
[42] 商衍鎏著,商志譚校註,《清代科舉考試述錄及有關著作》,頁 70。
[43] 參見點石齋在光緒四年(1878)十二月八日《申報》登載〈楹聯出售〉、光緒五年(1879)九月二日所載〈續印楹聯立軸出售〉、十月十三日所在〈新印名畫出售〉等啟事。

來滿足士子的備考需求,掀起了一股石印的熱潮,石印書局如雨後春筍般紛紛創設。黃協塤《淞南夢影錄》指出:「英人所設點石齋,獨擅其利者已四五年矣。近則甯人之拜石山房,粵人之同文書局,與之鼎足而三。甚矣利之所在,人爭趨之也!」[44]

除點石齋、同文書局、拜石山房外,蜚英館、鴻文書局、積山書局及鴻寶齋石印書局等亦具影響力。這些書局「所印各書,無不勾心鬥角,各炫所長。大都字跡雖細若蠶絲,無不明同犀理。其裝潢之古雅,校對之精良,更不待言,誠書城之奇觀,文林之盛事也」。[45]當時報章報導:「上海石印業很發達,其所印中國書以百萬計。這種情形對原有的印書業打擊很大。」[46]光緒年間,上海一地的石印書局至少有一百一十六家,[47]主要聚集在四馬路棋盤街。[48]此時上海的出版業的昌盛,甚至凌駕北京之上,成為近代出版業的重心。[49]據包天笑的了解,上海印刷所

---

[44] 黃協塤,《淞南夢影錄》,卷2,頁365。
[45] 委宛書備稿,〈秘探石室〉,《申報》,4956號,1887年2月5日,4版。
[46] *North China Herald*, issue 1122, January 30, 1889, p. 114.
[47] 吳永貴,《民國出版史》(福州:福建人民出版社,2011),頁90。若包括採用其他印刷技術刊印圖書的書局,以及外地、外國書局在上海所設分店,當時在上海知見的書局超過400多家。參閱張仲民,〈晚清上海書局名錄〉,收錄於張仲民,《出版與文化政治:晚清的衛生書籍研究》(上海:上海書店出版社,2009),頁321-324。
[48] 藜牀臥讀生輯,《繪圖上海雜誌》(《中國稀見地方史料集成》第17冊),卷6〈上海各業聚處〉,頁70。
[49] 吳永貴在《民國出版史》中通過七組數據來論證上海在晚清已發展成為中國出版的中心(頁86-91)。Reed在探討了1876至1905年間上海的石印業發展後,得出這時期為上海石印印刷商和出版商的黃金年代

柒、晚清石印舉業用書的生產與流通：
以 1880-1905 年的上海民營石印書局為中心的考察

「有鉛印，有石印，那些開書坊店的老闆（以紹興人居多數），雖然文學知識有限，而長袖善舞，看風使帆」。「他們的大宗生意，就是出了書，銷行內地到各處去」。[50]除上海外，北京、天津、廣州、杭州、武昌、蘇州、寧波等地也趕搭這股石印熱潮，在十九世紀末、二十世紀初紛紛開設了石印書局。[51]此時石印術的運用達到了頂點，一度還令印刷紙張供不應求。[52]

這些石印書局除刊印古籍、小說、詩詞外，也大量出版舉業用書，如同文書局光緒十一年（1885）的石印書目收錄圖書六十種，其中如《各省課藝彙海》之類的舉業用書計三十二種，佔總量一半以上。蜚英館除印古籍名著、各種秘笈如《正續資治通鑑》、《三希堂法帖》、《段氏說文》外，也利用石印可放大縮小的技術，印製適應考生攜帶方便的「場屋用之挾帶書，所謂巾箱本之兔園冊子」，深受考生的歡迎。[53]從光緒初年到科舉廢除之間，掃葉山房採用石印術翻印同光間本坊的刻本外，也繼承了同光間刊刻書籍的特點，「印行適於科舉考試的書籍最多。所印 103 種石印書籍中，諸如《四書院課藝》、《紫陽課藝》、《清朝文錄》、《直省鄉墨》之類的書籍共 55 種，佔總量的一半之

　　（the golden age of Shanghai's lithographic printer-publishers）的結論。見 Christopher A. Reed, *Gutenberg in Shanghai: Chinese Print Capitalism, 1876-1937*, pp. 88-127.
50　包天笑，《釧影樓回憶錄》（香港：大華出版社，1971），〈求友時代〉，頁 148。
51　韓琦、王揚宗，〈石印術的傳入與興衰〉，頁 399。
52　蔡盛琦，〈清末點石齋石印書局的興衰〉，《國史館學術集刊》1（2001.12），頁 27。
53　〈藝林勝事〉，《申報》，4955 號，1887 年 2 月 4 日，3 版。

上」。[54]一些書局像鴻文書局,甚至專印舉業用書,如《五經彙解》、《大題文府》等類,不下數百種,便利當時士子獵取功名。在科舉改制前「曾風行一時,儒生幾乎人手一編」。[55]

二、石印舉業用書的種類與演變

晚清石印業的風行時間並不長,卻見證了科舉制度的轉變進程。在這紛繁複雜、變化莫測的時代,石印書局順應考試內容更迭,編刊了林林總總的舉業用書來滿足考生的備考需要。下文將這一歷史時期的舉業用書的演進過程劃分兩個階段進行論述。

(一) 科舉舊制下的舉業用書的種類

清初鄉、會試的考試內容與明代相同,順治初年規定:鄉、會試「首場四書三題、五經各四題,士子各占一經」,「二場論一道,判五道,詔、誥、表內科一道,三場經史時務策五道」。「鄉、會試首場試八股文」。對八股文的寫作內容有嚴格的規定,要求以程朱理學為標準。[56]此後,鄉、會試的考試內容多所調整,乾隆五十八年(1793)規定考試內容為:初場為四書文三篇、五言八韻詩一首;二場,五經文各一篇;三場,策問五道。

---

[54] 楊麗瑩,《掃葉山房史研究》(上海:復旦大學中國古典文獻學博士論文,2005),頁 16,81。

[55] 秋翁,〈六十年前上海出版界怪現象〉,收錄於宋原放主編,《中國出版史料‧近代部分》,第 3 卷,頁 267-268。

[56] 清史稿校註編纂小組編纂,《清史稿校註》,卷 115〈選舉三〉,頁 3171-3172。

這個規定一直維持到戊戌變法以前。以射利為目標的民營石印書局崛起後,配合考試內容與形式的規定和變動,以及考試著重的項目,生產了林林總總迎合考生備考需要的舉業用書。主要的幾類舉業用書包括:

(一)闈墨。闈墨是幫助士子掌握考官好尚和時文風向的最佳途徑。商衍鎏指出:「八股謂之時文,亦以時過則遷,違時之舊文已去,合時之新文代興。」[57]八股文風尚的微妙變化,就需要「揣摩」。《儒林外史》中的高翰林就深諳其中奧妙,說:「老先生(指萬中書),『揣摩』二字,就是這舉業的金針了。小弟鄉試的那三篇拙作,沒有一句話是杜撰,字字都是有來歷的,所以才得僥倖。若是不知道揣摩,就是聖人也是不中的。」[58]而跟風趨時,剛出爐的鄉、會試三場闈墨在這方面就起著嚮導的作用。從咸豐以至光緒中葉年,一些士子對闈墨趨之若鶩,出現「人崇墨卷,士不讀書」的劣風。清末小說《九尾龜》中的人物王伯深在「沒有中舉人的時候」,就曾「抱著一部直省闈墨,拼命揣摩」。[59]朱峙三在日記中記錄他在光緒末年習舉業時所參考研習的圖書,除《康熙字典》、《綱鑑》、《應試必讀》、《四書義》、《時務通考》等外,也曾專心致志地鑽研坊間所購的各省闈墨。他讀畢壬寅和癸卯的闈墨後自嘲地說:「壬卯兩種

---

[57] 商衍鎏著,商志潭校註,《清代科舉考試述錄及有關著作》,頁257。
[58] 吳敬梓,《儒林外史》(北京:人民文學出版社,1977),第四十九回〈翰林高談龍虎榜,中書冒占鳳凰池〉,頁563-564。
[59] 張春帆,《九尾龜》(《古本禁燬小說文庫》,北京:中國戲劇出版社,2000),第六十四回〈章秋谷有心試名妓 王太史臨老入花叢〉,頁259。

墨卷,予讀之甚熟,自笑弋取科名者技止此而,故於古文少研究。」[60]各書局自然不會忽視擁有龐大的市場,往往在「鄉會試之年揭曉後,必趕印闈墨出售以饗諸君子先覩為快之心。」[61]點石齋成立後,也出版這類暢銷讀物,計有《乙酉科十八省闈墨》、《丙戌科會墨》、《國朝元魁墨萃》、《傳選戊子直省鄉墨》等。從江左書林的書籍發兌目錄,可知在當時坊間流通的這類讀物尚有《新選五科墨》、《鄉墨鴻裁》、《鄉墨金聲》、《鄉墨僅見》、《七科墨選》、《二科墨腴》、《直省墨卷奪標》、《直省墨鯖集》等名目令人眼花繚亂的闈墨文集。[62]

(二)四書五經類。明代科考偏重首場,[63]截至清末科舉「雖分三場,而只重首場」的現象依然普遍。[64]首場從四書五經中出題,故自明代以來,書坊編刊了多不勝數闡發四書五經意旨的講章,以及闡釋四書五經人物事物的參考書。舊式書坊刊印了明清文人編撰的這類圖書,其數極多。民營石印書局承續舊式書坊的作業方式,也編刊翻印了不少這類圖書。就發揮四書意旨的講章來說,以汪鯉翔的《四書題鏡》和金澂的《四書味根錄》最

---

[60] 朱峙三著,章開沅選輯,〈朱峙三日記(連載第二)〉,清光緒二十九年癸卯日記,頁285。
[61] 《申報》,5959號,1889年11月19日,1版。
[62] 江左書林編,《江左書林書籍發兌》(《中國近代古籍出版發行史料叢刊》,北京:北京圖書館出版社,2003),頁588-593。
[63] 永瑢等撰,《四庫全書總目》,卷37〈經部‧四書類存目〉,頁310。
[64] 闕名,〈變通文武考試舊章說〉,收錄於高時良編,《中國近代教育史資料彙編》(上海:上海教育出版社,1992),頁616。關於明清科考重首場考試的論述,可參閱侯美珍,〈明清科舉取士「重首場」現象的探討〉,《臺大中文學報》23(2005.12),頁323-368。

受士子推崇。後來有文人將它們合併成《四書題鏡味根錄》,交託鴻文書局出版。此外,還有闡釋四書五經人物事物的參考書,它們的目的是要「使學者開拓其心胸,新鮮其耳目,廣闊其見聞,庶幾撰文者胸有成竹,左宜右有,詞源汩汩,而免空虛搶漏之患也」。[65]這類書籍大多以類書形式編纂而成,其中以江永(1681-1872)的《四書人物典林》、閻其淵的《四書典制類聯音註》以及臧志仁的《四書人物類典串珠》最為重要。[66]這些舉業用書是科舉改制前考生奉為圭臬的讀物,在版權意識薄弱的時代,是石印書局一窩蜂翻印的對象,像點石齋在出版這類圖書方面就相當專業,曾出版《四書味根錄》、《增補三層四書味根錄》、《增廣四書小題題鏡》、《五車樓五訂四書》、《四書撮言》、《四書古註羣義彙解》、《四書典制類聯音註》、《四書典林》、《四書典故竅》、《四書圖考》、《五經體註》、《五經備旨》等。

(三)八股時文。四書五經類參考書提供的僅是對經典的闡釋,對一些急功近利的士子來說並無吸引力,他們迫切需要的是一些像闈墨那樣直接允許他們揣摩取法的舉業用書。但闈墨所能提供的篇數離賅備甚遠,於是清代書坊也沿襲明代書坊的傳統,刊行八股時文彙編來滿足士子的備考需要。「自石印之法行而刊制藝以供揣摩者」,亦「幾於汗牛充棟」。[67]光緒末年,一些士

---

[65] 中國科學院圖書館整理,《續修四庫全書總目提要·經部》(濟南:齊魯書社,1996),頁1000。

[66] 沈俊平,〈清代坊刻四書舉業用書的生產活動〉,《漢學研究》30.3 (2012.9),頁230-244。

[67] 〈歷代名稿彙選出書〉,《申報》,5682號,1889年2月15日,4版。

子甚至「專攻制藝，不事經史」[68]，「胸中之根柢，不過八股數十百篇」[69]。只是這些文集「無論何文，並蓄兼收，但求備題」，故「不足以言選本也」。[70]

八股時文分大題、小題兩類。戴名世云：「且夫制舉業者，其體亦分為二：曰大題，曰小題。小題者，場屋命題之所不及，而郡縣有司及督學使者之所以試童子者也。」[71]據戴氏所言，則大題用在鄉、會試出題，小題用在小試中。大題的題意完整，又分連章題、全章題、數節題、一節題、數句題、單句題等等。當時有不少時文彙編以「大題」為名的，主要有《大題文府》、《大題觀海》、《大題鴻雋》、《大題多寶船》、《大題文富》等。[72]

小題產生於成化之際，盛行於萬曆年間。[73]小題在乾隆以前多用在童試，至乾隆初年方有較大的轉變。黃安濤（1777-1847）云：「乾隆間，會試、鄉試題多用搭截及小題。」[74]乾隆九年（1744），鑑於科場擬題、懷挾之風，順天鄉試遂出「略

---

[68] 劉大鵬遺著，喬志強標註，《退想齋日記》，光緒二十三年九月二十六日（1897年10月21日）（太原：山西人民出版社，1990），頁76。
[69] 公奴（夏清貽），〈金陵賣書記〉，收錄於宋原放主編，《中國出版史料・近代部分》，第3卷，頁312。
[70] 商衍鎏著，商志潭校註，《清代科舉考試述錄及有關著作》，頁259。
[71] 戴名世撰，王樹民編校，《戴名世集》（北京：中華書局，1986），卷4〈己卯行書小題序〉，頁100。
[72] 掃葉山房編，〈上海掃葉山房發兌石印書籍價目〉，收錄於周振鶴編，《晚清營業書目》（上海：上海書店出版社，2005），頁390-91。
[73] 侯美珍，〈明清科舉八股小題文研究〉，《臺大中文學報》25（2006年12月）頁179-189。
[74] 梁章鉅撰，陳居淵點校，《制藝叢話》（上海：上海書店出版社，2001），卷22，頁429。

冷」之小題以防倖獲,這是小題從小試躋身鄉、會試之始。[75]小題大概可分成兩類,一為題目割截,不完整者,其中最具代表性的是截搭題。截搭題應在萬曆年間小題盛行時順勢而生。科考所用截搭題,題目文字皆有上下相連、前後的關係,非可東抄西襲,拼湊成文。一為「褻而不經」者,題雖完整,然而意義不能冠冕正大,甚至詆毀孔孟、流於淫穢。兩者都因違背制藝乃為闡聖明道的本意,而為大雅所抨擊。然而,批評的聲浪雖不曾停歇,但小題不僅未被淘汰,更由於其在防止士子擬題、剽竊,以及提升考官的閱卷速度、鑑別文章高下等方面,有明顯的效果,故而在鄉、會試中益行重要。[76]書局意識到重心的變遷,也生產大量琳琅滿目的小題文集如《小題文府》、《小題森寶》、《小題三萬選》、《小題四萬選》、《小題十萬選》、《小題珍珠船》、《小題宗海》、《小題目耕齋》、《小題正鵠》、《小題題鏡》、《小題多寶船》、《小題文藪》等來滿足士子備考的需要。[77]更有題為「巧搭」、「小搭」、「長搭」、「搭截」者,如《巧搭文府》、《巧搭大觀》、《巧搭清新》、《巧搭網珊》、《小搭珠華》、《小搭徑寸珠》、《長搭一新》、《長搭正軌》、《搭截精華》、《搭截奪標》等。[78]

---

[75] 王先謙,〈東華續錄〉,《續修四庫全書》本(上海:上海古籍出版社,1995),〈乾隆二十〉,頁 5;侯美珍,〈明清科舉八股小題文研究〉,頁 161。

[76] 侯美珍,〈明清科舉八股小題文研究〉,頁 160-189。

[77] 飛鴻閣編,〈上海飛鴻閣發兌西學各種石印書局〉,收錄於周振鶴編,《晚清營業書目》,頁 418-419。

[78] 掃葉山房編,〈上海掃葉山房發兌石印書籍價目〉,頁 394-395;江左書林編,《江左書林書籍發兌》,頁 575-585。

（四）試律詩。乾隆五十二年（1787），清廷在首場增加了五言八韻試律詩一項。功令頒行後，為應考生之急需，舊式書坊乃大量地刊行了唐人試律詩選本，有前代人編撰的《唐省試詩》、《唐人五言排律詩論》，以及新編的唐人試律詩選本，如《試體唐詩》、《唐人應試六韻詩》等。[79]隨著時間的推移，清人於試帖一道，法積久而大備，名家名作倍增，不少佳作被裒集成帙。其中以紀昀（1724-1805）的《庚辰集》、《九家試帖》、《七家試帖》、《後九家詩》等最為重要。[80]同、光以後，《庚辰集》等試律詩選本遭到士子冷落，取而代之的是在《上海鴻寶齋分局發兌各種石印書籍》傳單中所看到的《試律大成》、《試律大觀》、《試帖玉芙蓉》、《增廣玉芙蓉》、《試帖淵海》、《增廣試帖詩海》等試律詩選本。[81]

（五）策學。清承明制，鄉、會試第三場試五道策問。雖說科考重首場，士子無需傾全力準備這場考試，但他們仍需對第三場考試做一些基本準備。而且殿試只試策問，試策優劣成為殿試高下的惟一依據，故而著眼於高中的考生，也不會忽視策問的研習。其中最取巧的方式是研習坊間層出不窮，五花八門的策學著作。清代出版的這類讀物不可勝數，較早的有《策學纂要》、《試策便覽》、《近科直省試策法程》、《時策精擬》等，但數量最

---

[79] 邱怡瑄，《紀昀的試律詩學》（臺北：國立政治大學中國文學系碩士論文，2009），頁 62-69。

[80] 梁章鉅著，陳居淵校點，《試律叢話》（上海：上海書店出版社，2001），〈例言〉，頁 494；商衍鎏著，商志譚校註，《清代科舉考試述錄及有關著作》，頁 264-265。

[81] 鴻寶齋分局編，〈上海鴻寶齋分局發兌各種石印書籍〉，收錄於周振鶴編，《晚清營業書目》，頁 477-478。

大的還是光緒年間出版的策學著作,尤其是石印技術興起之後,出現了不少將策論要考到的知識進行分門別類的宏篇巨製像《策府統宗》和《策學備纂》等。《策府統宗》由劉昌齡等輯選,共六十五卷,分為十二部,即經、史、子、集、吏、戶、禮、兵、刑、工、天文以及地理。內容絕大多數為傳統國學知識,僅天文、地理二部有部分西學知識。《策府統宗》在光緒中葉頗為盛行,出版這部舉業用書的石印書局有耕餘書屋、鴻文書局和蜚英館等。當時不少士子「買了一部《策府統宗》」後就「盡心摹仿」。[82]《策府統宗》這部科舉時代的代表作還衍生出科舉改章前的《新纂策府統宗》(光緒十四年〔1888〕同文書局石印)、《新增廣策府統宗》(光緒二十年〔1894〕上海鴻文書局石印)、《廣廣策府統宗正續合編》(光緒二十年上海文盛堂石印)等。吳穎炎編輯的《策學備纂》規模更大,分作經部、史部、天算、方輿、帝學、……子部、集部、選學、藝文、考工等三十二門。內容豐富詳贍,無所不包,基本上涵蓋十九世紀以來中國因政治、社會、經濟變化所產生的問題,可供考生臨場面對類似策題時借鑒,《策學備纂》還一度成為光緒年間的暢銷書。[83]

　　光緒十四年(1888),書商這樣說:「我國家鄉會取士首重文,次重詩,而策問又次之,故近來石印詩文等書之盛行於鄉會場者,以其取攜最便而選擇至備者也,如頭場四書文之備題莫如《大題文府》,八韻詩之備題莫如《增廣試帖玉芙蓉》,二場五

---

[82] 張春帆,《九尾龜》,第六十四回〈章秋谷有心試名妓　王太史臨老入花叢〉,頁259。
[83] 吳穎炎編,《策學備纂》(光緒十四年上海點石齋石印本);周振鶴,〈問策與對策〉,《讀書》1993.3(1993.3),頁111-112。

經文之備題莫如《經藝宏括》,三場策問之備題具莫如《新增策學總纂大成》、《羣策彙源》。凡此五部三場選本中所最精最備之要書也。」[84]戊戌變法前,時人追憶:自石印之法流入中國後,「於是文則有《大(題文府)》、《小題文府》、《大題三萬選》,試帖則有《玉芙蓉十萬選》以及《經藝淵海》、《經策通纂》等類。舉凡考試所需者,無不觸類旁通,從心所欲。」[85]「科舉既變,八股既廢」後,「《四書合講》、《詩韻合璧》、《大題文府》、《策府統宗》等,遂與飛蛇飛鼇、大麋大鹿,同為前世之陳跡,不能不又有物焉代興其間也。」[86]由於石印《四書合講》、《大題文府》、《大題三萬選》、《小題文府》、《經藝宏括》、《經藝淵海》、《詩韻合璧》、《增廣試帖玉芙蓉》、《玉芙蓉十萬選》、《策府統宗》、《新增策學總纂大成》、《羣策彙源》、《經策通纂》(包括《經學輯要》、《策學備纂》兩種)等具有「選擇至備」、「觸類旁通,從心所欲」的優點,其袖珍體型也便於挾帶入闈,因而深受那些意欲投機取巧的士子歡迎,風靡一時。

(二)從科舉改制至廢止期間的舉業用書的發展變化

　　清代科舉改革始於戊戌變法之時,中間一度復舊。[87]光緒二

---

[84] 《申報》,5441號,1888年6月13日,4版。
[85] 〈論考試有夾帶為古今中外之通論〉,《申報》,8770號,1897年9月15日,1版。
[86] 佚名,〈論譯書四時期〉,收錄於張靜廬輯,《中國出版史料補編》(上海:上海書店出版社,2003),頁63-64。
[87] 徐珂,《清稗類鈔》,〈考試改策論〉、〈考試復用八股文〉,頁595。

十七年(1901),清廷宣佈變通科舉考試,諭自明年始,正式廢止八股,改試策論,終止了自明代以來實行了五、六百年的制藝取士之法。翌年,會試分三場進行,頭場試中國政治史事論五篇,二場試各國政治藝學策五道,三場試四書義二篇、五經義一篇。進士朝考論疏、殿試策問,也都以中國政治史事及各國政治藝學命題。以上考試皆強調:凡四書、五經義,「均不準用八股文程式,策論均應切實敷陳,不得仍前空衍剿竊。」[88]章清指出,策論在科舉改革中成為關注的焦點,與晚清「經世致用」思潮之興起密切相關。[89]

清代從改科舉到廢科舉,取士的標準有一個變化的過程。廢科舉前的十餘年間,取士的標準已是鼓勵新舊學兼通。「年來各省書院、歲科考經解、策論莫不講求西學。近來鄉闈禮闈三場問對均以時務為重。」[90]山西舉人劉大鵬(1857-1942)在日記透露:「當此之時,中國之人競以洋務為先,士子學西學以求勝人。」[91]取士標準改變,士子所讀之書即隨之而變。[92]時人描

---

[88] 清實錄館修纂,中國第一歷史檔案館等整理,《清實錄》,光緒二十七年七月己卯,頁412。

[89] 章清,〈「策問」與科舉體制下對「西學」的接引——以《中外策論大觀》為中心〉,《中央研究院近代研究所集刊》58(2007.12),頁77。

[90] 〈中西策學備纂〉,《申報》,8698號,1897年7月5日,9版。

[91] 劉大鵬遺著,喬志強標註,《退想齋日記》,光緒二十三年四月十七日(1897年5月18日),頁72。關於劉大鵬的生平,可參閱 Henrietta Harrison, *The Man Awakened from Dreams: One Man's Life in North China Village, 1857-1942* (Stanford, Calif.: Stanford University Press, 2005)。

[92] 羅志田,〈清季科舉制改革的社會影響〉,收錄於劉海峰編,《二十世紀科舉研究論文選編》(武漢:武漢大學出版社,2009),頁642-643。

述:「近日書肆中時務之書汗牛充棟,其間有從西書中譯出者,有民間私箸由耳食而得者,純駁不一,但取其備。各士子之入肆爭購,睨而視之者,不啻蟻之附羶,蠅之逐臭,蓋非此不足以為枕中鴻秘也」。[93]

傳教士也注意到,自江標於光緒二十年(1894)在湖南以新學考士,讀書人「遂取廣學會譯著各書,視為枕中鴻寶」。如《泰西新史攬要》、《中東戰紀本末》等皆是「談新學者」「不得不備之書」。[94]廣學會初印譯作《格物探原》、《七國新學備要》、《天下五洲各大國志要》、《農學新法》等書時「人鮮顧問,往往隨處分贈」。至光緒十九年(1893),新書銷售量僅銀洋八百餘元;光緒二十一年(1895)升至二千餘元;至光緒二十四年(1898),新書的銷售額躍至一萬八千餘元,是五年前的二十倍,「幾於四海風行」。[95]

買書者如此,賣書者亦然。因應於「採西學」、「重時務」的需求,晚清出版了多種西學彙編。[96]《申報》對當時的出版業做出這樣的觀察:「書鋪之工於經營者,又能揣摩風氣,步步佔先。如今科有三場出時務策題之說,於是將近人所著各書,分農學、礦學、算學、兵學以及聲、光、化、電諸學分門別類,綱舉

---

[93] 〈論考試之弊〉,《申報》,8760號,1897年9月5日,1版。
[94] 《萬國公報》第九十卷(光緒二十二年六月),《三湘喜報》,收錄於中國史學會主編,《戊戌變法》(上海:神州國光社,1953),第3冊,頁376。
[95] 皕誨,〈基督教文字播道事業談〉,收錄於張靜廬輯,《中國近代出版史料二編》(上海:上海書店出版社,2003),頁336。
[96] 章清,〈晚清西學彙編與本土回應〉,《復旦學報(社會科學版)》2009.6(2009.11),頁48。

目張。攜赴考市,購者雲集,有朝成書而夕已告罄者。」[97]由此可見西學彙編極受重視,故而考生不落人後地爭購這些讀物。民營書局像點石齋也爭相編刊西學讀物,這股熱潮持續至科舉廢止。劉大鵬在日記中透露:科舉改制後,「時務諸書,汗牛充棟,凡應試者均在書肆購買」,故書商也乘機「高擡其價」。[98]其中不少以「西學」、「新學」、「時務」為名的。(參表一)

表一:知見西學彙編

出版年份(光緒)	書名	編者	出版社	卷數	門類
二十一年	西學大成	王西清、盧梯青	上海醉六堂	136	12
二十二年	萬國近政考略	鄒弢	上海書局	16	8
二十三年	西學二十種萃精	張之品	上海鴻文書局	20	20
	西學通考	胡兆鸞編	不詳	36	36
	新輯西法策學匯源	顧其義、吳文藻	上海點石齋		
	時務通考	杞盧主人編	上海點石齋	31	31
	中外時務策府統宗		上海文盛書局	44	
	萬國時務策學大全	漱石山館主人	積山書局	48	48
	萬國分類時務大成	錢豐輯	上海袖海山房	40	25
	中西算學大成	陳維祺纂	上海博文書局	100	28
二十四年	中西時務格致新編	盧山老人編	上海書局	24	16
二十七年	時務通考續編	杞盧主人編	上海點石齋	31	31
	皇朝新學類纂	廣益室主人	上海廣益書室		10
	時務通考	陳驤等編	求賢講舍	82	11
二十八年	西學三通	袁宗濂、晏志清	上海文盛堂	508	3

[97] 〈論考試有夾帶為古今中外之通論〉,《申報》,8770 號,1897 年 9 月 15 日,1 版。

[98] 劉大鵬遺著,喬志強標註,《退想齋日記》,光緒二十九年三月初六(1903 年 4 月 3 日),頁 121。

《時務通考》在戊戌變法前一年六月出版。《申報》加以介紹云:「方今朝野上下皆以講求時務為急,而時務各書之總彙者惜無善本,僕等不惜重金,敦請名宿三年之力,採書五百餘種,成《時務通考》一書。」[99]該書分三十一類,下分綱目,再下為條目,共有條目 13192 條。《中外時務策府統宗》也在同時問世,文盛堂在出版啟事稱:「今科稟旨允準某侍御奏請鄉會三場策通時務,敝局特請精通西學諸友,復重輯《中外時務策府統宗》,廣搜課藝格物等書,上自天文、地志、國政、輿圖、軍戎、公法、交涉、禮節,以及農、工、商賈、算、化、動、植等學,得四十四卷。凡中外時務應有盡有,誠西學之統宗也。余不敢自言美善,蓋得此一部,可統西學叢書之用耳。」[100]此類圖書之中,以《時務通考》為最暢銷,「海內風行,揣摩家咸奉為圭臬」。像正在習舉業的朱峙三聽聞黃州有考市,立即趕去購買《時務通考》。「《時務通考》閱竣三分之二」後,使得他也「略知外國情況」[101],可見此書有助士子了解國外情況,在科舉改制後仍具參考價值,推動了點石齋在四年後出版續集。[102]。正、續兩編受人垂青,吸引一些奸商偷天換月,「勦襲菁華,改名翻印」。[103]申報館旗下的集成圖書局見有利可圖,於

---

[99] 《申報》,8713 號,1897 年 7 月 20 日,5 版。
[100] 〈新出石印《策學百萬卷類編》、《中外時務策府統宗》〉,《申報》,8721 號,1897 年 7 月 28 日,9 版。
[101] 朱峙三著,章開沅選輯,〈朱峙三日記(連載第二)〉,光緒二十九年閏五月初十日、閏五月二十九日,頁 298-99。
[102] 〈跋時務通考續編〉,《申報》,10283 號,1901 年 12 月 2 日,3 版。
[103] 〈翻刻必究〉,《申報》,10257 號,1901 年 11 月 6 日,3 版。

光緒二十九年將正、續兩編併在一起重印出版。[104]

除西學彙編外,西學內容成分漸增的各種「經世文編」也是考生注意攻讀的對象。自魏源(1794-1857)、賀長齡(1785-1848)編纂的《皇朝經世文編》(1826)問世後,遵其宗旨、仿其體例的續編之作賡續不絕,到光緒二十九年(1903)的《皇朝蓄艾文編》為止,至少有二十種之多。[105]成書於光緒十四年(1888)的葛士濬(1845-1895)的《皇朝經世文續編》是首先打破原書成例的續作。葛氏認為原書的許多內容已不敷時用,亟需變化以適應時代的變遷。於是葛氏在原書的八綱之外,專設「洋務」一綱,繫以洋務理論、邦交、軍政、教務、商務、固

---

[104] 〈重印正續時務通考出售〉,《申報》,10991 號,1903 年 11 月 23 日,1 版。

[105] 這些續編有張鵬飛《皇朝經世文編補》(1849)、饒玉成《皇朝經世文續集》(1881)、管窺居士《皇朝經世文續編》(1888)、葛士濬《皇朝經世文續編》(1888)、盛康《皇朝經世文續編》(1897)、陳忠倚《皇朝經世文三編》(1897)、求是齋主人《時務經世文分類文編》(1897)、甘韓《皇朝經世文新增時務洋務續編》(1897)、麥仲華《皇朝經世文新編》(1898)、求自強齋主人《皇朝經濟文編》(1901)、宜今室主人《皇朝經濟文新編》(1901)、邵之棠《皇朝經世文統編》(1901)、闕名《皇朝經世文統編》(1901)、何良棟《皇朝經世文四編》(1902)、金匱闕鑄補齋《皇朝經世文五編》(1902)、求是齋《皇朝經世文五編》(1902)、甘韓、楊鳳藻《皇朝經世文新編續集》(1902)、儲桂山《皇朝經世文續新編》(1902)、鄔玉賓《最新經世文編》(1902)、于寶軒《皇朝蓄艾文編》(1903)等。據黃克武,〈經世文編與中國近代經世思想研究〉(《近代中國史研究通訊》2〔1986.9〕,頁 86-87),以及龔來國,《清「經世文編」研究:以編纂學為中心》(上海:復旦大學博士學位論文,2004,頁 3-4)整理。

圍、培才七目。至此之後,「經世文編」的其他續作新學成分越來越多,舊學成分越來越少。[106]由於「經世文編」中所輯錄諸多文章的內容恰為當前時務,可資利用。而且,針對某一問題,「經世文編」往往羅列一種或多種建議,只要記誦相關內容,就能在考場上遊刃有餘地應付策問,故而成為大多數考生的必讀之書。像劉大鵬和民初教育家楊昌濟(1871-1920)等,都在日記中留下了備考期間日夕研讀《皇朝經世文編》及其續作的記錄。[107]八股廢除後,策論在科舉考試中所佔地位大為提升,士子對於「經世文編」的需求也大增多,龐大的市場需求導致書賈大量編刊「經世文編」。1901 年是各種「經世文編」競相湧現的時期,而引領這股潮流的是上海的各石印書局如點石齋、積山書局、掃葉山房、鴻寶書局、慎記書莊、寶善齋、宜今室、雪齋書局等。[108]

科舉改制後,中外策論備受重視,八股文頓失地位,出版八股文集已不能給書商帶來利益,書商也就不再花費心思出版新編的八股文集,僅僅翻印科舉改制前影響力較大、銷路較廣的八股文集如《大題文府》、《小題文府》等。書商也把注意力從出版五言八韻試律詩,轉到出版與策論相關的舉業用書上。儘管策論體裁流傳甚久,但是對於常年習於八股文體的士子而言,仍然需

---

[106] 章清,〈「策問」與科舉體制下對「西學」的接引〉,頁 78-79。
[107] 楊昌濟,《達化齋日記》(長沙:湖南人民出版社,1978),一八九九年(己亥)八月、九月,頁 16-25;劉大鵬遺著,喬志強標註,《退想齋日記》,光緒二十二年(1896)十一月、十二月,光緒二十三年(1897)正月、二月,頁 65-70。
[108] 龔來國,《清「經世文編」研究:以編纂學為中心》,頁 1-4。

要加倍努力才能掌握。《策學備纂》、《策府統宗》等書籍到了科舉改制後,已不能滿足士子的備考需求。且四書五經大義還不得丟開,增加了應試士子的負擔。其中,《新政應試必讀》和《策論講義淵海》就是這形勢下的產物。《新政應試必讀》一書分六卷,各卷名目次序與上諭所列考試場次內容一致,依次為中國政治、中國史事、各國政治、各國藝學、四書義與五經義。入選的是當時流行而且適宜應試的策論,以及對四書五經義的闡釋。《策論講義淵海》共分四門,與考試場次內容幾乎一致。「一為中國政治策論,一為各國政治策論,旁及西藝格致諸論說,一為四書五經義,一為歷朝掌故論」,共五千餘篇。[109]

應試士子既要周知本國古今政治與史事,於是二十四史、九通、《綱鑑》以及各種論說,又復盛行一時。[110]考生「無不慷慨解囊,爭相購買」當時書局所翻印的「廿四史、《九通》諸書」。[111]這些書於是頭場命題的出處,考生都非常注意研讀,只是正襟危坐細讀這些卷帙浩繁之作的考生恐怕不多,於是書店刊印《歷代史事政治論》、《歷代史論海》、《史鑑節要》、《通鑑便讀節本》、《綱鑑易知錄》等讀物來滿足欲走捷徑考生的需求。其中,以《綱鑑》、《通鑑》等為名的歷史讀物最易吸引士子目光,不少俗陋士子僅僅「看過《綱鑑易知錄》而已」[112]。除此,還有一些像《歷代史事政治論》之類大部頭的本國

---

109 〈新印《策論講義淵海》出售〉,《申報》,1903年6月8日,5版。
110 陸費逵,〈六十年中國之出版業與印刷業〉,《申報月刊》1.1(1932.7),頁14。
111 〈書肆概言〉,《申報》,11173號,1904年5月27日,1版。
112 公奴(夏清貽),〈金陵賣書記〉,頁312。

歷史參考書。該書共三百零八卷，二十八部。點石齋於光緒二十九年促銷此書的啟事稱：「科舉改章，鄉會試首場試以中國史論，是非胸羅全史，學識閎通，決不能於場屋中拔幟制勝。然不博觀古今名人論史之作，則識見或不能恢擴，而思議筆力恐不能縱橫馳騁，卓然成家。是編係京師大學堂、江陰南菁學堂、松江融齋精舍諸高材生分輯，依涑水《通鑑》，始於三家分晉，下迄有明。上而朝綱國政，下而吏治民生，凡經名儒碩學抒為偉論者，無不刺取編錄。集書數百種，得文數萬篇，搜羅宏富，抉擇精嚴，誠乙部之鉅觀，非徒科場之□鑰已也。」[113]透露出這部書是應科舉新章而編寫的。

除要知曉本國政治歷史外，還要了解各國政事，於是各國史著隨之而風行一時。開明書店主持人夏清貽（1876-1940）光緒二十八年到南京賣書，統計所售書籍的銷售情況後發現，「以歷史為最多」，共賣三十八種八百九十三冊，恰恰與當時士子的閱讀需要成正比。據他分析，這與「此次科場，兼問各國政事」不無關係。他發現「通史一類，作新社之《萬國歷史》為最暢銷。」「此次科場之例，兼考本朝掌故，而內地之士，有語以熙、雍、乾而不知為何朝者，故如《清史攬要》、《最近支那史》之類，實可大銷，只患書之不敷耳。」餘如《十九世紀外交史》、《日本三十年史》、《現今世界大勢論》、《東亞將來大勢論》等也有買者。「凡此銷數，其大半為場屋翻檢之用」。[114]

科舉改制後，頭場和三場的論題尚可分別取法揣摩現成論策

---

[113] 《申報》，10854號，1903年7月9日，1版。
[114] 公奴（夏清貽），〈金陵賣書記〉，頁304-305。

和八股文名篇,可是次場的聲光化電、天文格致、公法刑律等西政西藝之學,所涉更廣,不少考生茫茫然不知從何處用功。時任貴州學政的趙惟熙(1859-1917)應學生之請,仿張之洞(1837-1909)《書目答問》體例,編寫了《西學書目答問》,「臚列西書諸目於篇,用餉來者」。其目分「政學」和「藝學」兩大類。「政學」類計收錄 221 種,包括史志學、政治學、學校學、法學、辨學、計學、農政學、礦政學、工政學、商政學、兵政學、船政學;「藝學」類計收 151 種,包括算學、圖學、格致學、化學、汽學、聲學、光學、重學、電學、天學、地學、全體學、動植物學、醫學。這個書目是趙惟熙為幫助士子備考而編,故它所著錄的《萬國史記》、《泰西新史攬要》、《西國近事彙編》、《肄業要覽》、《富國策》、《西藝知新》、《味根課稿叢鈔》、《格致入門》、《天文啟蒙》、《地學啟蒙》等三百多種書籍都是士子留心研習的讀物。這些書「大半有石印巾箱本」,在書肆可以輕易購得。[115]當時介紹西方政藝的中文專業書已有上千之多,其中以翻譯著作為主,只是距離考生臨時抱佛腳的需要還有距離。他們急需以西方知識體系為基礎的工具書,以圖獲得功名。一些書局注意及此,援用了西方百科全書的編輯原則,編刊了不少彙集中西文明知識的百科全書來給考生備考(參表二)。[116]

---

[115] 趙惟熙,《西學書目答問》,〈略例〉,熊月之主編,《晚清新學書目提要》(上海:上海世紀出版社,2007),頁 569-570。

[116] 劉龍心,〈從科舉到學堂——策論與晚清的知識轉型(1901-1905)〉,《中央研究院近代研究所集刊》58(2007.12),頁 106-117。

表二：知見舉業用百科全書

出版年份（光緒）	書名	編者	出版社	卷數	門類
二十七年	五大洲政治通考	急先務齋主人	急先務齋	48	10
	泰西藝學通考	何良棟編	上海鴻寶書局	16	16
二十八年	萬國政治藝學叢考	朱大文、凌賡颺	上海鴻文書局	380	40
	分類時務通纂	陳昌紳編	上海文瀾書局	300	6
	五大洲各國政治通考	錢恂編	古餘書局	8	6
	列國政治通考	漸齋編	天津開文書局	18	18
	藝學統纂	馬建忠編	上海文林	88	14
	中西經濟策論通考	秦榮光輯	深柳讀書堂		32
二十九年	新輯增圖時務彙通	李作棟編	上海崇新書局	108	11
	新學大叢書	飲冰室主人（梁啟超）	上海積山喬記書局	120	10

這些書籍以條目形式，一詞一解，對已有的知識進行整理與概要記述。[117]其中，篇幅三百八十卷之巨的《萬國政治藝學叢考》可說是較具水準的一部大型百科全書。該書上編《政治叢考》，分疆域、盛衰、交涉、度支、稅政、幣政、官制、民俗等二十考；下編《藝學叢考》，分算學、身體學、動物學、醫學、工學等亦二十考。共有條目 21,436 條。分類細緻，解說清楚，還有小字註。此外，還附有收錄策論範文的《萬國政治藝學最新文編》八十卷。值得注意的是，多數百科全書編者痛感中華民族落後於世界各國，希望通過編纂這些可供新式科舉制度用的參考書

---

[117] 李伯元在書中譏諷那些參加科舉的考生所要的參考書，不是要「分門別類」，就是要「簡括好查」的。見李伯元，《文明小史》（臺北：廣雅出版社，1984），第三十四回〈下鄉場腐儒矜秘本　開學堂志士表同心〉，頁 270-271。

來普及知識,並與西方文化相接軌。[118]

除了中外政治藝學的知識外,士子們也急需一些幫助他們了解策論的格式體裁,以及可以取法的模範策文。對於朝廷改考策論,書商們亦做出適時的應對策略。在回應頭場試中國政治史事論的備考需要這一端,書商或找來一些時人習作或平日的讀書筆記,或重新翻造和改編前人舊作,挑出和論策相關的主題,輯為文選、文編,例如漁陸散人的《策論秘訣》(光緒二十八年刊本)、朱晴川增評的《三蘇策論文選》(光緒二十七年有益堂刊本)等。此外,書商也蒐集上一場鄉、會試闈墨、各書院課藝及時人習作的策論彙編或選集,提供即將上場考試的考生揣摩參考。[119](參表三)

表三:知見策論彙編或選集

出版年份 (光緒)	書名	編者	出版社
二十七年	分類洋務經濟策略	仲英輯	介記書店
	時務目論	泊濱漁者	上海華洋印書局
	中外政藝策府統宗	譯書會主人	中西譯書會
	中外政治策論彙編	鴻寶齋主人輯	上海鴻寶書局
二十八年	策論經義全新	張霖如、宋錫恩輯	上海書局
	新輯各國政治藝學策論	自省齋主人	上海書局

---

[118] 鍾少華,《人類知識的新工具:中日近代百科全書研究》(北京:北京圖書館出版社,1996),頁91。

[119] 章清,〈「策問」與科舉體制下對「西學」的接引——以《中外策論大觀》為中心〉,頁75-76;〈從科舉到學堂——策論與晚清的知識轉型(1901-1905)〉,頁113-115;〈問策與對策〉,頁114-15;周振鶴,《知者不言》(北京:三聯書店,2008),頁236-237。

	中外經世策論合纂	聽秋舊廬主人	上海鴻文書局
二十九年	中外時務策問類編大成	求是齋主人輯	上海求是齋
	中外策問大觀	雷瑨編	硯耕山莊
三十年	中外文獻策論匯海	洪德榜輯	上海鴻寶齋
光緒年間	古今經世策論舉隅	邵恆照輯	不詳

其中《新輯各國政治藝學策論》是在廢八股詔頒佈的翌年春面世的，收集百多篇有代表性的策論範文。比較起來，《中外文獻策論匯海》更為大型，為卷七十一，收文三四千篇之多。士子熟讀此等範文，在考場雖不能完全應付裕如，但也勝於束手無策，這也註定它們成為暢銷書。

晚清的圖書市場上並不乏編寫舉業用書的文人。多數舉業用書編者的名望是無法與官僚、政客、名士相提並論的，一些甚至連傳記都難以查獲，只能粗略了解，如《策學備纂》的編者吳頫炎，僅知其字亮公，浙江諸暨人而已。[120]這些編者身份各異，或是小官吏，如《四書題鏡》的作者汪鯉翔在康熙四十七年（1708）中舉後「授內閣中書，改選諸暨學諭」[121]。或是書院教習、村野塾師，如《四書典制類聯音註》的作者閻其淵曾擔任河南省講習，[122]《四書古人典林》的作者江永（1681-1762）曾閉門授徒數十年，[123]《分類時務通纂》的編者陳昌紳曾掌管上

---

[120] 李學勤、呂文郁主編，《四庫大辭典》（長春：吉林大學出版社，1996），頁525。

[121] 沈椿齡，（乾隆）《諸暨縣志》（清乾隆三十八年刊本），卷20，頁35。

[122] 李蔚，（同治）《六安州志》（清同治十一年刊，清光緒三十一年重刊本），卷32〈儒林〉，頁1。

[123] 江藩，《漢學師承記》（《清代傳記叢刊》第1冊，臺北：明文書局，1985），卷5，頁123-128。

海的龍門書院。或是號召文人編輯圖書，書成後將書掛其名的書店老闆，如鴻寶齋主人、廣益室主人、求是齋主人、急先務齋主人等。有的還是生員、舉人，像閻其淵和江永都是監生，汪鯉翔和雷瑨（1871-1941）都曾「舉於鄉考」。有的甚至是進士，如《四書味根錄》的作者金澂是嘉慶二十五年（1820）進士，《新政應試必讀》的編者吳厚焜是光緒九年（1883）進士。更有不少是屢試不第的文人，如《四書人物類典串珠》的作者臧志仁。[124]至於科舉改章後的舉業用書編者多是新型文人，有的是維新派文人，如《新學大叢書》的編者梁啟超（1873-1929）；有的是外交官，如曾出使英、法、意、比四國的錢恂；有的是留歐的上層士紳，如曾留學法國的馬建忠，以及報人鄒弢（1850-1931）等。[125]

三、石印舉業用書的營銷與流通

晚清石印書局充分地運用各種傳統與新式的宣傳手段，以及覆蓋各地的銷售網絡（包括固定的與流動的銷售方式），並在日益發達的水陸交通運輸和郵政服務的相輔相成下，使得舉業用書呈鋪天蓋地之勢流通傳佈到全國各角落。

（一）多管齊下的行銷方式

晚清石印書局通過多種方式宣傳促銷圖書。其一是在店裏張

---

[124] 臧志仁，《四書人物類典串珠》（王春瑜主編，《中國稀見史料》第1輯第24冊，廈門：廈門大學出版社，2007），寧貴〈序〉，頁14-15。
[125] 李孝悌：〈建立新事業：晚清的百科全書家〉，《中央研究院歷史語言研究所集刊》81.3（2010.9），頁655-662，675-686。

貼新書通告。光緒二十九年（1903），開明書店股東王維泰「載書二十餘箱，為數計二百餘種」到汴梁趕考市，「賃考棚街屋設肆」，「將各書編分門類，寫一總目，貼之壁間」。其二是到各處張貼新書通告，不少客人也因「偶見招貼詞意」而被吸引到書店的。[126]一些書局也編制營業書目來宣傳圖書，像同文書局、江左書林分別在光緒十一年和光緒十二年編制的書目冊子；[127]或是單張傳單，像收錄於《晚清營業書目》中的掃葉山房、同文書局、飛鴻閣、緯文閣、十萬卷樓、鴻寶齋分局、申昌書局、寶善齋書莊等石印書籍傳單。[128]書目羅列所售各式各樣的圖書和書價，讓讀者按圖索驥到書局購買。

張貼新書通告、派發書目冊子與傳單的範圍畢竟較小，影響不大。腦筋轉得快的書商在報紙出現後，立即利用這個媒介宣傳推銷圖書。清末最耀眼的報紙非上海的《申報》莫屬。《申報》在開創時，只在上海本埠銷售，翌年在杭州設立分銷處。到1881年二月間，外埠的分銷處共有北京、天津等十七處，每天銷售的份數也從六百份左右擴大到二千份左右。到了1887年又增加了十五處分銷處，前後共計三十二處，銷數增加到七八千份。到1907年，《申報》每天銷量已增至萬餘份。[129]沒有《申報》分銷處或距離分銷處較遠的地方，讀者可通過民信局訂閱。

---

[126] 公奴（夏清貽），〈金陵賣書記〉，頁304-305。
[127] 同文書局編，《同文書局石印書目》（《中國近代古籍出版發行史料叢刊》第11冊），頁13-7；江左書林編，《江左書林書籍發兌》，頁490，511-599。
[128] 周振鶴編，《晚清營業書目》，頁387-526。
[129] 徐載平、徐瑞芳，《清末四十年申報史料》，頁73。

通過民信局訂閱，隔一天就可以寄達。[130]所以《申報》所刊登的新書啟事與告白的影響力不容忽視。

申報館的附屬書局點石齋也利用近水樓臺之便在《申報》刊登啟事，宣傳新書。光緒十一年（1885）五月，它在《申報》促銷《增選藝林三場備要》：

> 國家以四書文取士，選本之多，日翻花樣，洵為士林揣摩之助，惟經義策學祇有單行並無合刊，攜帶舟車甚不簡捷，亦憾事也。茲由京都館閣文社友以校正《藝林珠玉三編》並續選，類皆清真雅正，根柢盤深，後來諸選皆無能出其右。惜原板漶漫，續刊豕魚，不惜工貲，囑託本齋復校再四，付諸石印，合以精選《五經正鵠》、《策學總纂》、《近科館律》諸作，名為《三場備要》。後增丁太史曠視山房《學》、《庸》全章題文以補其缺，三場程式亦列入焉。璧合珠聯，取攜良便，舉業家當亦先覩為快乎。惟是所印無多，恐不敷海內諸君購取。計每套裝訂十本，實洋二元八角正。紙張潔白，縮印精美。准於五月二十日出售，寄存上洋掃葉山房並各省書坊。如欲躉購者，

---

[130] 包天笑回憶童年時（約 1885 年左右）閱讀《申報》的情景時說：由於《申報》在蘇州沒有分館、代派處，所以全城看《申報》的約百戶人家都是向民信局訂閱的。而在「蘇州看到上海的《申報》，並不遲慢，昨天中午所出的報，今天下午三四點鐘，蘇州已可看到了」。當時蘇滬之間雖沒有通行小火輪，民信局每天用一種「腳划船」飛送，「所有信件以及輕便的貨物，在十餘個鐘頭之間，蘇滬兩處，便可以送達」。詳參包天笑，《釧影樓回憶錄》，〈讀書與看報〉，頁 105-106。

請至掃葉南北號面議均可。[131]

光緒十二年（1886）十二月，點石齋刊登啟事，宣傳新出的《巧搭網珊》：

> 自泰西石印之法盛行，大題、小題選家林立，靡不搜羅宏富，集成藝林之大觀。惟「巧搭」一書從無專選巨帙，以供揣摩，未免闕如。茸城頌萱室主人竊有憾焉，爰取同人名手搭題窗稿以及歷屆歲科試藝，各省書院傑作，羅致極廣，剔選極精，計得巧搭文四千有奇，交本齋石印，名之曰《巧搭網珊》，其已見於向時石印諸書中者蓋從割愛。準於十二月十五出書，每部分訂八本，定價洋四元四角，在上海南北申昌及各書坊，外埠申昌發售。如願躉購者，問法大馬路南申昌面議，價從格外。[132]

申報館除刊登它及其附屬機構的書籍啟事外，也刊登同業競爭者如同文書局、蜚英館、千頃堂、江左書林、積山書局、袖海山房、萬選樓、鴻寶齋等的新書啟事。

呂佳指出，《申報》創辦初期的廣告多以簡單的文字廣告為主，直接介紹產品功能以促銷。[133]這種情況也表現在書籍啟事上。這些廣告創意雖有限，但都利用了直接簡練的文字，傳達像

---

[131] 《申報》，4383號，1885年6月28日，1版。
[132] 《申報》，4941號，1887年1月14日，1版。
[133] 呂佳，《《申報》廣告設計風格演變探析》（蘇州：蘇州大學碩士學位論文，2009），頁11-14。

新書的銷售時間、價格、地點、購買途徑等各種信息。

另外,石印書局所刊登的啟事中也著重渲染產品的品質與特點,打消潛在讀者的疑慮,放心購買。除強調所印書的校對如何精審,字跡如何清晰,紙墨如何精妙,攜帶如何輕便,更較其他同類書的編輯「格外認真」外,若是彙編的話,也強調在搜集時莫不博採廣搜,編輯時仔細去蕪存菁,「習見文字概屏弗錄」,「務擇花樣嶄新,最利場屋」的文章,以供揣摩。[134]若市場上已有類似的圖書,書局在其啟事中也不忘貶低競爭者的不足之處,突出自家的獨特之處,以吸引讀者。像點石齋在促銷《新選石印小題宗海》的啟事中批評「時下選本疊出」,「此竄彼竊,陳陳相因,間有佳文亦數見而不鮮」。新選石印《小題宗海》則判然有別,編者「獨闢新裁,爰集同志,各出平時所作小題窗課,並取歷屆試草以及各處社課,薈萃書院課與名家稿本、時賢摘本,親自校讎,嚴定去取。凡文不極其佳,而題不及其難者,蓋置弗錄。其已見於《小題文藪》、《小搭精華》等集者更不闌入一文,並不相犯一題,滲淡經營,力闢雷同,立避習見,約之又約,精之又精」,最終「得文一萬六千餘首」。[135]

為了引人矚目,加快銷售的節奏,以及擴增銷售數量,石印書局也在報章啟事中加插「所印不多,祈速購為盼」[136]、「所印無多,諸君子請早賜顧」[137]、「想諸君當無不爭先快覩」[138]

---

[134] 《申報》,5027 號,1887 年 4 月 17 日,4 版。
[135] 《申報》,4427 號,1885 年 8 月 11 日,1 版。
[136] 《申報》,6804 號,1892 年 4 月 3 日,1 版。
[137] 《申報》,4409 號,1885 年 7 月 24 日,1 版。
[138] 《申報》,4707 號,1886 年 5 月 25 日,1 版。

等辭句,製造爭購的氣氛。也製造暢銷的景象,如〈重印《增廣策學總集大成》出書告白〉說:「聞見齋主人延請名宿,悉心校勘,曾經印行,早邀士林賞購已罄矣」。「爰特重印刻已出書,字跡尤清」,敦促潛在讀者可到「申昌掃葉山房、江左書林及各書坊」購買。[139]

舉業用書的銷售網絡極為廣泛,像點石齋出版的舉業用書除可在上海所設的書局購得外,也可在申報館的附屬書局申昌書局,上海的其他書局如掃葉山房、鴻文書局、江左書林、文瑞樓、醉六堂、千頃堂、著易堂、文玉山房、三蒼書局、暢懷書屋、芸緗閣等購買得到。點石齋在光緒中葉已發展成為上海規模最大的出版機構,其書籍不僅可在本埠購得,也可通過外埠所設分鋪,包括京都琉璃廠、漢口黃陂街、廣東雙門底、福建鼓樓前、蘇州元妙觀前、金陵東牌樓、杭州青雲街、湖北三道街、湖南省府正街、四川重慶府陝西街、成都省城學道街、河南省城鴻影菴街,以及江西、山東、山西、陝西、雲南、甘肅、廣西、貴州省城等二十多處購得。[140]其分鋪辦理「一切石印經史子集,兼售各局諸書以及中外輿圖、西文書籍、名人碑帖、畫譜楹聯」,「冊頁花色齊全,價目克己」。[141]此外,外埠讀者可選擇通過賣報人[142]、商號以及書報業代售處等途徑購買到它出版

---

[139] 《申報》,5375號,1888年4月8日,1版。
[140] 申報館編,《點石齋畫報》(天津:天津古籍出版社,2009),二集午冊,頁17。
[141] 《申報》,5791號,1889年6月4日,1版。
[142] 申報館在《申報》1889號刊登〈新書出售〉告白稱:「本館排印各書籍在上海由本帳房興賣《申報》人發兌,外埠專歸賣報人經理。」(1878年6月22日,1版。)

的圖書。[143]

其他石印書局的銷售網絡也極為健全，覆蓋面極為寬廣。同文書局開設在上海虹口，又「分設二馬路橫街、京都琉璃廠、四川成都府、重慶府、廣東雙門底，其餘金陵、浙江、福建、江西、廣西、湖南、湖北、雲南、貴州、陝西、河南、山東、山西均有分局發兌」。[144]鴻文書局「開設上海四馬路西」，又「分設棋盤街、蘇城元妙觀前及京都、金陵、浙江、福建、廣東、四川、湖南、湖北各省城」。[145]江左書林開設在上洋四馬路中，其所刊書籍「上自京畿、遼、瀋，下逮閩、廣、楚、豫，通達無間」。[146]

舉業用書不只在固定書局發售，在臨時書局分店和考場外的臨時書攤中也可買到。光緒十一年（1885）七月，《申報》刊登了掃葉山房啟事，內稱：「今當大比之年，除江浙兩省屆時分設（臨時分店）外，湖北武昌亦往（設）分店。」[147]另外，每逢院、鄉、會試時，都有大量的書商雲集考場附近，形成一個繁榮

---

[143] 商號有天津紫竹林沈竹君處，南京東邊營林宅內李佑子處，蘇州都亭橋銅錫店內黃呈齋處、興國李正忠處，福州南臺復利洋行內，寧波江北李勝記號，武昌糧道街夏德興雜貨店等等。書報業代售處則有香港的循環日報館，廣州的文選樓，揚州的治平報房、興隆庵北首的劉承恩報房和洪毛司巷的興隆報房等等。參閱〈點石齋申昌書室廣告五件〉，頁214-215。

[144] 同文書局編，〈上海同文書局石印書畫圖帖〉，收錄於周振鶴編，《晚清營業書目》，頁401。

[145] 《申報》，5524號，1888年9月4日，6版。

[146] 《申報》，5034號，1888年9月14日，4版。

[147] 《申報》，4443號，1885年9月2日，4版。

的圖書市場。這些書商或「稅民舍於場前」，或搭一個簡單書棚，或在空地上擺一個書攤。[148]這種考市供應方式在當時相當普遍，每逢考試之年，書商都會爭做考生的生意。[149]像千頃堂書局就非常積極地開展考場供應工作。遇到考試之年，千頃堂書局往往會在考棚設有臨時書店，尤其是浙江的杭、嘉、湖、寧、紹、臺、金、衢、嚴、溫、處十一府，都有千頃堂臨時書店。包天笑回顧蘇州考市中的書鋪說：「他們（書鋪）都租借人家的墻門間，設立一個簡單的鋪位。幾口白木的書架，裝滿了書，櫃檯也沒有，用幾塊檯板，套上個藍布套子。招牌用木板糊上白紙，寫上幾個大字，卻是名人手筆。這時觀前街的幾家書店，也都到這裏來，設立臨時書店了。若到了府考、道考的時候，更為熱鬧，因為常熟、吳江、崑山的考生都要來。也有上海的書店，他們是專做趕考生意的。」[150]光緒十九年，《申報》報道青雲街考市云：「杭垣考市皆聚集於貢院西首青雲街地方，今秋尤為熱鬧。各店鋪之開設者，東至三角蕩文昌閣止，西至橫街觀橋清遠橋止，南至仙林橋五福樓長慶街止，西南至登雲橋有玉橋止，東西南三隅折而算之約有二里之遙。惟書坊最多，玉器翡翠店次之，骨董店又次之，其餘筆店、墨店、磁器店、紅木店、洋貨店、扇店、考具店、食物店、照相店、洋漆店不一而足。士女之遊觀者摩肩接踵，途為之塞。丹桂軒茶園自午後至上燈時，幾無插足

---

[148] 胡應麟，《經籍會通》（北京：北京燕山出版社，1999），卷 4，頁 49。

[149] 高信成，《中國圖書發行史》（上海：復旦大學出版社，2005），頁 212。

[150] 包天笑，《釧影樓回憶錄》，〈考市〉，頁 89-90。

之地，亦云盛已。」[151]在考市期間，「杭人相見，輒以『曾否遊青雲街』為問」。其熱鬧的景象一直延續到「三場既畢，遠道考生大都歸去」時，青雲街才恢復到「寂靜如平時」。[152]

直至科舉考試廢止前的幾年，各地考市的盛況依舊不減。據報道，杭州在光緒二十八年「舉行鄉試之時，各屬士子紛紛來省應試，以及各業之攜貨謀利者陸續踵至，統計不下萬餘人，以致市上百物無不騰貴」。至於「所開各店，惟書肆多至五十餘家。雖生涯不若去年之盛，而顧問者尚不乏人」[153]。稍後再統計，發現「前已開設五十餘家，茲又續開二十餘鋪」。[154]由此可見考市盛況之一斑。陸費逵（1886-1941）曾對此加以介紹：「平時生意不多，大家都注意『趕考』，即某省鄉試、某府院考時，各書賈趕去做臨時商店，做兩三個月生意。應考的人不必說了，當然多少買點書。」[155]考市也吸引附近的士子前往購書。像住在鄂縣的朱峙三聽聞黃州有考市，「武漢各大書店俱來黃州租屋趕考」，立即與父親商量坐渡到黃州考市購買舉業用書。[156]

書商也往往趁考市大賺一筆，分文不肯讓步。王維泰〈汴梁賣書記〉記：「場前買書者，都為臨文調查之用。有客買一書少

---

[151] 〈青雲街考市〉，《申報》，7320號，1893年9月6日，2版。
[152] 鍾毓龍，《科場回憶記》（杭州：浙江古籍出版社，1987），頁58，81。
[153] 〈武林考市〉，《申報》，10919號，1903年9月12日，9版。
[154] 《申報》，10938號，1903年10月1日，3版。
[155] 陸費逵，〈六十年來中國之出版業與印刷業〉，收錄於張靜廬輯註，《中國出版史料補編》（北京：中華書局，1957），頁275。
[156] 朱峙三著，章開沅選輯，〈朱峙三日記（連載第二）〉，光緒二十九年閏五月初十日，頁298。

三十餘文,堅不肯補,因詢之曰:『汝書為場中用乎,抑窗下用乎?』則曰:『入場所需也。』復曉之曰:『既臨文急需,不必爭此區區;如窗下用,也不妨預算資斧,俟以異日。』乃如數納訖取書去。」[157]又或漫天開價,然後減價出售。《文明小史》描述窮酸秀才到書賈王毓生在濟南考市開的店裏買石印《史論三萬卷》,夥計「見他沉吟,不敢多討,只要三兩銀子一部」。秀才覺得太貴,最初只願意出一兩五錢,最後加到一兩八錢。王毓生見秀才可憐,又是第一註買賣,「合算起來,已賺了一半不止」,就吩咐夥計把書賣給他。由於四遠的書賈都來趕考,競爭激烈,王毓生在考市後結算帳目發現「纔只做了幾十兩銀子的買賣,盤纏、水腳、房飯開銷合起來,要折一百多銀子」。[158]因此,趕考市也難保穩賺不賠。

(二)四通八達的流通管道

　　晚清石印書局所以能夠建立起如此嚴密的銷售網絡,與當時交通運輸的發展息息相關。在清政府的扶持與獎勵下,洋務運動時期創辦的鐵路、輪船、郵政等交通與郵電事業在這之後得到進一步的發展。自光緒二年(1876)吳淞鐵路建成以來的,全國鐵路通車總里程從最初的數公里擴大到 1911 年的九千多公里,大

---

[157] 王維泰,〈汴梁賣書記〉,收錄於宋原放主編,《中國出版史料‧近代部分》,第 3 卷,頁 320。

[158] 李伯元,《文明小史》,第三十四回〈下鄉場腐儒矜秘本　開學堂志士表同心〉,頁 269-272。

大地便利了物品的輸送。[159]同治十一年（1872），李鴻章（1823-1901）在上海創辦輪船招商局，並在天津、牛莊、煙臺、漢口、福州、廣州、香港等處設有分局。進入二十世紀，中國輪船航運業由輪船招商局以及英國的怡和、太古輪船公司三家壟斷經營。當時許多報紙既發佈火車營運時刻表外，也公佈輪船航班的進出港資訊。這種定期航班的開通，有助於各書局合理適時地安排圖書發行。[160]光緒二十三年（1897），各地先後興辦了不少沿海及內河小輪公司，給各書局提供了輸送圖書的多一項選擇。[161]經過三十餘年的發展，火車和輪船的營運已進入相當成熟的階段，運輸能力也得到了很大提高。當時的民營書局沒有錯失善加利用現代交通工具的優勢，開始使用火車和輪船將圖書運送到全國各地。光緒二十九年，王維泰往河南開封趕考市，售賣新書。他記錄其前往河南開封趕考市的沿途經歷說：「金陵賣書後，同人相約作汴梁之遊，藉開風氣。於正月杪載書二十餘箱，為數計二百餘種，趁輪啟行。初四到漢口，留一日，初六乘火車至信陽。先是，函託南汝光道署戚友臨時招待，是日車抵站，承派人來接，並預備客寓車輛，頗安適。翌日大雪，留四日，至十一開車，十八日抵汴城。」[162]王維泰一行人從水陸兩

---

[159] 李占才主編，《中國鐵路史（1876-1949）》（汕頭：汕頭大學出版社，1994），頁 2。關於中國鐵路從 1881 年至 1949 年間的總里程變化，可參閱同書所附〈歷代鐵路興建里程表〉，頁590-592。

[160] 黃林，《晚清新政時期圖書出版業研究》（長沙：湖南大學出版社，2007），頁 267-269。

[161] 中國航海學會，《中國航海史（近代航海史）》（北京：人民交通出版社，1989），頁 155-158。

[162] 王維泰，〈汴梁賣書記〉，頁319。

路，花費半個月的時間將二十餘箱圖書送往開封考市銷售。如此多的書，如此長的路，如果像舊時那樣依靠馬車、小船、木筏來運送這些圖書，就可能得花上更多時間。

外埠讀者也可通過郵筒傳遞的方式訂購圖書。現代郵政出現以前，民信局所提供的郵遞服務也是石印書局利用來讓圖書傳播到遠無分局之處的手段。民信局是重要的民間通信組織，約產生於明永樂年間（1408-1425），專門傳遞民間郵件。[163]從同治初年開始，整個中國已達到「大而都會，小而鎮市」，「東西南北，無不設立」民信局的地步。[164]「雖遠至邊陲如遼東、陝、甘、新疆各省，亦無不有民信局之設立」。[165]「寄信多的商號和住宅，信寫好了，不必親自送信局，他們每天下午，自有信差來收取。這些信差，都是每天走熟了的，比後來郵局的信差還熟練」。「他們並沒有什麼掛號信、保險信，卻是萬無一失」。[166]在此期間民信局形成遍及全國經濟發達和比較發達地區的通信網絡，對於人們的書信傳遞、資訊的溝通和貨物的交流起了極大作用，促進了社會經濟的發展。[167]點石齋在報章上刊登〈點石齋申昌書局圖書可託信局代辦啟〉云：「本館於各省分立代賣書籍之局雖已叢繁，然究難周遍。恐有遠無分局之處，苦難購取者，

---

[163] 北京師聯教育研究所，《中國古代的驛站與郵傳》（北京：學苑音像出版社，2005），頁75。
[164] 徐珂，《清稗類鈔》，〈信局〉，頁2290。
[165] 王檉，《郵政》（《萬有文庫》，上海：商務印書館，1929），頁124。
[166] 包天笑，《釧影樓回憶錄》，〈讀書與看報〉，頁105。
[167] 徐建國，〈近代民信局的空間網絡分析〉，《中國社會經濟史研究》2008.3（2008.9），頁153。

則請託信局代買。遞寄極為妥便,可以無虞。」例如在南寧、沙市、長沙、湘潭、重慶、益陽、南昌的胡萬昌信局,保定、南昌的全泰盛信局,武穴的億大信局,九江的泰古晉信局,南昌的乾昌信局、恆源信局、興昌祥信局,邵伯的政大信局,以及鎮江的各信局,讀者都可託它們代買點石齋和申昌書局出版的圖書。[168]光緒二十四年(1896),光緒帝(1871-1908)頒佈上諭成立全國郵政。在清政府的扶持下,官郵處於快速發展時期,其網點不僅遍佈通商口岸的周圍,還迅速地向內陸地區延伸,甚至比民信局更為深入。[169]現代郵政的發展,又使書刊的傳遞延伸至郵政網絡所能覆蓋的廣大區域,包括那些沒有開設書店分局的鄉村。[170]石印書局充分注意到郵政的便利,使用它來遞送讀者所訂閱的圖書,有的甚至還承諾「價歸一律,以誌不欺」。[171]

四、結語

自坊刻舉業用書出現以來,民間書坊在追求商業利益的前提下,無不希望在讀者群體極為龐大、競爭極其激烈的這類圖書的市場分一杯羹,從而謀取最豐厚的利潤。在朝野反對科舉制度的聲浪下,晚清上海民營石印書局以其敏銳的市場洞察力,緊隨晚清考試內容的變化,援引石印術的優勢,生產了林林總總、經濟

---

[168] 〈點石齋申昌書室廣告五件〉,頁 208。
[169] 徐建國,〈清末官辦郵政與民信局的關係研究(1896-1911)〉,《重慶郵電大學學報(社會科學版)》23.1(2011.1),頁 51。
[170] 吳永貴,《民國出版史》,頁 40。
[171] 江左書林編,《江左書林書籍發兌》,頁 490。

實惠、體積輕巧、便於攜帶的舉業用書,來滿足年輕考生居家遠行時備戰科場、挾代作弊的需求。

銷售石印圖書的書局為了促銷圖書,一方面在店裏張貼新書告示,在店外派發圖書目錄,另方面也將注意力多放在日趨重要的全國性報章,像在《申報》刊登新書預告與出售啟事。圖書銷售也不局限在本埠的固定店面,更利用新式交通運輸方式,將圖書載送到全國各地書局、分局、代售處以及考市等。現代郵政出現以前,石印書局也借著民信局所提供的郵遞服務,把圖書運到遠無分局之處。全國郵政設立後,取得迅速發展,石印書局於是加以利用來遞送讀者所訂閱的圖書。

不過,石印業的「黃金時代」僅維持了二十多年,其優勢地位被已改良的鉛印技術所取代。[172]民營石印書局在科舉考試施行期間大獲其利,故而不少書局將重心投入在舉業用書的出版上。「光緒三十一年(1905)八月,科舉制度完全廢止。從此,先前有關功名進取的石印舉業用書一律失去了市場」,「考試的書原售一、二元的,此時一、二角也無人要。大的石印書莊,因考試書的倒楣」。石印業幾乎全軍覆沒,像鴻文書局以雄厚的資金專印舉業用書,初期亦曾風行一時,從中牟取厚利。「迨戊戌政變,八股文既廢,大題、小題等書如同垃圾。然猶掙扎圖存,改編尊王攘夷的策、論、義諸書,可是已成強弩之末。隨後清政府終於廢除科舉,因此這種八股文學無人過問,鴻文書局損失不小。民國成立後,曾謀改弦更張,出版教科書,因乏資金,乃將石印書局出盤於吳某,改印舊小說。未及又將棋盤街的發行所出

---

[172] 韓琦、王揚宗,〈石印術的傳入與興衰〉,頁 401。

盤,全部資產葬送在封建文藝中」。[173]除鴻文書局外,以印科舉書為主的蜚英館同樣也一蹶不振,最後「只剩幾家專印古書或小說的小石印書坊」。[174]這些石印書局幾乎把所有資源都放在舉業用書的生產上,當與這些讀物相依相存的科舉制度被瓦解之際,來不及應變,加上庫存過剩,資金周轉不靈,只得以失敗告終。

也有一些石印書店在生死邊緣徘徊掙扎後生存下來的。像掃葉山房在同光年間順應士人渴望科舉功名的時代風氣,改用石印術生產舉業用書,但同時也翻刻他本以及清人著述。掃葉山房經歷了多次危機,既有政局變動,又有社會經濟恐慌,還有戰事破壞,其中以科舉制度的廢除給予書局最嚴峻的考驗。1918年,掃葉山房描述書店在面臨科舉改制之後的發展歷程時說:「科舉即廢,新政聿興,革裝書籍,挾新思潮以輸入,活板印刷盛極一時。故籍陳論,束諸高閣,而石印書亦受影響」。稱幸的是,中國「立國五千年,其文明蘊蓄者深且久,縱或一時停頓,決無終廢之理。古學復興,今其時矣。第以政體屢變,海內雲擾,板本摧毀,手民流散;而一二石印精本,始見重於當世之大士夫,紙墨煥然,歷歲如新,乃信成之速而傳之久者,石印兼擅其勝」。[175]科舉廢止後,由於新學堂需要傳統的文學讀本來做為教科書,故掃葉山房在清末民初間採用石印出版了一些文學讀本供學

---

[173] 秋翁,〈六十年前上海出版界怪現象〉,頁267-268。
[174] 陸費逵,〈六十年中國之出版業與印刷業〉,頁15。
[175] 掃葉山房編,《掃葉山房發行石印精本書籍目錄》,民國十二年(1923)重訂民國七年(1918)本,轉引自楊麗瑩,《掃葉山房史研究》,頁80。

堂使用，如《清朝文錄》在光緒二十六年（1900）初版，之後還重印了三次。在五四新文化運動以前，掃葉山房還出版了不少詩文總集如《漢魏六朝名家集》、《唐詩百名家集》、《隨園女弟子詩選》、《歷朝名媛詩詞》等、詩文別集如王琦輯註的《李太白全集》、仇兆鰲輯註的《杜詩詳註》、紀昀評點的《蘇文忠公詩集》、雷瑨註釋的《箋註隨園詩話》，以及筆記如《老學庵筆記》、《香祖筆記》、《閱微草堂筆記》等。不只滿足國內市場的需求，還行銷到日本等國。[176]但到了五四新文化運動開展後，因其出版方針未能與時並進，故業務漸趨衰落，苟延殘喘至1955年宣告歇業。

最後，值得關注的一個問題是，一些舉業用書如「經世文編」系列作品、西學著述等在晚清科舉改制前僅為少數有識之士所知。直至甲午戰敗後，士大夫始有群體性的覺醒，渴求西學新知，並效法歐美、日本，改良中國固有的政教制度，逐漸衍為思想界的潮流。晚清新政時期的科舉改良，適應了這種思想變化的內在需求，由此催生出大量的西學彙編、外國史著，以及西學色彩愈來愈濃的「經世文編」續作和「百科全書」式參考書，與考生朝夕相伴。這些著述雖多數純為考生而作，用過即棄若敝履，但對士大夫階級新思想的孕育與新知識的灌輸所起的積極作用，亦是我們必須正視的。

---

[176] 楊麗瑩，《掃葉山房史研究》，頁80-84。

捌、點石齋石印書局
及其舉業用書的生產活動

一、緒言

　　點石齋石印書局是近代中國最早採用石印術進行商業性出版的企業。除出版石印經史子集、中外輿圖、書畫、碑帖、小說、工具書等，它還在光緒十年（1884）創辦了引人注目的《點石齋畫報》。《點石齋畫報》的價值在上個世紀八十年代受到學者的注意，除資料歸類、整理、解讀性質的著作[1]外，還有介紹《點石齋畫報》自身及其主編吳友如[2]，以及通過《點石齋畫報》來

---

[1] 這些著作有陳平原編，《點石齋畫報選》（貴陽：貴州教育出版社，2000）、陳平原、夏曉虹編註，《圖像晚清》（天津：百花文藝出版社，2001）、Cohn, Don J. ed., *Vignettes from the Chinese: Lithographs from Shanghai in the Late Nineteenth Century* (Hong Kong: Research Centre for Translation, Chinese University of Hong Kong, 1987) 等。

[2] 前者有俞月亭，〈我國畫報的始祖——《點石齋畫報》初探〉（《新聞研究資料》，1981年第5輯，頁149-181）、張毅志，〈中國近代著名的畫報——點石齋畫報〉（《圖書館學刊》，1989年第3期，頁56-58）、陳平原，〈新聞與石印——《點石齋畫報》之成立〉（《開放時代》，2000年第7期，頁60-66）等。後者有林樹中，〈點石齋畫報與

考察晚清社會生活[3]、大眾文化[4]、新知傳播[5]、傳統質素[6]、全球化想像[7]等的著作和論文，成果豐碩。[8]除《點石齋畫報》外，學術界對點石齋石印書局的其它出版物的重視稍嫌不足，像它在當時所生產的數量可觀，並給它帶來豐厚盈利的舉業用書就是一

    吳友如〉（《南京藝術學院學報（音樂與表演版）》，1981年第2期，頁13-20）、鄔國義，〈近代海派新聞畫家吳友如史事考〉（《安徽大學學報（哲學社會科學版）》，2013年第1期，頁96-104）等。

[3] 如黃孟紅，〈從點石齋畫報看清末婦女的生活形態〉（南投：暨南國際大學歷史研究所碩士論文，2002）、裴丹青，〈從〈點石齋畫報〉看晚清社會文化的變遷〉（開封：河南大學碩士論文，2005）、殷秀成，《中西文化踫撞與融合背景下的傳播圖景：〈點石齋畫報〉研究》（長沙：湖南師範大學新聞學碩士論文，2009）等。

[4] Ye Xiaoqing, *The Dianshizhai Pictorial: Shanghai Urban Life 1884-1898* (Ann Arbor, Mich.: Center for Chinese Studies, University of Michigan, 2003).

[5] 王爾敏，〈中國近代知識普及化傳播之圖說形式——點石齋畫報例〉，《中央研究院近代史研究所集刊》，19期（1990年6月），頁135-172。

[6] 李孝悌，〈走向世界，還是擁抱鄉野——觀看《點石齋畫報》的不同視野〉，《中國學術》，11期，2002年，頁287-293。

[7] Wagner, Rudolf G., "Joining the Global Imaginaire: the Shanghai Illustrated Newspaper Dianshizhai Huabao", in *Joining the Global Public: Words, Images, and City in Early Chinese Newspapers, 1870-1910*, ed Wagner, Rudolf G. (Albany, NY: State University of New York Press, 2007), 105-173.

[8] 吳學文，〈《點石齋畫報》研究綜述〉，《文山師範高等專科學校學報》，20卷3期（2007年9月），頁56-58；謝菁菁，〈《點石齋畫報》研究的三個階段及其學術史意義〉，《江西社會科學》，2010年10期（2010年10月），頁213-219；蘇全有、岳曉傑，〈對《點石齋畫報》研究的回顧與反思〉，《重慶交通大學學報（社科版）》，11卷3期（2011年6月），頁94-100。

例。

　　本文以點石齋所生產的舉業用書為對象，探討它在十九世紀最後二十多年的舉業用書的生產活動的興衰起落，以及它對晚清石印出版業的影響，希望通過這一側面加深人們對點石齋乃至晚清石印書局的圖書生產活動的了解。

二、點石齋石印書局的成立與發展

　　中國傳統的圖書生產體系，大致分為官刻、家刻及坊刻三部分，它們主要採用雕版印刷術進行圖書的生產。隨著西學東漸，西方印刷術傳入中國。[9]石印術在清道光年間通過傳教士傳入中國。他們以傳播基督教為目的，其印刷品也以佈道小冊子為多。[10]而運用石印進行商業性圖書生產的，是以點石齋石印書局為最早。其創辦人英商美查（Ernest Major，1841-1908）於同治十一年（1872）與友人合資成立申報館（圖一），採用鉛印出版《申報》。[11]

---

[9] Cynthia Brokaw, "Commercial Woodblock Publishing in the Qing (1644-1911) and the Transition to Modern Print Technology", 44.

[10] 韓琦、王揚宗，〈石印術的傳入與興衰〉，宋原放主編，《中國出版史料・近代部分》（武漢：湖北教育出版社，2004），第三卷，頁392-395；蔡盛琦，〈清末點石齋石印書局的興衰〉，《國史館學術集刊》，1期（2001年12月），頁4-5。

[11] 關於《申報》的創辦經過，可參閱《申報》，25000號，〈本報原始〉，1947年9月20日，17版；《申報》，25000號，〈記美查〉，1947年9月20日，21版；徐載平、徐瑞芳，《清末四十年申報史料》（北京：新華出版社，1988），頁2-3；宋軍，《申報的興衰》（上

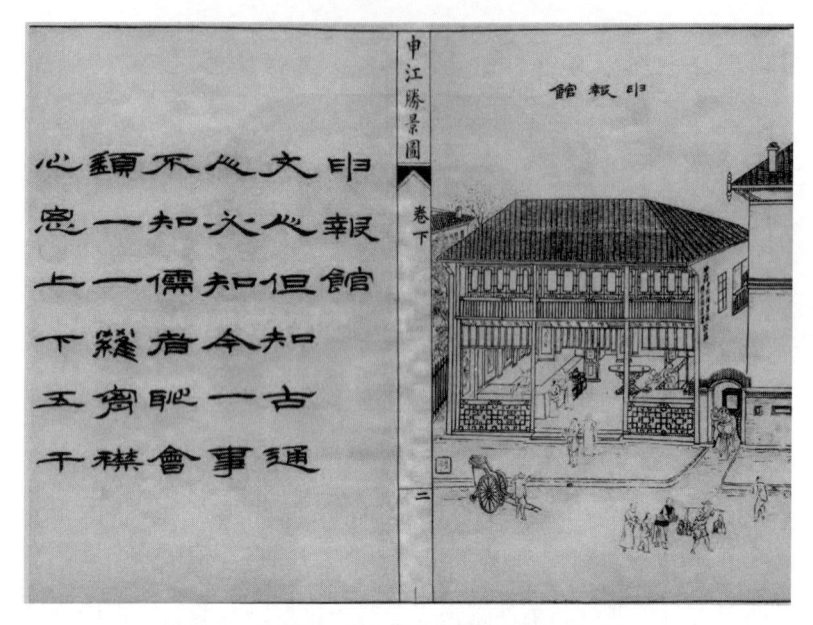

圖一：申報館（見《申江勝景圖》卷下）

早期《申報》的每日印量約一千份左右，數量不多。[12]為了增加機器的使用率，精打細算的美查利用機器空閒的承印圖書。申報館在光緒二年（1876）刊登啟事云：

海：上海社會科學院出版社，1996），頁 7-8；文娟，《結緣與流變——申報館與中國近代小說》（桂林：廣西師範大學出版社，2009），頁 8-11；Roswell S. Britton, *The Chinese Periodical Press, 1800-1912* (Shanghai, Kelly & Walsh, 1933; reprinted Taipei: Ch'eng-wen Publishing Compang, 1966), 63-64；Ye Xiaoqing, *The Dianshizhai Pictorial*, 4.

[12] 李嵩生，〈本報之沿革〉，申報館編，《最近之五十季》（上海：申報館，1923），頁 31。

> 本局開張上海洋涇浜棋盤街北首朝東洋房,自置機器鉛字專印各種書籍,大小版式俱全。除本局自印發售外,兼可為人代印。凡代印之書,首五百部起統照自印之書核估價目,遞加至二千部統計九折,至三千部統計八折。若五百部以下應以工料紙墨多寡難易為準,其價似宜酌加。倘託印之書易於銷售,本局可以自印則不加價,並酌送數十部以酬稿本。[13]

啟事中清楚列明了承印圖書的收費。申報館之所以出版書籍,「出發點還是為了發展營業,目的不外就是謀利盈利」。[14]

決定出版者確立選題的因素是多方面的:對時代趨向的探測,對目標讀者的定位,對市場需求的估計等。隨著歷史的發展,科舉制度的弊端暴露得愈加明顯,頗遭有識之士詬病。申報館與時議不諧,在《申報》創辦初期刊登的〈考試用人論〉中稱讚中國的科舉制度良好,希望「他國皆用中國之法」,「共效中國之法制,以同歸於聖賢之教」,而免流為「異端」。[15]《申報》所以歌頌科舉制度,與時任該報總主筆的蔣其章(1842-?)及其團隊成員的出身背景不無關係。蔣其章在同治九年(1870)鄉試中舉,加入《申報》擔任第一任主筆期間仍汲汲於功名,光緒三年(1877)年會試金榜題名。由於對科舉功名的迷戀,很自然地就利用他可掌握的平臺表露出對科舉仕途的執

---

[13] 〈機器印書局〉,《申報》,1290號,1876年7月10日,5版。
[14] 王建輝,〈申報館:報業之外的圖書出版〉,收於氏著,《出版與近代文明》(開封:河南大學出版社,2006),頁118。
[15] 〈考試用人論〉,《申報》,15號,1872年5月18日,1版。

著。[16]申報館所出版的第一本書——《文苑菁華》（即一本收錄500多篇「近人所作」制藝的文集）就是他所負責編輯的。[17]襄理筆政的錢昕伯（1833-？）、何鏞（1841-1894）等也都是為江浙一帶的落第秀才。[18]在晚清仕途日益壅塞、讀書人職業競爭日趨激烈的情勢下，報人的社會地位雖低下，但穩定的職業和薪水畢竟為仕途無期的文人敞開了一條傳統途徑之外的謀生之道。不少報人「身在曹營心在漢」，念念不忘功名之未就，屢試科考，落地後重回報館。[19]這個團隊成員的出身背景，在一定的程度上決定了報館附屬書局的出版方向。

雖然科舉積弊日深，但當時熱衷於功名的人「忙於奔走鑽營，博取富貴。一般學子，則從事試帖制藝，迷戀於科舉一途。」[20]明末清初名士顧炎武（1613-1682）曾粗略統計文生員的數字，指出：「合天下之生員，縣以三百計，不下五十萬人。」[21]據張仲禮統計，太平天國前的文生員總數約五十三萬，與顧炎武的估算頗為接近，太平天國後增加百分二十一，約六十

---

[16] 關於蔣其章的生平事跡，可參閱邵志擇，〈《申報》第一任主筆蔣芷湘考略〉，《新聞與傳播研究》，15卷5期，頁55-61。
[17] （清）蔡爾康，《申報館書目》（北京：北京圖書館出版社，2003，中國近代古籍出版發行史料叢刊，第10冊），頁421。
[18] 文娟，《結緣與流變——申報館與中國近代小說》，頁15-17。
[19] 程麗紅，《清代報人研究》（北京：社會科學文獻出版社，2008），頁160-164，179-184；Ye Xiaoqing, *The Dianshizhai Pictorial*, 13-14。
[20] 〈本報原始〉，《申報》，25000號，1947年9月20日，17版。
[21] （清）顧炎武，《顧亭林詩文集》（北京：中華書局，1983），卷一，〈生員論〉上，頁21。

四萬。[22]這數目上逾六十萬的生員是舉業用書的基本讀者群，從這裏可窺探到舉業用書市場的巨大潛力。考試是改變一個人命運地位的重要途徑，如何脫穎而出，如何應試才能中第，是士子心中最重要的問題，故而當時考生「平日所孜孜以求之者，不過三場程式、八股聲調、歷科試卷、高頭講章，以是為利祿之資，功名之券」[23]。這裏反映舉業用書的市場需求之大，出版這類圖書勢必能給民營書局帶來豐厚利潤。在這些理念的驅動下，在上海已生活了十多年，「能通中國言語文字」[24]，對中國文化也相當認識的美查乃將其中一個出版選題鎖定在遭受不少朝野有識之士圍剿，卻又深受專以投機取巧為能事的考生推崇的舉業用書，並在光緒二年（1876）四月在《申報》刊登〈招印時文〉的啟事：

> 四子文為操觚家所尚，近來如有選家欲將時文託本館代排代印，計文百篇。照快心編版口者，每五百部連紙價收洋銀四十七元。照書舫錄版口者，每五百部連紙價收洋銀六十六元。如欲增印五百部者，照前價減半遞加。百頁之書約五日當可完工，惟版口之大小不同，或排印之遲速稍異。倘蒙賜顧，祈即早來本館議定為盼。[25]

---

[22] 張仲禮著，李榮昌譯，《中國紳士——關於其在 19 世紀中國社會中作用的研究》（上海：上海社會科學院出版社，1991），頁 150-151。
[23] 〈延師說〉，《申報》，6086 號，1890 年 4 月 2 日，1 版。
[24] 〈報館開幕偉人美查事略〉，《申報》，12629 號，1908 年 3 月 29 日，1 版。
[25] 《申報》，1234 號，1876 年 5 月 5 日，1 版。

這則徵求時文選本的啟事,也起著出版舉業用書前的造勢作用,引起潛在讀者的關注,注意購買。光緒三年(1877)六月上旬,申報館採用鉛活字推出《文苑菁華》,並在同月下旬推出了一部收錄適合備考用的《金壺七墨》的時事文選,從中獲得豐厚的收益。[26]除此之外,還出版發售各種「奪標」書籍:

> 本館今新選試帖初集(按:書名為《尊聞閣詩選初集》)已成,於下禮拜出售,可稱為揣摩之利器。又有縮本《廣治平略》,為三場所必需者,於二十日後出售。又已印成縮本之《欽定四庫全書簡明目錄》,亦係條對考據之書,刻已售出多部,人皆寶之。並前選之四書文曰《文苑菁華》,五經文曰《經義新薈》,皆足為首次兩場之鴻寶。而《詩句題解韻編》四集,亦係文人必備之書。以上三種尚存無多,祈諸君早日來館購取。[27]

申報館在開始出版圖書的首三年,在出版報章之餘,每年平均出版舉業用書兩部,可見它對這類圖書市場的重視。

美查覺察到採用鉛印的印刷效果不盡理想,不過很快地就在

---

[26] 魯道夫・瓦格納(Rudolf G. Wagner),〈申報館早期的書籍出版(1872-1875)〉,陳平原、王德威、商偉編,《晚明與晚清:歷史傳承與文化創新》(武漢:湖北教育出版社,2002),頁169-171。

[27] 《申報》,2244號,1879年7月31日,1版。「尊聞閣」是「錢塘吳鞠譚」為《申報》的房屋而手書的題字。「過去廳堂齋屋,大都有題字,尤其是文人,更喜歡題上些風雅的匾額。《申報》是文人雅士朝夕相處之所,當然不能免俗」。「尊聞閣」含有「尊重新聞事業」的意思。見〈尊聞閣〉,《申報》,25000號,1947年9月20日,15版。

石印的身上找到解決這個問題的辦法。他發現石印不僅「皆能與原本不爽錙銖，且神采更覺煥發。至照成縮本，尤極精工」。於是在光緒五年（1879）斥巨資「在泰西購得新式石印機器一付，照印各式書畫」。[28]這部機器來到申報館後，美查在同年八月十八日成立了「點石齋書畫室」（後改為「點石齋石印書局」），成為近代中國最早採用石印術進行商業性出版的企業（圖二）。[29]申報館和點石齋分別承擔印刷鉛印書和石印書的任務。[30]

圖二：點石齋石印書局（見《申江勝景圖》卷上）

28　《申報》，2170號，1879年5月18日，1版。
29　姚公鶴，《上海閒話》（上海：上海古籍出版社，1989），頁12。
30　〈點石齋申昌書室廣告五件〉，宋原放主編，《中國出版史料・近代部分》，第三卷，頁207。

點石齋印刷所設於南京路泥城橋塊（今西藏北路），門市部設於拋球場（今南京東路河南中路口）。[31]聘用王菊人為買辦，購置石印全張機三部，曾短期邀請土山灣印書館邱子昂為技術指導。點石齋初創時主要業務為楹聯、碑帖及名畫等傳統書畫作品的翻刻。[32]自光緒五年初石印《鴻雪因緣圖記》大賣之後，才開始真正走向了出版石印書籍的道路，並在翌年三月出版讓它獲利甚巨的《康熙字典》。[33]它在光緒九年（1883）五月刊登的啟事宣稱「石印縮本書籍，創自本齋。每一書出購者，爭先恐後」[34]。同年二月的啟事稱：

> 本齋用石印照相法所印各書，不特字樣縮小，以便行篋攜帶，並務求點畫分明，俾閱者不費目力，此固久為海內文人所賞鑑，無待贅者。茲又將《四書味根錄》飭工照印，其字雖較原本略小，然仍縷晰條分，無論童叟，即燈下亦堪披誦，兼之紙色潔白，墨光濃淡相宜，裝潢亦極精雅。[35]

---

[31] 《上海出版志》編纂委員會編，《上海出版志》（上海：上海社會科學院出版社，2000），頁224。

[32] 參見點石齋在光緒四年（1878）十二月八日《申報》登載「楹聯出售」、光緒五年（1879）九月二日所載「續印楹聯立軸出售」、十月十三日所在「新印名畫出售」等啟事。

[33] 點石齋出售的《康熙字典》告白刊登在《申報》，2496號，1880年4月14日，1版。

[34] 《申報》，3655號，1883年6月17日，1版。

[35] 《申報》，3558號，1883年3月12日，1版。

說明石印本具有小而便攜、點畫分明的優點。同時，石印技術印刷時間短、印量大、成本又較木刻便宜許多。點石齋在《申報》刊登〈價廉石印家譜雜作等〉告白稱：

> 今本齋另外新購一石印機器，可以代印各種書籍，價較從前加廉。今議定代印書籍等，以二百本為率，以每塊石連史紙半張起算，除重寫，抄寫費不再其內，每百字洋三分半；每半張連史紙僅需洋一分。比如，連史紙半張分四頁，書內六十頁共石板十五塊，印書二百本共連史紙三千個半張，以每張一分計，共洋三十元。如書內共三萬字除抄寫價外，計洋七元五角；共書二百本，不連訂工只須洋三十七元五角。倘自己刻木板，其費約四十五元，刷印及紙料尚不在內也。兩相比較，實甚便宜。況石印之書比木板更覺可觀乎？又如書頁欲縮小、加大，亦照半張核算。[36]

根據告白中所述石印兩百本不算裝訂錢，只須三十七元五角來計算，故石印一本書的成本僅一角八分多，即使算上裝訂費，石印書的成本也相當低，書價也因而較木版書低廉。「以《康熙字典》售價為例：石印各種版本不同，自一元六角至三元。木版大字的售價至十五元」。[37] 一部木版書為同書石印本價格的二至五

36　《申報》，2490號，1880年4月8日，1版。

37　"Photo-lithographic Printing in Shanghai", *North China Herald*, issue 1138, May 25, 1889, 633.

倍,因而石印書更易受到讀者歡迎。[38]而讓「點石齋石印第一獲利之書」的就是為《康熙字典》。它「第一批印四萬部,不數月售罄。第二批印六萬部,適某科舉子北上會試,道出滬上,每名率購備五六部,以作自用及贈友之需,故又不數月而罄。」「書業見獲利之巨且易」,各地商人紛紛成立石印書局,以分得一片天下。[39]除傳統書畫作品的翻刻和工具書外,點石齋還出版品古籍圖書、中外輿圖、畫報以及本文討論的舉業用書。[40]

　　點石齋一方面承接印刷外界的來件,另一方面搜集孤本、善本、珍本出版圖籍。[41]點石齋在創辦後的頭五、六年,主要仰賴藏書主人和文人供稿,把精力專注在出版和發行。中華書局創辦人陸費逵(1886-1941)回憶:「當時的石印書局,因自己不編譯,專翻印古書,所以沒有什麼編譯所的名稱。大概在發行所或印刷所另闢一室,專從事校閱。總校一人,一定要翰林或進士出身,月薪三十兩,分校若干人,舉人或秀才出身,月薪十兩左右。搜覓到一種書,經理決定要印,便照相落石,打清樣校對,

---

[38] Christopher A. Reed, *Gutenberg in Shanghai: Chinese Print Capitalism, 1876-1937* (Vancouver, B.C.: University of British Columbia Press, 2004), 101-102.

[39] 姚公鶴,《上海閒話》頁12;Christopher A. Reed, *Gutenberg in Shangha*, 110;Ye Xiaoqing, *The Dianshizhai Pictorial*, 4-5。一些石印書局眼見點石齋石印的《康熙字典》暢銷,乃不擇手段地進行翻刻,其裝潢與點石齋版《康熙字典》無甚差別,「惟細閱書中訛字不勝枚舉」。點石齋「誠恐閱者不察,轉為本齋聲明之累」,乃在光緒八年在《申報》刊登告白提醒讀者認清購買。(《申報,3229號,1882年4月30日,1版》)

[40] 蔡盛琦,〈清末點石齋石印書局的興衰〉,頁11-19。

[41] 徐載平、徐瑞芳,《清末四十年申報史料》,頁335。

校對便印訂,所以出書是很快的。」⁴²反映的是大多數石印書局在十九世紀後三十年的經營方式。

申報館初創期間,為了解決書稿短缺的問題,不時在《申報》刊登「蒐書」啟事徵求或徵購佳本珍本書籍。光緒五年六月在《申報》刊:

> 點石齋自創行石印以來,印成各種書籍、碑帖、楹聯等皆精雅絕倫,與原本分毫不爽。茲擬廣搜各種奇蹟印以問世,諸君如藏有圖書之白紙書籍及古名人法帖楹聯等,即望不吝惠示,或願得善價而沽,或印成後酬數十部均無不可。統祈俯鑒,無任盼切之至。⁴³

它在光緒六年二月刊登的啟事明確指定訪購初印《佩文韻府》:「本館今欲訪購殿本初印連史紙《佩文韻府》一部,價值照時。諸君有願出售者,請即攜書來館面議。」⁴⁴

點石齋也在《申報》刊登「搜書」啟事。光緒八年(1882),刊登〈蒐羅殿板書及各種初印書籍告白〉「購求初印白棉紙殿板《淵鑑類函》、《子史精華》,並初印白棉紙《皇清經解》、《經籍纂詁》等書。如海內藏書君子不吝惠教,即希寄至本齋議值。果其紙張潔白,點畫精湛無誤者,本齋不惜重值購

---

42 陸費逵,〈六十年中國之出版業與印刷業〉,《申報月刊》,1卷1期(1932年7月),頁14。
43 《申報》,2257號,1879年8月13日,1版。
44 《申報》,2482號,1880年3月31日,1版。

閱也。」[45]光緒九年（1883）刊啟事購覓「殿板初印白紙」《十三經註疏》及《三通》兩書。[46]若藏書者願意將所藏珍本出讓出版，都可與點石齋議價。點石齋也靈活地處理出讓者的要求，他們或可選擇得到「善價」，或書印成後「送書數十部或數百部」[47]。

到了光緒十一年（1885）左右，石印市場擴大，有利可圖，點石齋為佔取更大的市場份額，開始組織隊伍編撰圖書。在其出版物中，以吳友如等編繪的《點石齋畫報》最引人矚目。它是近代中國影響最大的畫報，反映了清末政治、社會的風貌，為後世研究近代社會政治歷史提供了形象的史料。[48]另外，點石齋也保持申報館一致的出版方向，充分地利用了石印的優勢，將其中的一個重心放在易於編撰而又暢銷的舉業用書。

三、舉業用書的生產活動的起落

從點石齋舉業用書的生產的發展過程來看，大致經歷了兩個階段：初創至鼎盛期（1879-1889，美查總攬點石齋業務時期）與衰落至消亡期（1890-1905，美查回英至科舉考試廢止時期）。

---

[45] 《申報》，3305號，1882年7月15日，1版。
[46] 《申報》，3760號，1883年9月30日，1版。
[47] 《申報》，2314號，1879年10月9日，1版。
[48] Christopher A. Reed, *Gutenberg in Shanghai*, 104-114.

(一）初創至鼎盛期（1879-1889）

清初鄉、會試的考試內容與明代相同，順治初年規定：鄉、會試「首場四書三題、五經各四題，士子各占一經」，「二場論一道，判五道，詔、誥、表內科一道，三場經史時務策五道」。「鄉、會試首場試八股文」。對八股文的寫作內容有嚴格的規定，要求以程朱理學為標準。[49]此後，鄉、會試的考試內容多調整。到乾隆五十八年（1793）規定考試內容為：初場為四書文三篇、五言八韻詩一首；二場，五經文各一篇；三場，策問五道。這個規定一直維持到戊戌變法以前。

美查主持點石齋期間，抓緊士子醉心科舉功名的時機，刊行了約六十種的舉業用書來滿足他們全方位的備考需求，也實現了美查謀利的目的。點石齋在光緒十四年（1888）七月在《申報》刊登啟事稱：「本齋刊行石印於今已十一年矣。歷稽十一年來，印出書籍不下數百種。」「近本齋每逢大比必出新書數種，即為《經策通纂》一書包羅之富有不必言，而其中珍本秘冊，他人懸重金而不得者，無不一再蒐入，洵為獨出冠時，非他種經策書可比。其餘如《大題觀海》之美備，《五經文準》之新穎，均屬傑作，購者自知。」[50]透露出點石齋非常重視舉業用書的出版。它在成立初期主要出版供考生學習參考的工具書如《康熙字典》、《佩文韻府》等。隨後將這類圖書的出版方向鎖定在幫助投機士子學習與揣摩用的暢銷圖書如四書五經講章、鄉會試闈墨、八股

49　清史稿校註編纂小組編纂，《清史稿校註》（臺北：國史館，1986），卷一一五，〈選舉三〉，頁3171-72。

50　《申報》，5499號，1888年8月10日，1版。

時文彙選、策問選本、試帖詩選本等。[51]

（一）闈墨。闈墨是幫助士子掌握考官好尚、時文風向的最佳途徑。商衍鎏指出：「八股謂之時文，亦以時過則遷，違時之舊文已去，合時之新文代興。」[52]八股文風尚的微妙變化，就需要「揣摩」。《儒林外史》中的高翰林就深諳其中奧妙，說：「老先生（按：萬中書），『揣摩』二字，就是這舉業的金針了。小弟鄉試的那三篇拙作，沒有一句話是杜撰，字字都是有來歷的，所以才得僥倖。若是不知道揣摩，就是聖人也是不中的。」[53]而要跟風趨時，剛出爐的鄉、會試三場闈墨在這方面就起著嚮導的作用。從咸豐以至光緒中葉年，一些士子對闈墨趨之若鶩，出現「人崇墨卷，士不讀書」的劣風。清末小說《九尾龜》中的人物王伯深在「沒有中舉人的時候」，就曾「抱著一部直省闈墨，拼命揣摩」。[54]申報館也極其重視這個擁有龐大市場的讀物的出版，它在《申報》刊登「精印各省闈墨告白」稱：「本館每遇鄉會試之年揭曉後，必趕印闈墨出售以饗諸君子先覩為快之心。」[55]點石齋成立後，也跟隨母公司的經營重點，不忘插足這個擁有龐大市場的讀物的出版，有《乙酉科十八省闈墨》、《丙戌科會墨》、《國朝元魁墨萃》、《傅選戊子直省鄉

---

[51] 詳參文末附錄〈點石齋石印書局舉業用書出版簡目〉。
[52] 《清代科舉考試述錄及有關著作》，頁257。
[53] （清）吳敬梓，《儒林外史》（北京：人民文學出版社，1977），第四十九回，〈翰林高談龍虎榜，中書冒占鳳凰池〉，頁563-64。
[54] （清）張春帆，《九尾龜》（北京：中國戲劇出版社，2000，古本禁燬小說文庫），第六十四回，〈章秋谷有心試名妓　王太史臨老入花叢〉，頁259。
[55] 《申報》，5940號，1889年10月31日，1版。

墨》等。

（二）四書五經類。明代科考偏重首場，[56]截至清末科舉「雖分三場，而只重首場」的現象依然普遍。[57]首場從四書五經中出題，故自明代以來，書坊編刊了多不勝數闡發四書五經意旨的講章和闡釋四書五經人物事物的參考書。參考誦讀自前朝已有的四書五經類考試輔助讀物，幾乎是當時所有士子的共同行為。舊式書坊刊印了明清文人編撰的這類圖書，其數極多。[58]點石齋承舊式書坊的作業方式，也出版了不少這類圖書，包括：《四書味根錄》、《四書典制類聯音註》（圖三）、《五經體註》、《五經備旨》、《四書典林》、《增廣四書小題題鏡》、《五車樓五訂四書》、《四書典故竅》、《四書圖考》、《九種彙解》、《四書撮言》、《四書古註羣義彙解》、《增補三層四書味根錄》等。

（三）八股時文。四書五經類參考書提供的僅是對經典的闡釋，對一些急功近利的士子來說並無吸引力，他們迫切需要的是一些像闈墨那樣直接允許他們揣摩取法的舉業用書。但闈墨所能提供的篇數離賅備甚遠，於是清代書坊也沿襲明代書坊的傳統，

56　（清）永瑢等，《四庫全書總目》（北京：中華書局，1995），卷三七，〈經部・四書類存目〉，頁310。

57　闕名，〈變通文武考試舊章說〉，高時良編，《中國近代教育史資料彙編》（上海：上海教育出版社，1992），頁616。關於明清科考重首場考試的論述，可參閱侯美珍，〈明清科舉取士「重首場」現象的探討〉，《臺大中文學報》，23期（2005年12月），頁323-368。

58　詳參沈俊平，《舉業津梁：明中葉以後坊刻制舉用書的生產與流通》，頁181-201；沈俊平，〈清代坊刻考試用書的影響與朝廷的回應〉，頁74-75。

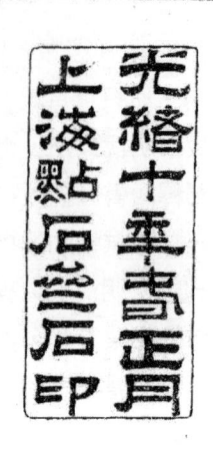

圖三：光緒十年（1884）點石齋石印《四書典制類聯音註》

刊行八股時文彙選來滿足士子的備考需要。「自石印之法行而刊制藝以供揣摩者」，亦「幾於汗牛充棟」。[59]光緒末年，一些士子甚至「專攻制藝，不事經史」[60]，「胸之根柢，不過八股數十百篇」[61]。八股時文彙選也是點石齋的重點出版物。

八股時文分大題、小題兩類。戴名世（1653-1713）云：「且夫制舉業者，其體亦分為二：曰大題，曰小題。小題者，場

---

[59] 〈歷代名稿彙選出書〉，《申報》，5682號，1889年2月15日，4版。
[60] （清）劉大鵬遺著，喬志強標註，《退想齋日記》（太原：山西人民出版社，1990），光緒二十三年九月二十六日（1897年10月21日），頁76。
[61] 公奴（夏清貽），〈金陵賣書記〉，《中國出版史料・近代部分》，第三卷，頁312。

屋命題之所不及,而郡縣有司及督學使者之所以試童子者也。」[62]據戴氏所言,則大題用在鄉、會試出題,小題用在小試中。大題的題意比較完整,又分連章題、全章題、數節題、一節題、數句題、單句題等等。當時以「大題」為名的彙選有《大題三萬選》、《大題五萬選》、《大題文府》、《大題觀海》、《大題鴻雋》、《大題多寶船》、《大題連章文府》、《大題文鵠》、《大題文淵》、《大題文彙》、《大題文》、《大題分類文鈔》等。其中一些是點石齋承印、重印或「延請名宿」編輯的,前兩者包括《大題文富》、《大題文府》等等。光緒十二年(1886)六月,點石齋主人在《申報》刊登〈搜印大題文告白〉:

> 朝廷以制藝取士,士舍是靡由進身,而所挾之技則鋒利可自主也,刻本已汗牛充棟,然皆習見不鮮。本齋茲特敦聘名才遴選大題文二萬篇,均取理法清真,詞句雅正之文,以作觀摩。善本一切冷淡庸濫,難邀知遇,及《大題文彙》、《(大題)文府》,凡已經石印者概不收列一篇。惟是篇章,既富選擇仍精深,憾所見未廣,尚希海內士林有藏先輩稿本、書院課作、近今窗課,不吝金玉,郵寄本齋,即付收條為據。或選入後酌送潤儀,或印出後酌酬一部,均無不可。其有名人鉅製,多士傳抄一文而數處寄來,本齋均以先到者選用。至原稿之選與不選,一概未能

---

[62] (清)戴名世撰,王樹民編校,《戴名世集》(北京:中華書局,1986),卷四,〈己卯行書小題序〉,頁100。

寄還。[63]

點石齋向民間徵集大題文並延請名宿編定的大題文彙選有《大題文彙》和《大題觀海》兩種。

小題產生於成化之際而盛行於萬曆年間。[64]小題在乾隆以前多用在童試,至乾隆初年方有較大的轉變。黃安濤(1777-1847)云:「乾隆間,會試、鄉試題多用搭截及小題。」[65]乾隆九年(1744),鑑於科場擬題、懷挾之風,順天鄉試遂出「略冷」之小題以防倖獲,這是小題從小試躋身鄉、會試之始。[66]小題大概可分成兩類,一為題目割截,不完整者,其中最具代表性的是截搭題。截搭題應在萬曆年間小題盛行時順勢而生。科考所用截搭題,題目文字皆有上下相連、前後的關係,非可東抄西襲,拼湊成文。一為「褻而不經」者,題雖完整,然意義不能冠冕正大,甚至詆毀孔孟、流於淫穢。兩者都因違背制藝乃為闡聖明道的本意,而為大雅所抨擊。然而,批評小題的聲浪雖不曾停歇,但它不僅未被淘汰,更由於其在防止士子擬題、剽竊,以及提升考官的閱卷速度、鑑別文章高下等方面,有明顯的效果,故而在鄉、會試中扮演的角色益形重要。[67]書局意識到重心的變

---

63 《申報》,4753號,1886年7月10日,1版。
64 侯美珍,〈明清科舉八股小題文研究〉,頁179-189。
65 梁章鉅撰,陳居淵點校,《制藝叢話》(上海:上海書店出版社,2001),卷二二,頁429。
66 王先謙,〈東華錄〉(上海:上海古籍出版社,1997,續修四庫全書,第372冊,頁5),〈乾隆二十〉;侯美珍,〈明清科舉八股小題文研究〉,頁161。
67 侯美珍,〈明清科舉八股小題文研究〉,頁160-189。

遷,也生產大量的小題文集如《小題文府》、《小題森寶》、《小題三萬選》、《小題四萬選》、《小題十萬選》、《小題珍珠船》、《小題宗海》、《小題目耕齋》、《小題正鵠》、《小題題鏡》、《小題多寶船》、《小題文藪》等來滿足士子備考的需要。更有題為「巧搭」、「小搭」、「長搭」、「搭截」者,如《巧搭文府》、《巧搭大觀》、《巧搭清新》、《巧搭網珊》、《小搭珠華》、《小搭徑寸珠》、《長搭一新》、《長搭正軌》、《搭截精華》、《搭截奪標》等。點石齋也趕上了出版小題文集的熱潮,最早的是光緒九年(1883)某浙西文人託印的《小題文藪》。此外,還有是亦軒主人託印的《小搭珠華》、文匯館主人託印的《小題宗海》、芹香館主人託印的《小題嬝嬛》、三倉書屋主人託印的《小題真珠船》、三益書舍託印的《長搭小典文彙》、選青居主託印的《小題探驪》、松萱室主人託印的《巧搭網珊》、敏求書屋主人託印的《廣廣小題文府》等。點石齋敦請宿儒編選的彙選則有《小題觀海》、《巧搭大觀》等幾種。

（四）策問。清承明制,鄉、會試第三場試五道策問。雖說科考重首場,士子無需傾全力準備這場考試,但他們仍需對第三場考試做一些基本準備。而且殿試只試策問,試策優劣成為殿試高下的惟一依據,故而著眼於高中的考生,也不會忽視策問的研習。其中最取巧的方式是研習坊間層出不窮,五花八門的策學著作。[68]點石齋也出版一些策學著作供士子研習,有《增廣策學總

---

68 劉海峰,〈「策學」與科舉學〉,《教育學報》5 卷 6 期（2009 年 12 月）,頁 117-118。

集大成》、《歷科試策大成》、《經策通纂》、《三狀元殿試策》等。

（五）試律詩。乾隆五十二年（1787），清廷在明代科舉考試的基礎上，在首場考試中增加了五言八韻試律詩一項，並成為定制，其地位與八股文同樣重要，越來越被當時的士子所重視。紀昀（1724-1805）的《庚辰集》是清人試律詩選本中最早且最有影響力的一部。《庚辰集》後，《九家試帖》、《七家試帖》、《後九家詩》等都是深受士子重視的試律詩選本。[69]鑑於市面上的試律詩選本「或取法太古，眉樣未必嶄新，或擇言太苛，眼界仍難廣遠」，申報館和點石齋傾向於出版自家編輯這類讀物。光緒五年三月，申報館在《申報》刊登〈搜印試帖詩啟〉：

> 本朝以文學取士，制藝而外兼重試帖，數百年來選家林立，然或取法太古，眉樣未必嶄新，或擇言太苛，眼界仍難廣遠。至《試律大觀》諸選則又以多為貴，無所取裁。今歲當三年大比之期，摩厲以須者尤宜預為揣摩以奏扢雅揚風之技。本館不揣冒昧，擬裒聚試帖詩五、六千首印行問世。奈見聞孤陋，集腋纂難用。敢佈告諸君子，如有平生佳作或友朋之作從未經坊間刊刻者，即請飭人交下本館，隨付收條。無論遠近，總以四月二十八日為限，過期不收。選成後統計每人送來之詩，入選二十首酬書一部，

---

[69] （清）梁章鉅著，陳居淵校點，《試律叢話》（上海：上海書店出版社，2001），〈例言〉，頁494。

入選四十首酬書兩部,以下照此遞增,但須核對收條後奉贈。如選不滿二十首者,姑付恝情。其入選之原稿概不奉繳,以免周折。若一人之詩而為兩人同抄交下者,只能儘先次交到之人核算酬書,未能兩贈,尚希原鑑。此書排印裝釘工程浩繁,諸君大箸務祈從速交來,俾得早日蕆事尤所感盼。[70]

這次的徵集活動的反應非常踴躍,原定四月下旬截止接受試帖詩的期限,至四月初已收到二萬餘首,皆「隨珠和璧,美不勝收」,申報館刊登啟事通告接受試帖詩的期限已提前兩個星期至四月十五日結束。[71]截止接受試帖詩後,申報館僅花費了一個多月的時間就已編成選本,「擇其尤者得一千五百九十五首」,名《尊聞閣詩選初集》。「集中題目皆新穎可喜,而詩又清奇濃淡,無一不備,洵投時之利器也。各詩并加圈點,楚楚可觀」。[72]並再接再厲,於七月出版《尊聞閣詩選二集》。[73]和母公司一樣,點石齋也出版試律詩選本,包括《水流雲在軒試帖》、《試律時宜》、《五鳳樓試帖》和《悔蹉跎齋試帖》等幾種。

　　點石齋在美查總攬書局的業務期間共出版舉業用書近六十種,其中光緒十三年是書局出版這類圖書最多的一年,共十九種;其次為光緒十二年、光緒十四年和光緒十五年,各九種。由此可見光緒十二年後的四年是點石齋出版舉業用書的鼎盛期。

---

[70] 《申報》,2136號,1879年4月12日,1版。
[71] 《申報》,2178號,1879年5月26日,1版。
[72] 《申報》,2245號,1879年8月1日,1版。
[73] 《申報》,2282號,1879年9月7日,1版。

點石齋是申報館的附屬書局，它充分利用近水樓臺之便在《申報》刊登啟事徵求舉業用書、舉業詩文以及宣傳新書（文末附錄「點石齋石印書局舉業用書出版簡目」即根據點石齋於光緒六年至二十九年在《申報》刊登書籍啟事與告白整理）。《申報》在 1872 年創刊時，報紙還是一種新事物並不為一般市民所接受，故《申報》在最初的一、兩年辦得十分艱難，其銷量一直維持在六、七百份左右。經過內容的不斷改善和先進技術的採用，使得該報的經營有了明顯的轉機，社會聲譽日隆，影響日益擴大，成為上海諸多報紙中最受歡迎的報紙之一。在創刊十七年後，其銷量擴大了十倍，約六千份左右，故而其所刊登的新書啟事和告白的影響力也不容忽視。[74]

除在上海設有總局與分局外，美查在光緒十四、五年間（1888-1889）於各省省城建立點石齋分莊達二十處，包括：

京都琉璃廠點石	金陵東牌樓點石
蘇州元妙觀點石	杭州青雲街點石
湖北三道街點石	漢口黃陂街點石
湖南省府正街點石	河南省城鴻影庵街點石
福建鼓樓前點石	廣州雙門底點石
四川重慶陝西街點石	成都省學道街點石
江西省貢院前點石	山東省貢院前點石
山西省貢院前點石	貴州省貢院前點石

---

[74] 呂佳，《《申報》廣告設計風格演變探析》（蘇州：蘇州大學碩士學位論文，2009），頁 7。

陝西省貢院前點石	雲南省貢院前點石
廣西省貢院前點石	甘肅省貢院前點石[75]

值得注意的是,點石齋書局多開設於各省省會,同時多在貢院之前,當是出自於精密籌劃。一則省會為文人學士彙集之地,留心圖書,必多購閱。二則各省會舉行鄉試,必有各地貢生前來應考,到省即必順便購書。「此即出於市場經營眼光,商業行銷之謀也。」[76]

光緒十四年,美查已入老境,想起久離祖國的家鄉,決定回國安度晚年,便將他所經營的事業,改組為「美查有限公司」。全部資金三十萬兩,同時招收外股。美查收回本利後在翌年回國。[77]

通過上文的論述,說明點石齋在精打細算,並深諳中國國情與文化的美查的長袖善舞的主持下,業務蒸蒸日上。在主理點石齋期間,美查對士子閱讀與作弊需求有清楚、完整的認識,緊隨考試內容與形式的要求,援用石印術的優勢,將資源投入在舉業用書的生產活動。除在成立初期出版工具書像《康熙字典》、《佩文韻府》、《臨文便覽》供士子參考外,生產了近六十種經濟實惠、體積輕巧、便於攜帶的舉業用書像四書五經講章、鄉會試闈墨、八股時文彙選、試帖詩選本、策問選本等在全國銷售,

---

[75] 申報館編,《點石齋畫報》,二集午冊(天津:天津古籍出版社,2009),頁17。

[76] 王爾敏,〈中國近代知識普及化傳播之圖說形式——點石齋畫報例〉,頁168。

[77] 徐載平、徐瑞芳,《清末四十年申報史料》,頁19。

來滿足年輕考生居家遠行時備戰科場、挾帶作弊的需求。

（二）衰微至消亡期（1890-1903）

點石齋在舉業用書的出版的輝煌時期僅維持了十一年。隨著美查的離開，點石齋在這類圖書的出版方面已顯著減少，其出版甚至出現了好幾年的空窗期。光緒十六年（1890）至光緒二十九年（1903）期間，點石齋僅出版了十五種舉業用書，和美查主持點石齋期間所出版的約六十種舉業用書比較起來，明顯少了許多。

追根究底，與申報館主持人的變動息息相關。美查回國後就不再過問美查有限公司之事，公司的業務由埃皮諾脫（E. O. Abuthnot）全權負責。和熟悉中國文化的美查不同，埃皮諾脫「不諳華語，遇館事有所商酌，均由畢禮納傳譯」。[78]由於埃皮諾脫對中國文化沒有深入的了解，更不必說關注圖書尤其是舉業用書的出版了。[79]管理層異動後，點石齋在《申報》上徵求孤本珍版以及出售點石齋書局出版的書籍啟事就不常見了。[80]更為重要的是，接棒的管理團隊也應當察覺市場對石印圖書的承受能力已亮起了紅燈。王韜（1828-1897）在光緒十三年至十五年（1887-1889）寫給盛宣懷（1844-1917）的一封信說：「滬上書

---

[78] 雷瑨，〈申報館過去之狀況〉，申報館編，《最近之五十季》，頁27。

[79] 實際上不僅舉業用書如此，申報館在美查回國以後也失去了對中國小說的出版熱情。詳參文娟，《結緣與流變：申報館與中國近代小說》，頁144-147。

[80] 徐載平、徐瑞芳，《清末四十年申報史料》，頁334。

局太多，石印已至七八家，所印書籍實難銷售。」[81]當時報章也報導：「上海石印業很發達，其所印中國書以百萬計。這種情形對原有的印書業打擊很大。」[82]石印書局如雨後春筍般地湧現，不僅給原有的木刻業帶來衝擊，競爭的白熱化亦使石印同業的經營日益艱難。多數石印書局對開發新書的積極性不高，在版權意識不強的時代追隨潮流大量出版暢銷書如《康熙字典》、《佩文韻府》、《大題文府》、小說，以及楹聯、碑帖、書畫等時，勢必造成市場飽和而滯銷，進而影響資金的周轉。另外，《申報》在當時日銷六、七千份，售價已從初創時的八文增加至十二文。其廣告營業在美查離去前已相當發達，廣告版面擁擠，乃在當年將廣告價格上調一倍，[83]報章的銷售與廣告的收入足以保證公司業績的持續穩定增長。在商業戰略與利益的考量下，申報館的石印圖書出版的熱情漸趨冷卻，不再是公司的核心業務。在上述原因的綜合影響下，點石齋在舉業用書的出版呈現衰頹，並在科舉制度廢止前消亡。

雖然對舉業用書的出版關注不足，但這期間所出版的這類圖書仍是符合時代需求的。除延續美查主持時期所出版的四書五經類參考書，以及八股時文、策問、試帖詩選本外，還出版了一些根據科舉內容改變的舉業用書。

---

81 王爾敏、陳善偉編，《近代名人手札真跡・盛宣懷珍藏書牘初編》（香港：香港中文大學出版社，1987），王韜致盛宣懷函十七，頁3398。
82 *North China Herald*, issue 1122, January 30, 1889, p. 114.
83 徐載平、徐瑞芳，《清末四十年申報史料》，頁73-77。

清代科舉改革始於戊戌變法之時，中間一度復舊。[84]光緒二十七年（1901），清廷宣佈變通科舉考試，諭自明年始，正式廢止八股，改試策論，終止了自明代以來實行了五、六百年的制藝取士之法。第二年（1902），會試分三場進行，頭場試中國政治史事論五篇，二場試各國政治藝學策五道，三場試四書義二篇、五經義一篇。進士朝考論疏、殿試策問，也都以中國政治史事及各國政治藝學命題。以上考試皆強調：凡四書、五經義，「均不準用八股文程式，策論均應切實敷陳，不得仍前空衍剽竊。」[85]學者指出，策論在科舉改革中成為關注的焦點，與晚清「經世致用」思潮之興起密切相關。[86]

　　清代從改科舉到廢科舉，取士的標準有一個變化的過程。廢科舉前的十餘年間，取士的標準已是鼓勵新舊學兼通。「年來各省書院、歲科考經解、策論莫不講求西學。近來鄉闈禮闈三場問對均以時務為重。」[87]山西舉人劉大鵬（1857-1942）在日記透露：「當此之時，中國之人競以洋務為先，士子學西學以求勝人。」[88]

---

[84] （清）徐珂，《清稗類鈔》，冊2，〈考試改策論〉、〈考試復用八股文〉，頁595。

[85] （清）實錄館修纂，中國第一歷史檔案館等整理，《清實錄》，光緒二十七年七月己卯，頁412。

[86] 章清，〈「策問」與科舉體制下對「西學」的接引——以《中外策論大觀》為中心〉，《中央研究院近代研究所集刊》，58期（2007年12月），頁77。

[87] 〈中西策學備纂〉，《申報》，8698號，1897年7月5日，9版。

[88] 劉大鵬遺著，喬志強標註，《退想齋日記》，光緒二十三年四月十七日（1897年5月18日），頁72。關於劉大鵬的生平，可參閱Henrietta Harrison, *The Man Awakened from Dreams: One Man's Life in North China Village, 1857-1942* (Stanford, Calif.: Stanford University Press, 2005)。

取士標準的改變，士子所讀之書即隨之而變。[89]時人描述：「近日書肆中時務之書汗牛充棟，其間有從西書中譯出者，有民間私箸由耳食而得者，純駁不一，但取其備。各士子之入肆爭購，睨而視之者，不啻蟻之附羶，蠅之逐臭，蓋非此不足以為枕中鴻秘也」。[90]

因應於「採西學」、「重時務」的需求，晚清出版了多種西學彙編。[91]《申報》對當時的出版業做出這樣的觀察：「書鋪之工於經營者，又能揣摩風氣，步步佔先。如今科有三場出時務策題之說，於是將近人所著各書，分農學、礦學、算學、兵學以及聲、光、化、電諸學分門別類，綱舉目張。攜赴考市，購者雲集，有朝成書而夕已告罄者。」[92]由此可見西學彙編極受重視，故而考生不落人後地爭購這些讀物。民營書局像點石齋也爭相編刊西學讀物，這股熱潮持續至科舉廢止。劉大鵬在日記中透露：科舉改制後，「時務諸書，汗牛充棟，凡應試者均在書肆購買」，故書商也乘機「高攫其價」。[93]其中不少以「西學」、「新學」、「時務」為名的。如《西學大成》、《西學通考》、《中外時務策府統宗》、《中西時務格致新編》、《皇朝新學類

---

89 羅志田，〈清季科舉制改革的社會影響〉，劉海峰編，《二十世紀科舉研究論文選編》（武漢：武漢大學出版社，2009），頁642-43。

90 〈論考試之弊〉，《申報》，8760號，1897年9月5日，1版。

91 章清，〈晚清西學彙編與本土回應〉，《復旦學報（社會科學版）》，2009年6期，頁48。

92 〈論考試有夾帶為古今中外之通論〉，《申報》，8770號，1897年9月15日，1版。

93 劉大鵬遺著，喬志強標註，《退想齋日記》，光緒二十九年三月初六（1903年4月3日），頁121。

纂》等。

點石齋也涉足出版西學讀物。光緒二十三年（1897）六月，刊登《新輯西法策學匯源》的出版預告：

> 本齋不惜重資敦請名人編輯是書，三閱寒暑，始克告竣。所採西國名師著述譯出之本，條分縷析，竟委窮源，是以西人言西法，非中國之人言西法也者。然西法者，不離於時務洋文。今本齋廣為搜集，不下數百種，擇其當今之要著、場屋之準繩，如彙如源，並非抄襲撮拾者可比。近觀各坊家所出之策論、算學等書橫行者，多字形極小。今本齋不遺餘力，精益求精，書歸直行，字形極大，購閱者以省目力。現已工竣，不日出書。茲以篇頁過多，書分初二兩集。每訂二十本，每集洋八元。上海大馬路鴻寶齋暨湖南、湖北、漢口、蕪湖各分莊及各書坊發兌。[94]

同年還出版《時務通考》（圖四），其出書啟事稱：

> 方今朝野上下皆以講求時務為急，而時務各書之總彙者惜無善本，僕等不惜重金，敦請名宿竭三年之力，採書五百餘種，成《時務通考》一書。……每總目中文分子目多或數百，少亦數十部，四百萬言，裝成廿冊，條分縷析，不落叢書□，經校讎兩次，精善無匹，且句讀清晰，尤便觀覽。此書專言時務，凡經史子集舊說概從略焉。廿八出

---

[94] 《申報》，8700 號，1897 年 7 月 7 日，5 版。

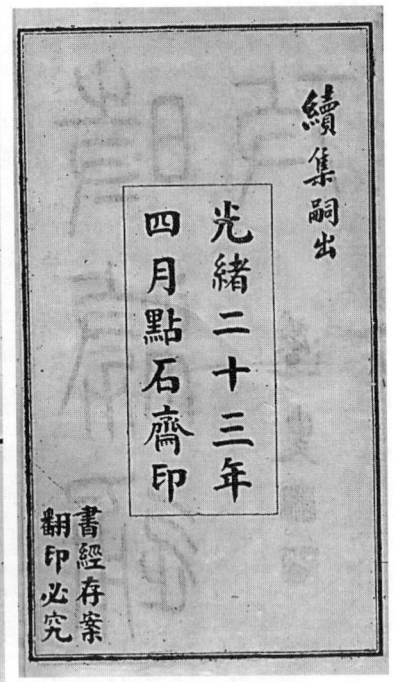

圖四：光緒二十三年（1897）點石齋石印《時務通考》

書，每部實洋七元，躉買另章。京都琉璃廠大有堂，天津宮北紹蓮堂周宅，上海後馬路乾記棧內三處發售。[95]

該書分三十一類，下分綱目，再下為條目，共有條目 13192 條。此書「海內風行，揣摩家咸奉為圭臬」。像正在習舉業的朱峙三聽聞黃州有考市，立即趕去購買《時務通考》。「《時務通考》

---

[95] 《申報》，8713 號，1897 年 7 月 20 日，5 版。

閱竣三分之二」後,使得他也「略知外國情況」[96],可見此書是士子了解國外情況的一個「視窗」,在科舉改制後仍具參考價值,推動了點石齋在四年後出版該書的續集。[97]。正、續兩編得到士子追捧,也吸引一些奸商偷天換月,「勒襲菁華,改名翻印」。[98]

科舉改制後,中外策論地位提升,八股文頓失地位,出版八股文集已不能給書商帶來利益,立即遭多數書商冷落,不再花費心思出版新編的八股文集,僅僅翻印科舉改制前影響力較大、銷路較廣的八股文集如《大題文府》、《小題文府》等。書商也將注意力從五言八韻試律詩,轉到出版與策論相關的舉業用書上。儘管策論體裁流傳甚久,但是對於常年習於八股文體的士子而言,仍然需要加倍努力才能掌握。《策學備纂》、《策府統宗》等書籍到了科舉改制後,已不能滿足士子的備考需求。應試士子既要周知本國古今政治與史事,於是二十四史、九通、《綱鑑》以及各種論說,又復盛行一時。[99]考生「無不慷慨解囊,爭相購買」當時書局所翻印的「廿四史、《九通》諸書」。[100]這些書由於是頭場命題的出處,考生都非常注意研讀,只是正襟危坐細讀這些卷帙浩繁之作的考生恐怕不多,於是書店刊印《歷代史事政治論》、《歷代史事論海》、《史鑑節要》、《通鑑便讀節

---

[96] 朱峙三著,章開沅選輯,〈朱峙三日記(連載第二)〉,光緒二十九年閏五月初十日、閏五月二十九日,頁298-299。
[97] 〈跋時務通考續編〉,《申報》,10283號,1901年12月2日,3版。
[98] 〈翻刻必究〉,《申報》,10257號,1901年11月6日,3版。
[99] 陸費逵,〈六十年中國之出版業與印刷業〉,頁14。
[100] 〈書肆概言〉,《申報》,11173號,1904年5月27日,1版。

本》、《綱鑑易知錄》等讀物來滿足欲操捷徑的考生的需求。其中，以《綱鑑》、《通鑑》等為名的歷史讀物最易吸引士子目光，不少俗陋士子僅僅「看過《綱鑑易知錄》而已」[101]。

對於這個改變，點石齋也作了相應的調整。光緒二十九年（1903）閏五月，點石齋出版了《歷代史事政治論》，其啟事云：

> 科舉改章，鄉會試首場試以中國史論，是非胸羅全史，學識閎通，決不能於場屋中拔幟制勝。然不博觀古今名人論史之作，則識見或不能恢擴，而思議筆力恐不能縱橫馳騁，卓然成家。是編係京師大學堂、江陰南菁學堂、松江融齋精舍諸高材生分輯，依涑水《通鑑》始於三家分晉，下迄有明。上而朝綱國政，下而吏治民生，凡經名儒碩學抒為偉論者，無不□取編錄。集書數百種，得文數萬篇，搜羅宏富，抉擇精嚴，誠乙部之鉅觀，非徒科場之鑰已也。付之石印，現已出書，都計三百零八卷，裝訂二十八本，定價洋銀四元八角。總經售處申報館及申昌書室、慎記書莊，其餘各書坊均有寄售。[102]

透露出它是應科舉新章而編寫的一部舉業用書。同年十月，出版《大字遼金元三史》，其啟事稱：

---

[101] 公奴（夏清貽），〈金陵賣書記〉，頁312。
[102] 《申報》，10854號，1903年7月9日，1版。

> 遼金元三史為近時極要之書，大小試場命題，兼及三史。局刻繁重，價值又昂，海內寒儒每苦力難購置，且三史中地名、人名之類率皆聱牙佶屈，記憶難清。臨時若不檢查，即素經流覽者，亦往往有差舛之處，貽誤匪淺。此書最宜付之石印，以便取攜，而竟無人計及於此。今始由本齋用影石法縮印，選取頂上紙墨，故能字跡明顯，朗若列眉，平日用功既屬不費目力，而攜帶則尤極相宜。裝訂廿八冊，價極克己，祇收回工本洋銀四元八角。欲購者請臨英大馬路本齋、三馬路申報館、申昌及各書坊購取。[103]

自《大字遼金元三史》後，點石齋就終止了舉業用書的出版。

點石齋在美查離去後雖出版了八股文彙選、試帖詩選本、策問選本、西學讀物、歷史讀物等舉業用書，但就量而言不僅無法與美查主持書局期間相提並論，從種類來說也有失全面，沒有充分把握舉業用書類的一些出版熱點，像前文討論的「經世文編」系列圖書以及百科全書等，使得它逐漸失去了與同業競爭的優勢。

總的來說，隨著石印圖書出版競爭的熾烈，加上美查離開前申報館在《申報》出版和廣告業務已取得相當理想的收益，促使接棒人改弦易轍，將業務焦點投放在報章的出版上，使得點石齋在舉業圖書的出版上不僅失去往日的光輝，最終在科舉制度廢止前劃下句號。

1911 年，點石齋石印書局與古今圖書印書局、申昌書局等

---

[103] 《申報》，10995 號，1903 年 11 月 27 日，1 版。

合併組成上海集成圖書公司，點石齋石印書局的出版活動也從此走入歷史。[104]

四、結論

　　通過對點石齋的舉業用書的生產活動的興衰起落的考察，反映書局主持人對出版決策制定與實施中具有舉足輕重的作用。在深謀遠慮的美查總攬書局的業務期間，點石齋對當時的圖書市場具有敏銳的洞察力，援用石印術的優勢，利用既有的資源像在《申報》刊登徵求佳作與詩文，從而生產了林林總總、數量可觀、經濟實惠、小而便攜的舉業用書來滿足年輕考生居家遠行時備戰科場、挾帶作弊的需求。自美查離開後，隨著石印圖書出版市場競爭的日趨激烈，《申報》出版與廣告業務的蒸蒸日上，觸使精打細算的接棒人調整商業戰略，將重心偏向報章出版業務，減低對圖書出版業務的依賴。這個改變使得點石齋不僅失去了在舉業用書圖書的出版上引領潮流的地位，並在科舉制度廢止前匿跡於在這類圖書的出版上。

---

[104] 徐載平、徐瑞芳，《清末四十年申報史料》，頁317。

附錄　晚清同文書局的興衰起落與經營方略

一、緒論

　　英商美查（Ernest Major，1841-1908）在上海創辦的點石齋石印書局是近代中國最先採用西方新式先進的石印術進行商業性出版的企業，其成功掀起了一股石印的熱潮，石印書局如雨後春筍般紛紛創設，初期呈點石齋、同文書局和拜石山房鼎足而立之勢。其中，粵人徐潤（1838-1911）與其堂弟創辦的同文書局雖僅營業了十六年，和早期石印書局一樣出版楹聯、碑帖、書畫、經史子集、工具書、舉業用書、小說等，但其影響卻是長遠的。它除了是中國人採用石印術進行商業性圖書生產活動的先鋒，最值得稱道的是其出書注重質量，以及刊印了《二十四史》、《古今圖書集成》這兩套大型古籍，尤以開創股印製對出版業的影響至深，足見其對近代中國出版業的積極作用。

　　惜目前為止，除點石齋石印書局外，學術界對光緒初年採用新式印刷術進行圖書生產的民營書局像同文書局的重視稍嫌不足。實際上，若沒有這些書局的篳路藍縷的奠基性工作與可資借鑑的經驗，稍後的商務印刷館與中華書局這兩大近代出版機構的

成功或許需走一條更遠的路。對於同文書局,幾乎每部出版通史、近代出版史和上海出版史雖都有涉及,[1]有關的專論性研究卻屈指可數,[2]且往往僅止於對同文書局的創辦、創辦人徐潤、印書種類及價值,以及其所刊印的《古今圖書集成》的泛泛介紹。有關其崛起與發展、經營方針與策略,以及成就與影響仍有待全面、系統和深入研究,這些都是本文欲處理的一些問題,以深化人們對同文書局乃至晚清石印書局的認識。[3]

二、同文書局的崛起

光緒八年(1882),徐潤「從弟秋畦、宏甫集股創辦同文書局」,徐潤鼎力支持並投資入股。[4]同文書局開辦後的業務雖由

---

[1] 張秀民,《中國印刷史》,頁 592;葉再生,《中國近代現代出版通史》(北京:華文出版社,2002),第 1 卷,頁 368-370;汪家熔,《中國出版通史・清代卷(下)》(北京:中國書籍出版社,2008),頁 115;Christopher A. Reed, *Gutenberg in Shanghai: Chinese Print Capitalism, 1876-1937* (Vancouver, B.C.: University of British Columbia Press, 2004), pp. 104-118.

[2] 這些專論性論文有于伯銘,〈同文書局〉(《歷史教學》8 〔1982.8〕:47-48)、左建,〈同文書局與石印書局〉(《蘭臺世界》5 月上旬〔2013〕:144)、裴芹,〈《古今圖書集成》同文版小考〉(《內蒙古民族師院學報(哲社版)》4〔1992.7〕:76-77)。

[3] 本文所用材料,大體以同文書局創辦人徐潤的年譜、營業書目、《申報》刊登的新聞報導、新書啟事和告白、時人回憶為基礎,並融匯多年來前輩學者在社會史、經濟史、教育史和出版史,尤其是晚清部分所取得的成果。

[4] 清・徐潤,《徐愚齋自敍年譜》(《北京圖書館藏珍本年譜叢刊》第

徐宏甫主持,但徐潤對當時事物的識見,以及對書局創設的首二年的營運、策略與成長發揮了舉足輕重的影響力。

徐潤,字潤之,又名潤,號雨之,別號愚齋,廣東廣州府香山縣北嶺鄉人,是晚清上海商界著名人物之一。同治十二年(1873),徐潤受直隸總督兼北洋大臣李鴻章(1823-1901)延攬,進入晚清第一個「官督商辦」企業——輪船招商局(China Merchants' Stream Navigation)擔任會辦,與唐廷樞(1832-1892)等改組輪船招商局。在他們的主持下,招商局在資本籌集方面率先採用股份制形式,開創性地向民間發行股票。其股票的成功發行,使華商企業募股風氣大開。從此,華商企業股份制經營模式逐步發展了起來。光緒九年(1883)遭上海金融風潮波及,宣告破產,影響所及,遭招商局革職。光緒十三年(1887)後,投入礦物業,並逐漸恢復事業,在晚清中國工商實業發展過程中,積極投入資金並參與經營。光緒二十九年至三十三年(1903-1907)間回到招商局會辦局務。其一生獨立創辦或投資民營事業很多,不下四、五十家,主要從事的活動範圍有絲、茶、棉、煙草、桐油、石蠟、錢莊等。[5]徐潤晚年寓居上海,於宣統三年二月初九日(1911.3.9)病逝上海家中。[6]

---

175 冊,北京:北京圖書館出版社,1999),頁 67,194。

[5] 張世虹,《晚清買辦與實業家徐潤研究》(廣州:暨南大學博士論文,2005),頁 133-146。

[6] 關於徐潤的家族與生平,可參閱民國・吳馨、江家嵋修,《上海縣志》(《中國地方誌集成・上海府縣誌》第 4 冊,上海:上海書店出版社,1991),卷 17〈遊寓〉,頁 271-272;蔡志祥,〈修譜——宗族的統合與分支:以香山徐氏族譜為例〉,收錄於鄭欽仁教授榮退紀念論文集編輯委員會編,《鄭欽仁教授榮退紀念論文集》(臺北:稻鄉出版社,

光緒八年，徐潤已富甲一方，各項投資包括房地產、煤礦、紗絲業、當舖等總額約四百萬兩。[7]為何他不安於現狀，斗膽涉足剛起步的石印出版業？

　　除獨資經營外，由於實行多元化經營可減輕經營企業的風險，故是買辦從事企業經營活動中慣用的手法。[8]投資高回報的石印出版業是徐潤多元化企業經營活動的實際體現。此外，合股經營事業的方式，在當時並非罕見。「當時上海華洋雜處，儼然國際都市的，商業貿易的方式必須變，金融土地房屋的買賣最易賺錢，也最易一敗塗地；即使絲茶或紙張圖書業，或布莊紡織錢莊，其創辦經營都必須是合股的，否則自己必須要有很龐大的資本。」[9]故合股經營有利於減輕創辦及經營企業的風險性的審慎舉措。另外，黎志剛指出：「一般學者認為中國式商業網絡與血緣及地緣有很大關連，香山地區商人也不例外。他們往往在商業活動中借重親族，特別是兄弟、叔伯、同宗、同姓和左鄰右里，互相提攜，互相扶掖，這種親族情懷，鄉情互助的方式，不單源於個人感情關係，亦建於減低交易成本（transaction cost）的考

　1999），頁351-357；張世虹，《晚清買辦與實業家徐潤研究》，頁39-46。

[7]　Hao, Yen-p'ing, *The Commercial Revolution in Nineteenth-century China: the Rise of Sino-Western Mercantile Capitalism* (Berkeley: University of California Press, 1986), pp. 331-332.

[8]　張曉輝，〈買辦的企業家精神──兼論買辦的歷史作用〉，收錄於香港中文大學中國文化研究所文物館、香港中文大學歷史系編，《買辦與近代中國》（香港：三聯書店，2009），頁70-71。

[9]　羅炳綿，〈晚清商人習尚的變化及其他──讀徐愚齋自敘年譜〉，《食貨月刊》7.1-2（1977.4）：76。

慮中,亦即同宗同姓的血緣關係是可以信賴的。當他們要創辦企業時,首先會安排兄弟及子侄到主管企業中擔任基本幹部,親族也在資本融通上給創辦者有力的支持。」[10]這是徐潤堂弟集股創辦書局的原因。親族情懷,鄉情互助促使徐潤贊成並入股堂弟倡議創辦的同文書局。

徐潤支持並入股堂弟倡議創辦同文書局,除了為實現多元化經營,追求高利潤,發揮親族團結互助的精神外,與香山人的群體性格、徐潤的認知,以及買辦的群體地位息息相關。

黎志剛指出:「自鴉片戰爭後,中國開放五口通商,洋貨湧至。」「由於地緣關係,在香山縣前山及唐家灣地區一帶的香山人多有與外人接觸的機會,具有辦事的靈活性。在靠近澳門的香山地區產生了一批熟悉洋務和善於營利的買辦和賭商。香山人也產生不少熱心政治活動和勇於冒險犯難的出國姑婆(自梳女),香山人似有冒險進取的群體性格。」[11]通過徐潤一生的事業,可見其充滿冒險犯難的精神。他「創招商輪船局,仁和、濟和保險公司,開平、林西煤礦,塘沽種植公司,續辦承平、三山銀礦」[12]等具有賭博性的巨額投資都是中國近代首創。[13]「舉凡所規

---

10 黎志剛,〈近代香山商人的商業網絡〉,收錄於張仲禮、熊月之、沈祖煒主編,《中國近代城市發展與社會經濟》(上海:上海社會科學院出版社,1999),頁357-358。

11 黎志剛,《中國近代的國家與市場》(香港:香港教育圖書公司,2003),頁319-320。

12 清‧徐潤,《徐愚齋自敘年譜》,〈序〉,頁3。

13 羅炳綿,〈晚清商人習尚的變化及其他──讀徐愚齋自敘年譜〉,頁76。

劃,皆為中國所未見事,事足與歐美競爭。」[14]十九世紀八十年代初期,徐潤與唐廷樞對金利源碼頭地基做出大規模投資,「僱工填灘成地,建造棧、碼頭,用銀六十餘萬兩,勘成地二十一畝五分」,擴建成招商局的南棧。這些碼頭棧房當然極有價值,顯示唐、徐等香山商人投資眼光敏銳,有膽量以大筆資金為填灘地之用。[15]

作為十九世紀中後期的中國企業家以及與中西接觸之間的一名介中人物,徐潤對西方文明具有超乎尋常的敏感和好奇。據一個外國女記者的記錄,其生活方式已不同於當時一般政商名流,在飲食起居和家庭子女教育等方面,開始崇尚和接受西方上層社會的生活方式。[16]他在《上海雜記》中用極大的篇幅記載了當時近代過程中出現的新事物,像輪船碼頭、郵船公司、銀行、製造廠、公司、稅務、煤氣燈、電燈、自來水、電話、電報、電車、火油、火柴、醫院、學校等都有涉獵,記載詳細。[17]徐潤對西方文明不僅表現在敏感性高,更可貴的是擅於把握機會予以實現,推行「洋為中用」的計劃,像股份制和保險的開創就是典型的例子。[18]

徐潤意識到先進設備是辦好企業的必要條件。二十世紀初,各地工廠大多風氣未開,拒絕使用機器生產。光緒三十四年(1908),徐潤獨辦景綸襪衫廠時,以極大的勇氣衝破閉塞的社

---

[14] 民國・吳馨、江家嵋修,《上海縣志》,卷17〈遊寓〉,頁271-272。
[15] 黎志剛,《中國近代的國家與市場》,頁329-334。
[16] 清・徐潤,《徐愚齋自敘年譜》,頁235-237。
[17] 清・徐潤,《上海雜記》(《北京圖書館藏珍本年譜叢刊》第175冊)。
[18] 張世虹,《晚清買辦與實業家徐潤研究》,頁189。

會環境,添置先進設備,「以期趕速起貨」[19],提高效率。徐潤在創辦同文書局時,石印術雖在起步階段,但他毫不猶疑地斥資向國外購買機器,印刷古籍。徐潤敢於冒險,但並非盲目崇洋與追隨潮流之輩。他對石印術的優勢有相當深入的了解。其年譜記錄:「查石印書籍始於英商點石齋用機器將原書攝影石上,字跡清晰,與原書無毫髮爽,縮小放大,悉隨人意,心竊慕之,乃集股創辦同文書局。」[20]光緒九年六月,徐潤在申報刊登的「同文書局小啟」中記:

> 書籍之有木刻由來尚矣,寖而至於銅板、磁板、鉛板、沙板,輔木刻以兼行,為藝林所寶貴,然皆有工鉅費繁之慮,且有曠日持久之嫌,要未若今日石印之巧且速者也。石之為物,其質頑矣,其色滯矣。自泰西人以藥水淬之,以機器磨之,遂使頑者生光,滯者轉潤,□如兒面,□於兼金,於是陳書於旁列鏡以對,既影行之畢肖,復芒之無訛,移諸赫□,敷以丹藥,字已露於石上,墨不離乎筒中,雖費其工,似亦甚重,然書成之後較之木刻不啻三倍之利焉,而且不疾而速化行若神,其□書如白日之過隙中,其印書如大風之□水上,原書無一毫之損,所印可萬本之多,三日為期諸務畢,舉木刻遲緩不足言矣。[21]

說明徐潤是在對石印術的優點有相當充分的認識下才做出投資石

---

19 清‧徐潤,《徐愚齋自敘年譜》,頁 213-214。
20 清‧徐潤,《徐愚齋自敘年譜》,頁 67。
21 《申報》,3679 號,1883 年 7 月 11 日,6 版。

印出版業的商業決定。

在排外思想佔主導地位的晚清,看來長袖善舞,「從赤貧到暴富」,物質生活富裕的「買辦」群體並非吃香的行業,社會地位不高,頗遭時人鄙夷。[22]身為香山人的容閎(1828-1912)在婉拒出任日本長崎分公司買辦之職時說:「買辦固然是個賺錢的好差事,但終歸屬於奴僕性質,作為美國第一流學府耶魯大學的畢業生,我不願給母校丟臉」。[23]近代人們的言行也透露出買辦地位的低下。左宗棠(1812-1885)斥責怡和洋行買辦楊坊(1810-1865)為「以市儈依附洋商致富」者。[24]與西人有相當接觸的王韜(1828-1897)對買辦也極反感,以買辦姚某「為西人供奔走,美其名曰買辦,實則服役也」,拒絕將其女嫁給他。[25]人們

---

[22] 關於清末「買辦」群體的收入及其來源、財產估計,和其生活方式,可參閱 Hao, Yen-p'ing, *The Comprador in Nineteenth Century China: Bridge Between East and West* (Cambridge: Harvard University Press, 1970), pp. 89-105;汪熙,〈關於買辦和買辦制度〉,《近代史研究》2(1980.3):191-200;馬學強,〈上海買辦的生活〉,收錄於香港中文大學中國文化研究所文物館、香港中文大學歷史系編,《買辦與近代中國》,頁24-47;胡波,《香山買辦與近代中國》(廣州:廣東人民出版社,2007),頁 78-80;楊麗霞,〈試論近代買辦的社會地位〉,《銅仁學院學報》1.2(2007.3):10。關於清末「買辦」群體的社會地位,可參閱黎志剛,《中國近代的國家與市場》,頁 320-324。

[23] 清‧容閎著,王蓁譯,《我在美國和在中國生活的追憶》(北京:中華書局,1993),頁 45-46。

[24] 清‧左宗棠著,《左宗棠全集》(長沙:岳麓書社,1987),奏稿一〈請勒追革京米捐款再行解來浙捐輸賑米片〉,頁 214。

[25] 謝無量,〈王韜——清末變法論之首創者及中國報導文學之先驅者〉,《教學與研究》3(1958.3):41。

對買辦的看法也反映在小說中。《二十年目睹之怪現狀》的作者說:「那班洋行買辦,他們向來都是羨慕外國人的,無論甚麼,都說是外國人好,甚至於外國人放個屁也是香的。」[26]為了改變人們的看法,視他們為社會的「頭面人物」,不少買辦積極地參與社會政治活動,以提升到社會領導者的地位。除捐官買爵外,一些買辦還承擔許多社會活動諸如領導與資助公共工程、文化教育和醫療衛生等事業。在十九世紀六十年代,徐潤已捐有道台銜(同治十一年捐了更高等級的兵部郎中銜),[27]還是一個絲、茶、鴉片生意和廣肇會所的領袖人物,又是上海格致書院和上海仁濟醫院的董事,也積極參與光緒初年賑濟直隸省飢荒活動,在家鄉香山至少花了二萬多兩銀子建置地方公益和編撰徐氏宗譜。[28]另外,「當時商人一般習氣仍是喜歡附庸風雅」。[29]徐潤讀書不成,改行從商取得成功。他雖「不儒而賈」,「然酷圖籍,宜雅宜風」,「藏書富有」。[30]還建築了一個公餘憩息之所名之為「未園」,為之寫了〈未園飲餞圖記〉;六十歲時覺得以往無一不愚,就名所居曰「愚齋」而寫〈愚齋自志〉。六十歲生日時也

---

[26] 清・吳趼人,《二十年目睹之怪現狀》(北京:人民文學出版社,1981),第 24 卷〈藏獲私逃釀出三條性命 翰林伸手裝成八面威風〉,頁 175。

[27] 關於徐潤捐得的官爵的詳細情況,可參閱清・徐潤,《徐愚齋自敘年譜》,頁 232-234。

[28] Hao, Yen-p'ing, *The Comprador in Nineteenth Century China*, p. 188;蔡志祥,〈修譜──宗族的統合與分支:以香山徐氏族譜為例〉,頁 354。

[29] 羅炳綿,〈晚清商人習尚的變化及其他──讀徐愚齋自敘年譜〉,頁 75。

[30] 清・徐潤,《徐愚齋自敘年譜》,頁 194。

徵集詩文湊熱鬧。[31]凡此種種，皆是他個人的社會與文化投資，累積「社會資本」（social capital）和「文化資本」（cultural capital），提高社會地位。因此推想徐潤創辦同文書局，出版石印古籍（尤其是出版大型圖書如《二十四史》和《古今圖書集成》），不僅為創造利益，亦是為滿足虛榮心，藉此為自己打造文化形象，期待名利雙收。

通過同文書局的創辦，鮮明地體現了徐潤堂兄弟，乃至香山籍群體以及買辦群體的團結互幫、投機重利、精明靈活、冒險進取、務實創新、審慎幹練的作風。

三、同文書局的經營方針與策略

（一）經營規模與方向

同文書局將總局建在上海虹口熙（西）華德路（Seward Road），其規劃與組織相當完善，「其屋皆倣西式，堅牢鞏固，四面繚以圍牆，中有帳房、提調房、校對房、描字房、書棧房、照相房、落石房、藥水房、印書房、火機房，秩然井然，有條不紊。」[32]並裝備了十二台石印機器，雇用了五百多名工人，規模相當浩大。[33]

---

[31] 羅炳綿，〈晚清商人習尚的變化及其他——讀徐愚齋自敘年譜〉，頁75。

[32] 《申報》，7251號，1893年6月29日，3版。

[33] 賀聖鼎，〈三十五年來中國之印刷術〉，收錄於張靜廬輯註，《中國近現代出版史料》（上海：上海書店出版社，2003），第1冊，頁270。

中華書局創辦人陸費逵（1886-1941）回憶：「當時的石印書局，因自己不編譯，專翻印古書，所以沒有什麼編譯所的名稱。大概在發行所或印刷所另闢一室，專從事校閱。總校一人，一定要翰林或進士出身，月薪三十兩，分校若干人，舉人或秀才出身，月薪十兩左右。搜覓到一種書，經理決定要印，便照相落石，打清樣校對，校對便印訂，所以出書是很快的。」[34]反映了大多數晚清石印書局的經營方式。同文書局在創辦初期亦是如

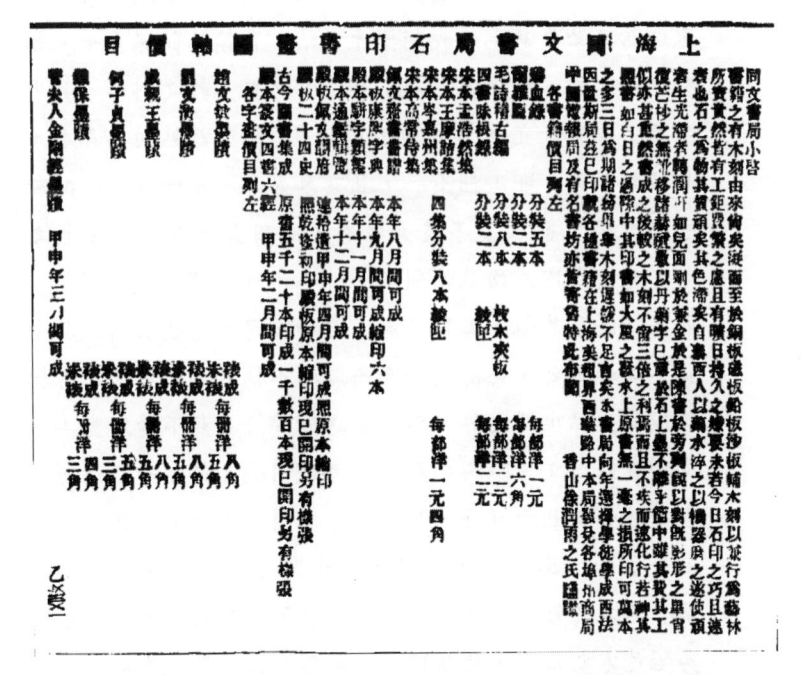

圖一：《申報》，3679號，1883年7月11日，6版

---

[34] 陸費逵，〈六十年中國之出版業與印刷業〉，《申報月刊》，1.1（1932.7），頁14。

此,四處「搜羅書籍以為樣本」[35],主要從事古籍、工具書、書畫以及字帖的翻印工作。通過它早期在報章刊登的售書啟事可窺探到這種經營模式(參圖一)。

不過,同文書局很快地在兩年後(即光緒十年)開始組織隊伍編撰《試帖玉芙蓉》這部舉業用書。該書署名同文書局主人選輯,他在卷首〈試帖玉芙蓉集序〉云:

> 唐宋以詩賦取士,王荊公出,變而為經義、策論。東坡曾奏以為不必更易也。我朝掄才之法,自翰林館課貢士,朝考以至歲科、鄉會各試無不有法帖一首,較之制藝,其用尤多,是學者宜揣摩精熟也久矣。然坊刻試帖向無善本,非種類不齊,即工拙不一,且亥豕魯魚,比比皆是。閱者每苦其勞,欲求盡善盡美之本,海內直無其書。茲集之選,遍搜海內一切試帖刻本、抄本凡百十種,分門別類,取其精而棄其粗,廣集名流,詳加審定,精益求精。其全首不工者汰之,其前後佳而一二聯不稱者酌改之。凡有拗體撞聲失黏出韻之弊,與夫恭遇廟諱御名無不釐定盡善。至於疑似之文、隱僻之典亦必考證明碻,使之一無遺憾,合計題壹萬五千有奇,共分三十二門,三百二十類,始自壬午孟春,迄於甲申仲夏,三十閱月而成。其中英華薈萃,莫名其妙。古云詩如初日芙蓉,又曰詩如芙蓉出水。其殆足方斯集乎,故顏曰「玉芙蓉」云。[36](圖二)

---

35 清・徐潤,《徐愚齋自敘年譜》,頁 67。
36 清・同文書局主人選輯,《試帖玉芙蓉》,光緒十年(1884)同文書局縮印,〈試帖玉芙蓉集序〉,頁 1。

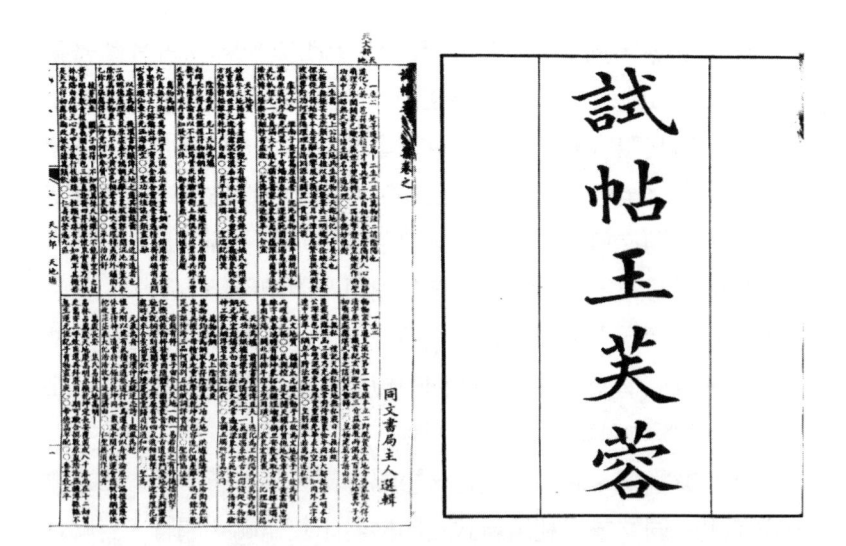

圖二：光緒十年（1884）上海同文書局縮印《試帖玉芙蓉》

除《試帖玉芙蓉》外，還編撰出版了《經藝宏括》、《小題文府》、《四書五經類典集成》等舉業用書。

　　光緒十一年（1885），同文書局印製〈同文書局石印書目〉，稱書局「專辦石印各種書帖字畫及承接代印各件」，並在書目宣傳擬印的《古今圖書集成》和《二十四史》以及已印的六十一種石印圖書和三十三種書帖、字畫。[37]通過這個書目，反映它在創辦後短短的三年內平均每年印製約二十種圖書與十種字畫，足以說明其瞄準與強攻石印圖書市場的企圖心，很快地在石印圖書市場佔據了一個舉足輕重的位置。

---

[37] 清・同文書局編，《同文書局石印書目》，徐蜀、宋安莉編，《中國近代古籍出版發行史料叢刊》第 11 冊（北京：北京圖書館出版社，2003），頁 1。

徐潤回憶，同文書局除出版《二十四史》、《古今圖書集成》外，還出版了「《資治通鑑》、《通鑑綱目》、《通鑑輯覽》、《佩文韻府》、《佩文齋書畫譜》、《淵鑑類函》、《駢字類編》、《全唐詩文》、《康熙字典》不下十數萬本。各種法帖、《大（題文府）》、《小題文府》等十數萬部。」[38]可見同文書局雖僅營業十六年，但它充分利用石印的優勢，出版了至少二十餘萬部迎合市場需求的出版物。平均每年萬餘部，這等生產規模在當時堪稱盛大。其鼎盛期的規模甚至遠超點石齋與拜石山房。[39]其出版物可略分為下列幾種：

（一）楹聯、碑帖、墨寶、畫幅的複製品。石印術影印書畫毫釐不爽。同文書局利用新式石印機器印製楹聯、門聯、對聯之類的複製品，包括何子貞楹聯、桂未谷隸書楹聯、錢十蘭篆書楹聯、梁同書楹聯等。它們是當時家家戶戶都會張貼的大眾化印製品，[40]而且價格不高，分已裝裱與未裝裱的，前者每幅價二角，後者售五角。此外，也印製碑帖、墨寶、畫幅如趙文敏墨跡、馮中丞墨跡、舊拓皇甫君碑、九歌圖、獨坐圖、唐伯虎墨菊立軸等。亦分已裝裱與未裝裱的，差價在一角至三角之間。另外，也

---

[38] 清・徐潤，《徐愚齋自敘年譜》，頁 67。
[39] 張秀民，《中國印刷史》，頁 592。
[40] 谷向陽、劉太品在《對聯入門》中指出：「（清代）帝王的愛好和提倡，將演化、發展千年之久的楹聯推向了高峰，使楹聯風行全國。」「楹聯已從宮廷王府和少數文人的雅趣中解放出來，成為平民百姓喜聞樂見的形式。清代春聯的空前興盛，《帝京歲時論》和《春明採風志》都記載了每到春節前寫春聯的盛況：『有文人墨客，在市肆簷下，書寫春聯，以圖潤筆。』還出現了很多賣春聯的店鋪，叫做『對攤』，以寫聯掙筆資，足見其普及的程度。」（北京：中華書局，2007，頁 304）

出版畫譜如《海上名人畫稿》、《萃新畫譜》等。尤其是其所「石印的《爾雅圖》極為精美」。[41]

（二）工具書。工具書是投入大收效大的一類圖書，對於出版社來說也是揚名得利的出版物。[42]同文書局曾跟風出版殿本《康熙字典》。點石齋出版《康熙字典》時賺得滿缽金，「書業見獲利之巨且易」，各地商人紛紛刊印《康熙字典》，以分得一片天下。[43]同文書局雖為後來者，其出版的《康熙字典》的價值凌駕於點石齋之上。上海南洋官書局於1908年翻印同文版殿本《康熙字典》，在《申報》刊登的出售廣告中指出它「字畫明晰，紙墨精良，為石印字典中首屈一指。自該局停機後，閱者爭出重價，往往無從購置。本局於無意中覓得初印佳本，不敢自私，用供海內」[44]。上海文盛書局於1916年在《申報》刊登預購同文版殿本《康熙字典》時指出此版「字體巨而筆畫極明，校對精詳毫無訛謬與脫落之病，檢閱便易，誠字典中之精本也」[45]（見下圖）。

---

[41] 韓琦、王揚宗，〈石印術的傳入與興衰〉，頁400。
[42] 王建輝，〈書業競爭：考查近代出版史的一條輔線〉，收錄於氏著，《出版與近代文明》（開封：河南大學出版社，2006），頁197。
[43] 姚公鶴，《上海閒話》，頁12；Christopher A. Reed, *Gutenberg in Shangha*, p110；Ye Xiaoqing, *The Dianshizhai Pictorial: Shanghai Urban Life 1884-1898* (Ann Arbor, Mich.: Center for Chinese Studies, University of Michigan, 2003), pp. 4-5.
[44] 《申報》，12683號，1908年5月23日，6版。
[45] 《申報》，15717號，1916年11月12日，18版。

圖三：《申報》，15717號，1916年11月12日，18版。

除出版殿本和縮本《康熙字典》外，也出版殿本《佩文韻府》、殿本《駢字類編》、《宋本說文解字》、《說文解字雙聲疊韻譜》、《說文外篇》、《字典考證》、《字學舉隅》、《宋本切韻指掌圖》等科舉時代士子常用的工具書。

（三）古籍。古籍出版最能體現一個出版社的實力與水準。[46]徐潤在其年譜稱同文書局「於京師寶文齋覓得殿板白紙《二十四史》，全部《圖書集成》，全部陸續印出。」[47]出版《二十四史》和《古今圖書集成》這兩種大部頭的古籍是最令同文書局感到自得的事情。

《二十四史》共三千兩百四十九卷，約四千萬字。同文書局「照殿板原本石印，每部計七百十一本。板口整齊，紙張潔白，刷印精美，裝仿袖珍尤便攜覽」。由於出書快，工本低，每部洋

---

[46] 王建輝，〈書業競爭：考查近代出版史的一條輔線〉，頁198。
[47] 清・徐潤，《徐愚齋自敘年譜》，頁67。

壹佰元，售價比木刻本低，更易為人所接受並購買。[48]

真正讓同文書局聲名大噪的，是在光緒中葉承擔內廷傳辦的《古今圖書集成》的出版計劃。陳夢雷（1650-1741）纂輯的《古今圖書集成》是一部大型類書。全書一萬卷，目錄四十卷，雍正四年（1726）定稿，刷印銅活字版六十四部，以後並未重印。徐潤在其年譜記載：「迨光緒十七年辛卯內廷傳辦石印《圖書集成》一百部即由同文書局承印，壬辰年開辦，甲午年全集告竣進呈，從此聲譽日隆。」[49]照相石印版的興起，引起了皇室莫大的興趣，加之銅活字本流傳日稀，遂於光緒十六年（1890）面諭總理各國事務衙門酌擬影印《古今圖書集成》。同文書局獲知這個消息，乃透過在朝廷的關係而獲得承辦這個任務。清末民初報人陳伯熙說：「同文創之者為粵紳徐鴻甫，即徐雨之之族，第鴻甫有姐妹行某女士曾削髮皈依三寶，然以門第故，於都中貴冑極有勢力，時西后頗留心詞翰，欲翻印《圖書集成》百部為頒賞文臣之用，徐偵得之，乃倩女士為介，得引進內務部承辦此差。」[50]同文書局以內廷銅活字版原本規格悉照原書影印一百部，還特別地裝訂了一部供慈禧太后閱覽。印成後「以若干部運京，若干部留滬。留滬之書，不久即遭火厄，故流傳甚少」。[51]

（四）舉業用書。在科舉考試廢除以前，石印出版最多的是各種舉業用書。[52]學者指出：「起初，石印本多為士子學習應試

---

[48] 《申報》，6184號，1890年7月9日，11版。
[49] 清·徐潤，《徐愚齋自敘年譜》，頁67-68。
[50] 陳伯熙，《上海軼事大觀》，〈同文書局〉，頁177。
[51] 陸費逵，〈影印古今圖書集成緣起〉，頁479。
[52] 據張仲禮統計，太平天國後的文生員約六十四萬人。（張仲禮著，李榮

的參考書。如《康熙字典》、《策學備纂》、《事類統編》、《佩文韻府》、《詩句解題總匯》之類。」[53]光緒十四年（1888），書商做出這樣的觀察：「近來石印詩文等書之盛行於鄉會場者，以其取攜最便而選擇至備者也，如頭場四書文之備題莫如《大題文府》，八韻詩之備題莫如《增廣試帖玉芙蓉》，二場五經文之備題莫如《經藝宏括》，三場策問之備題莫如《新增策學總纂大成》、《羣策彙源》。凡此五部三場選本中所最精最備之要書也。」[54]在石印之前，舉業用書最多只能收集數千篇詩文，至於石印在縮小字體後，可收集上萬篇的詩文。像前述的《試帖玉芙蓉》就收錄一萬五千餘篇試帖詩。同文書局在光緒十一年（1885）出版的《經藝宏括》也集文一萬餘篇。其銷售啟事云：「近科以來經藝與四書文並重，但坊刻經文率多簡淡高古，間有沈博絕麗者往往篇□無多。同文主人將歷科闈墨，各家名作博收精採，都為一編（《經藝宏括》），共得文實數一萬篇。凡坊本習見之了無意味者概從屏棄，陳言務去，花樣翻新。無論舊行新出各選本，其蒐羅之宏富，校勘之精善無渝是書。」[55]這些舉業用詩文集「無論何文，並蓄兼收，但求備題」，故「不足以

昌譯，《中國紳士——關於其在 19 世紀中國社會中作用的研究》，上海：上海社會科學院出版社，1991，頁 150-51。）這數目上逾六十萬的生員是舉業用書的基本讀者群，從這裏可窺探到舉業用書的龐大市場。晚清民營石印書局以射利為目的，自然將其中的一個選題鎖定在舉業用書的出版上。

53 韓琦、王揚宗，〈石印術的傳入與興衰〉，頁 400。
54 《申報》，5441 號，1888 年 6 月 13 日，4 版。
55 《申報》，4396 號，1885 年 7 月 11 日，4 版。

言選本也」。[56]

　　石印本出書快捷，又能印製十分清晰的袖珍小本，極便攜帶，深受士子歡迎。這些翻開後面積僅有手掌般大小的圖書除便於攜帶外，亦可供考生挾帶作弊之用。[57]在一定的程度上，石印書小而便攜的優點也助長縱容了挾帶作弊之焰。

　　在這類圖書的出版方面，同文書局將選題鎖定在出版幫助士子學習與揣摩用的圖書如四書五經講章、鄉會試闈墨、八股文選本、策文選本、試帖詩選本等。除《經藝宏括》、《試帖玉芙蓉》外，還有《五經四書類典集成》、《五經類典囊括》、《典林娜環》、《四書典林》、《四書全註》、《四書本義彙參》、《四書味根錄》、《陸批四書》、《四書彙講》、《四書備旨》、《四書題鏡》、《學庸理鏡》、《四書疑題解》、《四書子史集證》、《四書經史摘證》、《五經味根錄》、《大題三萬選》、《大題文府》、《大題文府二集》、《小題文府》、《小題文府續集》、《精選小題味新》、《各省課藝匯海》、《制藝

---

[56] 商衍鎏著，商志潭校註，《清代科舉考試述錄及有關著作》，頁259。
[57] 《清稗類鈔》這樣記述當時挾帶作弊情形：「考試功令，不許夾帶片紙隻字，大小一切考試皆然。」「道、咸前，大小科場搜檢至嚴，有至解衣脫履者。同治以後，禁網漸寬，搜檢者不甚深究，於是詐偽百出。入場者，輒以石印小書濟之，或寫蠅頭書，私藏於果餅及衣帶中，並以所攜考籃酒鱉與研之屬，皆為夾底而藏之，甚至有帽頂兩層韡底雙屜者。更有賄囑皂隸，冀免搜檢。至光緒壬午科，應京兆者至萬六千人，士子咸熙攘而來，但聞番役高唱搜過而已。至壬辰會試後，搜檢之例雖未廢，乃並此聲而無之矣。」（清‧徐珂，《清稗類鈔》第2冊，北京：中華書局，1984，〈搜檢〉，頁586-587。）以上文字披露考生利用科場搜檢愈加鬆弛的漏洞，利用可藏匿之處挾帶石印書或蠅頭書進入考試以為作弊之用，其手段可謂極盡之能事。

精華》、《蔭桂軒墨選》、《小試金丹》、《五經文府》、《經藝宏括》、《十三經策案》、《廿四史策案》、《新纂策府統宗》、《增廣羣策匯源》、《策學淵萃》、《增廣試律大觀彙編》、《文料大成》、《文章潤色》、《縮本類類聯珠》、《詩經集句類聯》、《增廣詩句題解彙編》、《新編詩句題解續編》、《新編詩韻大全》等。

（五）其他出版物。同文書局也出版史地著作如《國朝柔遠記》、《陸操新義》、《鴻雪姻緣》、《地經圖說》、《平山堂圖誌》等；儒釋道圖書如《蜀本孔子家語》、《大悲神咒圖像》、《易筋經》、《俞註金剛經》等；筆記如《翁註困學紀聞》、《日知錄》、《十駕齋養新錄》等；小說如《增像全圖三國演義》、《評註圖像水滸傳》、《陳章侯繪水滸圖》、《水滸圖讚》、《詳註聊齋圖詠》、《花甲閒談》、《京塵雜錄四種》、《談瀛錄》等；詩文集如《孫批胡刻文選》、《文選課虛》、《宋本孟浩然王摩詰岑嘉州高長侍集》等。

（二）行銷策略

同文書局充分地運用各種卓有成效的傳統與新式的行銷手段，以及深度覆蓋的網絡銷售其出版物。

1.派發書目與傳單

晚清不少民營出版社和書局都印行書目宣傳圖書，以引起潛在讀者的注意，按圖索驥到書局購買。像開明書局於光緒末年在汴梁所設分店，在所編書目「擇其適用者略加提要，以醒閱者之目」。一些提要雖「草草急就，不足據為定論。來者輒與書目一本令自擇，則皆詫為未見，轉展相索，三五日間散去數百本」。

這些書目或客人上門時示之,或到處分發,因此也吸引了不少「閱過書目提要而來」的客人。[58]實際上,這種行銷圖書的手法已為同文書局慣用。光緒十一年(1885),同文書局印製〈同文書局石印書目〉宣傳擬印和已印的圖書和字畫。這部書目共十四葉,書目直排。除書名外,還一目了然地標明部數和價目。其中還附有徵求股印《古今圖書集成》和《二十四史》的啟事,與早前在《申報》刊登的啟事一字不差。

　　同文書局也印製單張圖書傳單。周振鶴將搜集到的〈上海同文書局石印書畫圖帖〉安排在所編的《晚清營業書目》中。這份傳單「四周有框,標題在框外,通欄,連框淨框寬 37.5 釐米、連標題通高 29.3 釐米,書目直排,上下三欄,框內左側通欄文字為『本局開設上海虹口,分設二馬路橫街、京都琉璃廠、四川成都府、重慶府、廣東雙門底,其餘金陵、浙江、福建、江西、廣西、湖南、湖北、雲南、貴州、陝西、河南、山東、山西各省均有分局發兌』。」[59]這份傳單將書局的出版物進行分類,類下列書名、部數與價目。與書冊形式的書目比較起來,傳單形式的書目雖無法提供詳細的圖書內容資訊,但單張形式無疑來得輕便,製作成本低,允許出版社印製更多的傳單宣傳出版物,引起更多的矚目,提高銷售量。

2.刊登廣告

　　派發書目冊子與傳單的範圍畢竟較小,影響不大。自光緒以

---

[58] 王維泰,〈汴梁賣書記〉,收錄於宋原放主編,《中國出版史料·近代部分》,第 3 卷,頁 321,頁 320-321。

[59] 清·同文書局,〈上海同文書局石印書畫圖帖〉,收錄於周振鶴,《晚清營業書目》(上海:上海書店出版社,2005),頁 401。

來，書商也競相在報章刊登啟事或告白來宣傳推銷即將推出售賣的圖書。一些書局還將啟事或告白刊載在報章頭版，希望通過這個醒目的宣傳手法，引起潛在讀者的興趣，注意購買。

清末最耀眼的報紙非上海的《申報》莫屬。申報館挾其掌握媒體工具的優勢，利用《申報》刊登廣告售書。同文書局雖是申報館附屬書局點石齋石印書局的競爭對手，但申報館在商言商，也接受同文書局在《申報》刊登新印書、預約書等相關的啟事。廣告內容方面，有簡單地言明書籍的冊數與售價的（見圖四）。

圖四：《申報》，4912號，1886年12月11日，7版

也有詳細的，除前文所引的《經藝宏括》的出售啟事外，還有光緒十四年（1888）五月在《申報》刊登的石印《四書五經類典集成》的啟事：

> 此書以江氏《四書典林》、何氏《五經典林》為主，益以《五經彙括》、《五經紺珠》、《經腴類纂》、《爾雅》、《貫珠》、《鄉黨圖考》、《竹書雋句》、《文

選》、《集腋》、《典制類聯》、《類類聯珠》、《類典串珠》、《典林博覽》、《山海經腴辭》、《春秋分類賦》，計十九種彙為一集。刪繁擇要，煞費經營，有並蓄之功，無重複之弊，歷數寒暑，始克成書。凡向之守一編，而採擇無多者，今則彙眾集而搜羅殆徧，不特帖括家所必備，亦詩古家所必備，裨益實非淺鮮。現已縮印出書，抄校紙墨悉臻美善，分訂二十四本，價洋十二元，蕙售從廉。如蒙光顧，請至二馬路同文分局面議。[60]

廣告一開始介紹所彙集的圖書，接著交代編輯的嚴謹，然後說明書籍的冊數、售價，以及購書地點。

3.股印製

所謂「股印」，並非招股合印，而是出版者許以比定價優惠得多的價格，招人預定。對出版者來說，徵求股印此可解決流動資金問題，又可探測市場反應，再決定具體印數，從而減少出版風險，是非常有商業經營手法的印書方式；對讀者來說，可用較低的價格獲得想要的書籍。[61]學者指出，同文書局是開創「股印」辦法的出版社：

同文書局於近代出版史應佔有重要地位，它可說是近代私營出版業誕生的承先啟後者之一，特別在出版大部頭書方面。原先雕板印刷，出版者的投資風險僅僅在雕一幅版的

---

[60] 《申報》，5464號，1888年7月6日，6版。

[61] 吳永貴，〈論清末民營出版業的崛起及其意義〉，《陝西師範大學學報（哲學社會科學版）》37.3（2008.5）：81。

> 本錢上。然後隨時賣隨時刷。有的僅收取「賃版錢」代人刷，所以不擔心印了沒人買。而近代石印、鉛印印書後，有一個備貨風險：一次印得少了，風險小，但成本高，獲利少，甚至虧本；一次印得多，分攤成本低，獲利多，但賣不掉連本都會蝕光。這是始終困擾出版者的問題，對大部頭書尤其如此。同文書局開創了「股印」的辦法，它先以股印方法在 1884 年出版了《殿版二十四（史）》。1885 年起出版了《古今圖書集成》，前者按殿版分釘 711 冊，後者按殿版分釘 5020 冊。……它的「股印」各書啟事在其各年書目中均能找到。[62]

同文書局計劃出版《古今圖書集成》和《二十四史》這兩部大部頭圖書，因成本浩大，遂創用預約訂購辦法。光緒九年，徐潤在《申報》刊登徵求股印《二十四史》的啟事稱「以二千八百五十金購得乾隆初印開化紙全史一部，計七百十一本，不敢私為己有，願與同好共之，擬用石印，較原版略縮，本數則仍其舊。如

---

[62] 汪家熔，〈近代翻印殿版二十四史一覽〉，收錄於宋原放主編，《中國出版史料‧近代部分》，第 2 卷，頁 628-629。汪氏在這段論述中說同文書局在 1885 年出版了《古今圖書集成》有誤。據裴芹的考證，同文書局在聲言「〈藝術典〉不日亦可告成」後，《申報》還多次刊載他們售書價目廣告，之後書局出版《集成》的計劃就沒有下文了。此外，徐潤在其年譜敘述同文書局的業績時，隻字不及縮印《古今圖書集成》事。「因為同文書局從未縮印過。第一次翻印，未得善始善終，克成其事，也只好略而不言了。」從這兩個方面可斷定同文書局在 1885 年計劃翻印的小字本《古今圖書集成》不曾出世。詳參裴芹，〈《古今圖書集成》同文版小考〉，頁 76-77。

有願得是書者，預交英洋壹百元」。[63]股印《二十四史》以一千部為額，額滿前預定僅需付洋壹百元，額滿後購買則需付貳百兩，價差一半，吸引人們就價格便宜時預約。

同文書局招股出版《古今圖書集成》的計劃卻取得截然不同的成效。令其頓足搥胸的是其開創的「股印」行銷手法和擬縮印的《古今圖書集成》的計劃為競爭對手所攔截，導致出書計劃的流產。按照同文書局的計劃，預訂這部類書的讀者先交半價銀一百八十兩，目錄印成後，繳所餘半價，取目錄及取書單三十二紙，以後印好隨出隨取。[64]光緒九年四月，申報館挾其辦報的優勢，在《申報》頭版以點石齋主人名義刊登「招股縮印《古今圖書集成》啟」，以便宜了近百分之六十的每股一百五十兩招股籌印《古今圖書集成》。之後又陸續在《申報》報導其徵集的底本、置辦的機器、建築廠房的消息，大力製造輿論，招攬認股者。[65]面對點石齋在價格、宣傳策略等各方面挑戰，使得同文書局這次雄心勃勃，計劃招股出版《古今圖書集成》的計劃因認股不足而胎死腹中。雖然這個出版計劃半途而廢，但說明了它是一個有效的行銷方式，才會為同業所效法，接著更掀起一波招股出版古籍的熱潮。除徵求股印《古今圖書集成》外，點石齋在光緒十二年招集股印《佩文韻府》，翌年招股石印《十三經註疏》。

63　光緒十年同文書局宣傳單張，「股印《二十四史》啟」，收錄於宋原放主編，《中國出版史料·近代部分》，第2卷，頁618。

64　光緒十年同文書局宣傳單張，「股印《古今圖書集成》啟」，收錄於宋原放主編，《中國出版史料·近代部分》，第2卷，頁617-618。

65　《申報》，3689號，1883年7月21日，1版；3746號，1883年9月16日，1版；3748號，1883年9月18日，1版。

其他書局也紛紛效法。僅光緒十三年這一年來說，蜚英館招股石印《殿本大清一統誌》，鴻文書局招股石印《九朝東華錄》，積山書局招股石印正、續《資治通鑑》等。

4.門市部及代銷處

光緒十五年四月，《北華捷報》報導當時上海的四、五家石印書局已用石印法出版了中國著作數百種。這些書籍「銷於全國。各地零售店的增多可以看出大家十分需要這種書籍。上海石印書局大量批發，供給遠方省份，北京琉璃場也設有分店；尤其是在四川商業中心重慶。其他各城市也有分店，如廣州。但印刷的中心地則在上海。」[66]

同文書局的銷售網絡覆蓋面極為廣闊。它在上海設有總局和分局，總局設在上海虹口熙（西）華德路，遺址位於中虹橋東之元芳路西北角師善里一帶，[67]分局則設在商業活動頻繁、人流如潮的二馬路橫街。[68]成立以來，歷有擴張，在各省省會建立分莊，包括「京都琉璃廠、四川成都府、重慶府、廣東雙門底，以

---

[66] "Photo-lithographic Printing in Shanghai", p. 633.

[67] 元芳路在虹口區南部，南起東大名路，北至周家嘴路，長652米，寬9-16米。清同治三年（1864）始築，1943年更名為商邱路。詳參上海市地方誌辦公室編著，《上海名街志》（上海：上海社會科學院出版社，2004），頁1002。

[68] 二馬路是九江路的俗稱。開埠初，道路兩側大都是外商住宅。十八世紀六十年代開設老介綢緞莊、老正興菜館及一些洋行。七十年代，商業漸趨興旺，有洋貨號、雜貨號、蔘葯店、藥房、珠寶店、洋行、商行等三十餘戶。二十世紀初，該路商業已很繁榮。詳參上海市地方誌辦公室編著，《上海名街志》，頁919；熊月之主編，《上海通史》（上海：上海人民出版社，1999），第15卷，〈附錄〉，頁232-233。

及金陵、浙江、福建、江西、廣西、湖南、湖北、雲南、貴州、陝西、河南、山東各省」。[69]同文書局也委託其他書店像協記、文玉山房、長順晉等代售圖書來擴大銷售點。這些書局在上海英租界商業繁華地帶設有店面，長順晉在大馬路（To Maloo，今南京東路）、協記在石路（Shackloo Rood，今福建中路）、文玉山房在五馬路（No.5 Horse Road，今廣東路）。同文書局也委託外埠書局與洋行銷售書籍，像漢口萬和棧、鎮江啟茂洋行等。販賣石印書的書商也獲利不少。《二十年目睹之怪現狀》描繪得罪上司而辭官的王伯述「改行販書」，「從上海買了石印書，販到京裏去，倒換些京板書出來，又換了石印的去。如此換上幾回，居然可以賺個對本利呢」。[70]一些代售處也沒有被動地等待買客上門，也積極地在報章刊登啟事來招攬客源，像協記在光緒十四年（1888）二月刊登告白宣傳所出售的同文版《淵鑑類函》和《小題文府》。[71]同年八月，文玉山房在《申報》刊登發兌書籍啟事，其中包括同文書局出版的《佩文韻府》、《十三經註疏》、《格致鏡原》、《直行陳氏毛詩傳疏》、《幾何原本》、《則古重學》、《芥子園畫傳》、《說文答問疏證》、《康熙字典》、《加批圖註聊齋誌異》、《玉芙蓉試帖》、《註釋得月樓賦鈔》、《四書典林》、《小搭文林》、《大題文府》、《小題文府》、《大題文府二集》、《尚友錄》、《臨文寶笈》、《行文寶笈》、《字類》、《詩韻合璧》、《四書備旨》、《四書類

69　周振鶴，《晚清營業書目》，頁401。
70　清・吳趼人，《二十年目睹之怪現狀》，第22卷〈論狂士撩起憂國心　接電信再驚遊子魂〉，頁156。
71　《申報》，5351號，1888年3月15日，4版。

聯》等。[72]從當時的形勢來看,其銷售的網絡可說相當的健全與龐大。

四、同文書局的沒落

同文書局創辦於光緒八年,最終於光緒二十四年(1898)停業,前後生存了十六年。接連的挫折導致其逐漸衰落,最終走入歷史。以下探討同文書局衰落的原因。

(一) 祝融的光顧

同文書局西華德路總局在光緒十九年(1893)五月遭到祝融的破壞。《申報》報道:

> 是日(十四日)六點鐘時停工後,火機房工匠未將爐中煤火掃空,鬱悶多時,火遂猝發,濃煙直冒,火光熊熊,煙窗高聳雲霄,幾如赤柱。時局中人猶未之知也。左首源昌路居人望見,急叩局門,而告局中人奔入施救,則印書房雙門深鎖,鎖是經管之陳子幹佩帶時適外出,以致門不得開,無奈拆毀牆垣,取局中所置小洋龍澆灌。此際火已燃及藥水房,內頃刻勢若燎原,各捕房警鐘鏜然救火,會諸西人各駕水龍,電掣風馳而至,開取自來水管竭力狂噴。祝融氏猶銳不可當,橫衝直撞,將印書房、藥水房盡付一炬,至鐘鳴三下始捲旆而回。事後查得印書□石均已損毀

---

[72]《申報》,5550號,1888.9.30,5版。

不堪,藥水亦燒毀無存。惟地板不甚損傷,外間照相書棧等房亦未波累,然所失已鉅萬矣。[73]

這則報導聲稱同文書局在這次失火中燒毀了印書房、藥水房,以及全部石板,損失約整萬元。同文書局翌日在《申報》刊登啟事澄清了損失的情況:

辛各龍齊集施救,僅熸去廠屋瓦面十之三四及藥水房。上層機器全未損動者六架,灼焦紙板者數架,修整尚易。石板僅碎二十七八塊,尚點存六百餘塊,其餘書倉、照房棧房、描校房一概未動。承印之《圖書集成》毫無損失,略遲數日即可照實開印矣。[74]

故實際的損毀情況並無之前報導如此嚴重。雖然這次事故沒有導致同文書局清盤,但一半石印機器的損壞使得它元氣大傷。如果它沒有添置石印機器的話,之後恐怕僅能將重心放在內廷傳辦的石印《古今圖書集成》這個重要任務上,以趕在光緒二十年(1894)殺青,自然無法兼顧其他圖書的出版了。這是同文書局在結業幾年前鮮有新出圖書的原因。

(二)同業的競爭

同文書局最終在經營了「十餘年後,印書既多,壓本愈重,

---

[73] 《申報》,7251 號,1893 年 6 月 29 日,3 版。
[74] 《申報》,7252 號,1893 年 6 月 30 日,9 版。

知難而退,於光緒二十四年戊戌停辦」。[75]實際上,早在同文書局停業前,王韜(1828-1897)已覺察到它面臨的困境。他在光緒十三年至十五年(1887-1889)寫給盛宣懷(1844-1917)的一封信中發出這樣的警訊:「滬上書局太多,石印已至七八家,所印書籍實難銷售。同文書局碼價積至九十一萬,又復他局印者有所出,聚而不散,必有受其病者。」[76]當時報章評述:「上海石印業很發達,其所印中國書以百萬計。這種情形對原有的印書業打擊很大。」[77]石印書局如雨後春筍般地湧現,不僅給原有的木刻業帶來衝擊,競爭的白熱化亦使石印同業的經營履步維艱。在面臨新的挑戰之際,同文書局仍因循守舊,對新書的開發積極性不高,而像當時多數書局那樣在版權意識薄弱的時代追隨潮流大量出版暢銷書如《康熙字典》、《佩文韻府》、《大題文府》、小說,以及楹聯、碑帖、書畫等,勢必造成市場飽和而滯銷,庫存積壓,進而影響資金的周轉。此外,通過與活躍於十九世紀八十年代末的飛鴻閣所發售的十四種舉業用書的比較(見表一),[78]可見講究圖書質量的同文書局的產品價位偏高,平均高出四倍多,使得其出版物難以銷售。

---

[75] 清・徐潤,《徐愚齋自敘年譜》,頁68。
[76] 王爾敏、陳善偉編,《近代名人手札真跡・盛宣懷珍藏書牘初編》(香港:香港中文大學出版社,1987),王韜致盛宣懷函十七,頁3398。
[77] *North China Herald*, issue 1122, January 30, 1889, p. 114.
[78] 清・飛鴻閣,〈上海飛鴻閣發兌西學各種石印書籍〉,收錄於周振鶴,《晚清營業書目》,頁410-427。

表一：同文書局與飛鴻閣銷售圖書價格比較

書名	同文書局	飛鴻閣	相差價格	相差倍數
五經合纂大成	$10.00	$2.00	$8.00	5
五經味根錄	$6.00	$1.20	$4.80	5
五經四書類典集成	$12.00	$4.00	$8.00	3
文料大成	$0.60	$0.25	$0.35	2.4
文章潤色	$0.40	$0.10	$0.30	4
詩韻合璧	$2.00	$0.60	$1.40	3.33
各省課藝匯海	$4.00	$1.40	$2.60	2.86
大題三萬選	$20.00	$3.50	$16.50	5.71
大題文府	$12.00	$2.00	$10.00	6
小題文府	$12.00	$1.80	$10.20	6.67
小試金丹	$0.20	$0.15	$0.05	1.33
五經文府	$12.00	$1.60	$10.40	7.5
經藝宏括	$8.00	$2.00	$6.00	4
試帖玉芙蓉	$3.00	$0.70	$2.30	4.29

（三）債務的纏身

　　同文書局的業務發展一度為徐潤的債務所累。徐潤在光緒九年（1883）遭上海金融風潮的影響宣告破產。在接下來兩、三年間，他忙著到處籌款還債。在事業上也無所發展，只能靠著親友的幫助，以及一些尚未賣出的零星地產為生。[79]在窮途末路之

---

[79] 關於 1883 年上海金融風潮發生的原因，可參閱劉廣京，〈一八八三年上海金融風潮〉，《復旦學報（社會科學版）》3（1983.5）：94-102；Hao, Yen-p'ing, *The Commercial Revolution in Nineteenth-century China: the Rise of Sino-Western Mercantile Capitalism*, pp. 324-327。關於徐潤在 1883 年上海金融風潮的經歷與損失情況，可參閱清・徐潤，《徐愚齋自敘年譜》，頁 73-77；卜永堅，〈徐潤與晚清經濟〉，收錄於香港中文大學中國文化研究所文物館、香港中文大學歷史系編，

際,曾於光緒十二年(1886)十二月與招商局訂立抵押合同,將同文書局的房地產業、機器、石版藥水、原存《圖書集成》兩部、各版殿版書籍、所買許道台書畫及印就各書等全數抵押招商局歸銀十萬兩,用來抵還徐潤「原欠商局銀七萬兩找付規銀三萬兩」,以光緒十二年十二月為第一期,「分作五年按六個月歸還一萬兩」。招商局定期「派人查帳目及出售各書,管理收款,除每六個月還商局一萬兩外,餘款方歸同文開銷,不准挪作別用。如六個月付銀之期而付不出,應聽商局將抵產拍賣歸償」。此外,同文書局還得承擔查賬司事的每月薪金。[80]對徐潤將書局抵押給招商局,書局股東徐宏甫、徐秋畦似無異議,展現了徐氏家族甘苦與共的精神。在當時那個政治、經濟、社會變化莫測的時代裏,同文書局乃戰戰兢兢地過著背債的日子。扣除欠債後,其盈利縮減是不言而喻的。同文書局背上了徐潤的債務,而徐潤本人則自光緒十三年(1887)起二十年間奔波於大江南北籌辦礦務,先會辦開平煤礦,又先後投資開泉銅礦、宜昌鶴豐州銅礦、孤銀山銀礦、三山銀礦、天華銀礦等十餘處礦產,[81]分身乏術,已無法兼顧書局業務。

光緒十七年(1891),好不容易還清債務。面對當時瞬息萬變的環境挑戰,主持人徐宏甫非但沒有籌劃應對方案,反而孤注一擲,將全部籌碼投注入承印朝廷傳辦的《古今圖書集成》這個

《買辦與近代中國》,頁 224-230;Hao, Yen-p'ing, *The Commercial Revolution in Nineteenth-century Chin*, p. 273.

[80] 合同內容可收錄於夏東元編著,《盛宣懷年譜長編》(上海:上海交通大學出版社,2004),頁 257-258。

[81] 張世虹,《晚清買辦與實業家徐潤研究》,頁 105-118。

「功業」。豈料它「歷三載始竣，工料浩大」。這項工程不能像翻印古籍那樣照原貌印製即可，而必須逐行逐字檢查需要改動的避諱字。從《古今圖書集成》初次出版到光緒，中間增加了幾個皇帝，就增添了需要避諱的字。它共一萬卷，故光是檢查避諱字就需投入大量的人力、物力和財力，讓同文書局吃盡苦頭。它也使得書局財政出現赤字，「虧蝕不貲，幾中輟，幸託有力者向府關說，加津貼十萬使得畢事。」[82]可見其財務一度捉襟見肘。這套大部頭類書的成功付梓，一方面雖滿足了書局主持人的虛榮心，使得書局聲譽因此日益遠播，另一方面也使得它顧此失彼，不僅妨礙了發展，也使得它沒能及時地因應環境變化因時制宜，調整經營戰略。

但致使它決定結業的導火線，與書局拖欠英商蔚霞抵押金與利息不無關係。《申報》報道：

> 英商蔚霞控同文書局主徐宏甫（即徐蓉圃）等將書局房屋抵押銀六萬兩過期不贖，並被欠利銀二年。昨晨英副領事薩允裕君蒞英界外廨，與張直刺升座會訊。原告洋人偕律師納而生之經譯人到案申訴前情，並稱業已過期，如再不購定，須召賣同文書局。司帳人陸子山投案，供稱東人現在粵東，利銀已付過一年，尚欠一年，計銀四千五百兩。今擬將出租之房屋劃歸洋人收取房租一半，每年可得洋三千元。惟此事須俟東人到滬方可定奪，直刺與薩君互商之

---

[82] 陳伯熙，《上海軼事大觀》（上海：上海書店出版社，2000），〈同文書局〉，頁177。

下,著陸趕緊發電至粵問明若何辦理,於禮拜三復訊,如七日內無覆音任憑原告召賣。[83]

此時同文書局已陷入財政危機,苟延殘喘。徐潤在當時雖已擺脫破產的陰霾,東山再起,但對連年虧損,無力振作的書局業務似已意興闌珊,沒有通過其人脈關係或在錢財方面援助他一手創辦的書局,使得它無力償還欠款。同業的競爭造成出版物的滯銷,無法在霎時間銷售套取現金償還欠款,返魂乏術,「知難而退」,於光緒二十四年宣佈歇業。

五、結論

同文書局是粵人徐潤堂兄弟以其超人的膽量與識見,打破英商美查在上海創辦點石齋壟斷石印業的局面,效法西方採用石印術進行商業性圖書生產活動的先鋒。書局援用了石印術的優勢,生產了林林總總、數量可觀的出版物,來滿足各階層人們的需求。他們也智慧與充分地把握新的機遇與條件來促銷宣傳圖書。除採用派發圖書目錄、傳單等規模較小的促銷方式外,也將注意力轉移到日趨重要的全國性報章,像在《申報》刊登新書預告、出售啟事來宣傳促銷圖書,提升警覺度,以將業績推向一個新的高度。其圖書銷售並不局限在本埠的固定店面,其發行的覆蓋面還延伸到全國各地書局、分局以及代售處等。

同文書局營業時間不長,但其成就與影響卻不容忽視。書局

---

[83] 《申報》,8942號,1898年3月10日,3版。

除了是中國人最早利用西方石印術進行商業性圖書生產活動,以及開創「股印」制出版圖書的民營出版機構,其出版物的質量亦為人們所稱道。

同文書局雖著眼於追求利潤,但它同時也重視聲譽,出書注意品格,印刷注意質量,在選擇底本上不惜工本,使得不少善本古籍藉石印得以整理流傳下來。「如它印製的《康熙字典》是將殿本逐行剪開後拼接的,這樣才能使頁碼減少,每頁容量增大,不像點石齋僅按原頁縮小。此後其他各家有影印《康熙字典》,包括近年中華書局影印都直接用同文版再翻印。這都證明它剪貼時的合理和精工。」過去刊印過全套《二十四史》的,共有三種版本,最早是清乾隆年間的武英殿刻本,次為清末由金陵、淮南、浙江、江蘇、湖北五個書局刻印的「局本」和商務印書館的「百衲本」。同文書局出版《二十四史》時以武英殿本為底本,當為最齊全的珍本,也是後來各家翻印的底本。[84]其承印的《古今圖書集成》亦照殿本原式,其「版面光潔,眉清目秀,又字跡清楚,裝幀漂亮,堪稱《集成》一書的最佳版本」[85],竣工進呈朝廷後使得其「聲譽日隆」。

徐潤自詡所出版的十數萬部圖書「莫不惟妙惟肖,精美絕倫,咸推為石印之冠」。此語並無言過其實。與和鼎足而三的點石齋、拜石山房比較起來,「校刊印刷以同文為最精,今日得同文版者尚可求善價也」。[86]不過五、六十年的光景,其印書已被

---

[84] 汪家熔,〈近代翻印殿版二十四史一覽〉,收錄於宋原放主編,《中國出版史料・近代部分》,第2卷,頁630。
[85] 宋建昊,〈描潤本《古今圖書集成》述介〉,《文獻》3(1997.7):259。
[86] 陳伯熙,《上海軼事大觀》,〈石印書局〉,頁177。

行家視為珍本。民國三十七年（1948）《申報》報導：

> 古老的舊京，從三四十年前起，書市貨品即以上海出版占極大多數，新書固是多數，舊書（改印）亦是多數。如老「同文」、老「鴻文」、「廣百宋」之帶圖的舊小說，其字體之精緻清整，紙張之潔白純雅，圖繪之雅秀工麗，皆可當「心精力果」四字，在中國美術史上可占甚大之價值，而實得力於西法之印刷。前清光宣時間，老「同文」圖像各小說，在北京市上已視同珍本，照古玩行市。近十年間雖新正廠甸大會，亦不見同文小說，偶有一二殘缺者亦索價奇昂，蓋已希世之珍矣。[87]

其出版的「《聊齋》、《三國》、《字典》等書，亦極精妙，至今流行日稀，價亦不賤。」[88]

在短暫的營業時間裏，同文書局經歷了跌宕起伏，沉浮興衰的發展歷程。隨著石印書局的大量湧現，石印業競爭邁入白熱化，各種各樣的石印出版物層出不窮，車載斗量，使得同文書局在早期建立起來的優勢逐漸縮小，印書銷量不暢，積壓漸多，加上遭受祝融打擊，使其陷入財政危機，意識到砸錢維持附庸風雅的事業實不智之舉，只得宣佈停業。同文書局的存在時間雖短，但它對中國圖書出版事業的貢獻是不可磨滅，值得稱道的。

---

[87] 〈上海與舊文化〉，《申報》，25167號，1948年3月12日，9版。
[88] 陳伯熙，《上海軼事大觀》，〈同文書局〉，頁177。

參考書目

一、傳統文獻

唐・黃滔,《黃御史集》(《景印文淵閣四庫全書》第 1084 冊,臺北:臺灣商務印書館,1983)。

宋・王應麟,《玉海》(《景印文淵閣四庫全書》第 948 冊)。

宋・何薳,《春渚紀聞》(北京:中華書局,1983)。

宋・岳珂,《愧郯錄》(《景印文淵閣四庫全書》第 865 冊)。

宋・馬端臨,《文獻通考》(《十通》第 7 種,杭州:浙江古籍出版社,2000)。

宋・真德秀,《文章正宗》(《景印文淵閣四庫全書》第 1355 冊)。

宋・鄭樵,《通志》(《十通》第 4 種)。

宋・蘇軾,《蘇東坡全集》(上海:中國書店,1986)。

元・吳澄,《吳文正集》(《景印文淵閣四庫全書》第 1197 冊)。

元・祝堯,《古賦辯體》(《景印文淵閣四庫全書》第 1366 冊)。

元・陳櫟,《定宇集》(《景印文淵閣四庫全書》第 1205 冊)。

元・程端學,《積齋集》(《景印文淵閣四庫全書》第 1212 冊)。

元・傅若金,《傅與礪文集》(《北京圖書館古籍珍本叢刊》第 92 冊,北京:書目文獻出版社,1998)。

元・鄭玉,《師山集》(《景印文淵閣四庫全書》第 1217 冊)。

元・歐陽玄,《圭齋文集》(《景印文淵閣四庫全書》第 1210 冊)。

元・嚴毅,《詩學集成押韻淵海》(《續修四庫全書》第 1222 冊,上海:上海古籍出版社,1995)。

明・王祖嫡,《師竹堂集》(《四庫未收書輯刊》第 5 輯第 23 冊,北京:

北京出版社,2000)。
明·丘濬,《重編瓊臺稿》(《景印文淵閣四庫全書》第1248冊)。
明·史館修纂,中央研究院歷史語言研究所校勘,《明實錄》(臺北:中央研究院歷史語言研究所,1962-1966)。
明·李廷昰,《南吳舊話錄》(上海:上海古籍出版社,1985)。
明·李詡,《戒庵老人漫筆》(北京:中華書局,1982)。
明·李鄴嗣,《杲堂文鈔》《四庫全書存目叢書》集部第235冊(濟南:齊魯書社,1997)。
明·何良俊,《四友齋叢說》(北京:中華書局,1997)。
明·宋濂等撰,《元史》(北京:中華書局,1976)。
明·郎瑛,《七修類稿》(《四庫全書存目叢書》子部第102冊)。
明·周暉,《金陵瑣事》(《歷代筆記小說集成·明代筆記小說》第41冊,石家莊:河北教育出版社,1995)。
明·胡應麟,《經籍會通》(北京:北京燕山出版社,1999)。
明·孫承澤,《春明夢餘錄》(《景印文淵閣四庫全書》第868-869冊)。
明·高濂,《遵生八箋》(《景印文淵閣四庫全書》第871冊)。
明·徐康,《前塵夢影錄》(《續修四庫全書》第1186冊)。
明·徐紘編,《明名臣琬琰錄》(《景印文淵閣四庫全書》第453冊)。
明·袁宏道輯,明·丘兆麟補,《鼎鐫諸方家彙編皇明名公文雋》(《四庫全書存目叢書》集部第330冊)。
明·袁宏道著,鐘伯城箋校,《袁宏道集箋校》(上海:上海古籍出版社,1981)。
明·袁宗道,《白蘇齋類集》(《四庫禁毀書叢刊》集部第48冊,北京:北京出版社,1997)。
明·袁黃,《四書刪正》(明刊本)。
明·張慎言,《泊水齋詩文鈔》(太原:山西人民出版社,1991)。
明·張萱,《西園聞見錄》(《明代傳記叢刊》第110冊,臺北:明文書局,1991)。
張瀚撰,蕭國亮點校,《松窗夢語》(上海:上海古籍出版社,1986)。
明·曹去晶編,《姑妄言》(《思無邪彙寶》,臺北:臺灣大英百科股份

有限公司,1997)。

明‧費尚伊,《費太史市隱園集選》(《四庫未收書輯刊》第 5 輯第 23 冊)。

明‧馮從吾,《元儒考略》(《景印文淵閣四庫全書》第 453 冊)。

明‧馮繼科纂修,韋應詔補遺,胡子器編次,(嘉靖)《建陽縣誌》卷 12 (《天一閣藏明代方志叢刊》第 10 冊,臺北:新文豐出版公司,1985)。

明‧馮夢龍,《智囊》(鄭州:中州古籍出版社,1986)。

明‧馮夢龍,《綱鑑統一》(《馮夢龍全集》第 8 冊,杭州:江蘇古籍出版社,1993)。

明‧傅鳳翔,《皇明詔令》(臺北:成文出版社,1967)。

明‧焦竑輯,明‧胡任興增輯,《歷科廷試狀元策》(《四庫禁毀書叢刊》集部第 19-20 冊,北京:北京出版社,2000)。

明‧黃佐,《南雍志》(《續修四庫全書》第 749 冊)。

明‧黃仲昭,《八閩通志》(《北京圖書館珍本叢刊》第 33 冊,北京:書目文獻出版社,1988)。

明‧黃宗羲編,《明文海》(《景印文淵閣四庫全書》第 1453-1458 冊)。

明‧黃佐,《南雍志》(《續修四庫全書》第 749 冊)。

明‧楊慎,《丹鉛總錄》(《景印文淵閣四庫全書》第 855 冊)。

明‧鄧林著,清‧杜定基增訂,《新訂四書補註備旨》(上海章福記書局刊本)。

明‧蔡清,《蔡文莊公集》(《四庫全書存目叢書》集部第 42 冊)。

明‧錢希言,《戲瑕》(《續修四庫全書》第 1143 冊)。

明‧韓浚、張應武等纂修,(萬曆)《嘉定縣誌》(《四庫全書存目叢書》史部第 208 冊)。

明‧謝肇淛撰,郭熙途校點,《五雜俎》(瀋陽:遼寧教育出版社,2001)。

清‧方苞,《方苞集》(上海:上海古籍出版社,1983)。

清‧王先謙,《東華續錄》(《續修四庫全書》第 376-382 冊)。

清‧申報館,《申報》(上海:申報館,1872-1949)。

清・申報館編,《點石齋畫報》(天津:天津古籍出版社,2009)。
清・左宗棠著,《左宗棠全集》(長沙:岳麓書社,1987)。
清・永瑢等撰,《四庫全書總目》(北京:中華書局,1995)。
清・江永,《重訂四書古人典林》(《故宮珍本叢刊》第 62 冊,海口:海南出版社,2000)。
清・江左書林編,《江左書林書籍發兌》(徐蜀、宋安莉編,《中國近代古籍出版發行史料叢刊》第 11 冊,北京:北京圖書館出版社,2003)。
清・江藩,《漢學師承記》(《清代傳記叢刊》第 1 冊,臺北:明文書局,1985)。
清・同文書局編,《同文書局石印書目》(徐蜀、宋安莉編,《中國近代古籍出版發行史料叢刊》第 11 冊)。
清・同文書局主人選輯,《試帖玉芙蓉》(光緒十年同文書局縮印)。
清・朱峙三著,章開沅選輯,〈朱峙三日記〉,中南地區辛亥革命史研究會、武昌辛亥革命研究中心編,《辛亥革命史叢刊》第 11 輯(武漢:湖北人民出版社,2002)。
清・朱彝尊著,許維萍、馮曉庭、江永川點校,《點校補正經義考》(臺北:中央研究院中國文哲研究所籌備處,1999)。
清・杜受田等(修纂),《欽定科場條例》(《歷代科舉文獻集成》,北京:北京燕山出版社,2006)。
清・李光地,《榕村語錄》(《景印文淵閣四庫全書》第 725 冊)。
清・李伯元,《文明小史》(臺北:廣雅出版社,1984)。
清・李蔚,《(同治)六安州志》(清同治十一年刊光緒三十年重刊本)。
清・沈椿齡,《(乾隆)諸暨縣志》(清乾隆三十八年刻本)。
清・汪鯉翔,《四書題鏡》(清乾隆年間刊本)。
清・汪鯉翔、金澂編,《四書題鏡味根合編》(清光緒十四年鴻文書局石印本)。
清・吳趼人,《二十年目睹之怪現狀》(北京:人民文學出版社,1981)。

清・吳敬梓,《儒林外史》(北京:人民文學出版社,1977)。
清・金灃,《加批四書味根錄》(光緒間上海錦章圖書局石印本)。
清・周亮工,《賴古堂集》(《四庫禁燬書叢刊》第 1400 冊)。
清・昭槤,《嘯亭雜錄》(北京:中華書局,1980)。
清・陸容,《菽園雜記》(北京:中華書局,1985)。
清・容閎著,王蓁譯,《我在美國和在中國生活的追憶》(北京:中華書局,1993)。
清・素爾訥等纂修,《欽定學政全書》(《歷代科舉文獻整理與研究叢刊》第 19 冊,武漢:武漢大學出版社,2009)。
清・徐世昌纂,《清儒學案小傳》(《清代傳記叢刊》第 5-7 冊,臺北:明文書局,1985)。
清・徐松輯,《宋會要輯稿》(北京:中華書局,1957)。
清・徐珂,《清稗類鈔》(北京:中華書局,1984)。
清・徐潤,《上海雜記》(《北京圖書館藏珍本年譜叢刊》第 175 冊,北京:北京圖書館出版社,1999)。
清・徐潤,《徐愚齋自敘年譜》(《北京圖書館藏珍本年譜叢刊》第 175 冊)。
清・崑岡等修,清・劉啟端等纂,《(光緒)欽定大清會典事例》(《續修四庫全書》第 798-814 冊)。
清・梁章鉅著,陳居淵校點,《制義叢話》(上海:上海書店出版社,2001)。
清・乾隆五年敕編,《世宗憲皇帝聖訓》(《景印文淵閣四庫全書》第 412 冊)。
清・掃葉山房編,《掃葉山房書籍發兌》(徐蜀、宋安莉編,《中國近代古籍出版發行史料叢刊》第 22 冊)。
清・許應鑅,《(光緒)撫州府志》(清光緒二年刊本)。
清・張廷玉等,《明史》(北京:中華書局,1974)。
清・張春帆,《九尾龜》(《古本禁燬小說文庫》(北京:中國戲劇出版社,2000)。
清・賀長齡編,《皇朝經世文編》(《近代中國史料叢刊》第 731 種,臺

北：文海出版社，1972）。
清・黃宗羲編，《明文海》（《景印文淵閣四庫全書》第 1453-1458 冊）。
清・黃宗羲著，吳光整理，《黃宗羲南雷雜著稿真跡》（杭州：浙江古籍出版社，1987）。
清・黃協塤，《淞南夢影錄》（《中國稀見地方史料集成》第 18 冊，北京：學苑出版社，2010）。
清・黃虞稷，《千頃堂書目》（《叢書集成續編》第 67 冊，上海：上海書店出版社，1994）。
清・嵇璜、曹仁虎等奉敕撰，《欽定續文獻通考》（《景印文淵閣四庫全書》第 630 冊）。
清・葉德輝，《書林清話》（北京：北京燕山出版社，1999）。
清・葉夢珠，《閱世編》（上海：上海古籍出版社，1981）。
清・葛士濬編，《皇朝經世文續編》（《近代中國史料叢刊》第 75 輯第 741 種。)
清・楊守敬，《日本訪書志補》（《續修四庫全書》第 930 冊）。
清・蔡澄，《雞窗叢話》（《筆記小說大觀》第 39 編第 6 冊，臺北：新興書局，1986）。
清・蔡爾康，《申報館書目》（《中國近代古籍出版發行史料叢刊》第 10 冊）。
清・實錄館修纂，中國第一歷史檔案館等整理，《清實錄》（北京：中華書局，1987）。
清・臧志仁，《四書人物類典串珠》（《中國稀見史料》第 24-26 冊，廈門：廈門大學出版社，2007）。
清・趙弘恩等編纂，《江南通志》（《景印文淵閣四庫全書》第 507-512 冊）。
清・趙爾巽等撰，清史稿校註編纂小組編纂，《清史稿校註》（臺北：國史館，1986）。
清・鄭敷教，《鄭桐庵筆記補逸》（《叢書集成》第 95 冊，上海：上海書店出版社，1994）。
清・劉大鵬遺著，喬志強標註，《退想齋日記》（太原：山西人民出版

社，1990）。
清・劉禺生，《世載堂雜憶》（北京：中華書局，1960）。
清・龍文彬撰，《明會要》（《續修四庫全書》第793冊）。
清・錢大昕，《補元史藝文志》（上海：商務印書館，1937）。
清・錢曾，《讀書敏求記》（《續修四庫全書》第923冊）。
清・閻其淵，《四書典制類聯音註》（清嘉慶元年善成堂刊本）。
清・謝旻等監修，《江西通誌》（《景印文淵閣四庫全書》第515冊）。
清・黎烑臥讀生輯，《繪圖上海雜誌》（《中國稀見地方史料集成》第18冊）。
清・黎烑舊主編，《新輯上海彝場景緻記》（《中國稀見地方史料集成》第18冊）。
清・顧廣圻，《思適齋集》（《春暉堂叢書》，上海徐氏校刊，1849）。
清・顧炎武，《亭林文集》（《續修四庫全書》第1402冊）。
清・顧炎武，《原抄本顧亭林日知錄》（臺北：文史哲出版社，1979）。
清・龔自珍，《龔自珍全集》（上海：上海人民出版社，1975）。
民國・千頃堂書局編，《千頃堂書局圖書目錄》（徐蜀、宋安莉編，《中國近代古籍出版發行史料叢刊》第5冊）。
民國・包天笑，《釧影樓回憶錄》（香港：大華出版社，1971）。
民國・吳馨、江家嵋修，《上海縣誌》（《中國地方誌集成・上海府縣誌》第4冊，上海：上海書店出版社，1991）。
民國・楊昌濟，《達化齋日記》（長沙：湖南人民出版社，1978）。

二、近人論著

丁原基，《清代康雍乾三朝禁書原因之研究》（臺北：華正書局有限公司，1983）。
《上海出版志》編纂委員會編，《上海出版志》（上海：上海社會科學院出版社，2000）。
上海市文史館、上海市人民政府參事室文史資料工作委員會編，《上海地方史資料（四）》（上海：上海社會科學院出版社，1986）。

上海市地方誌辦公室編著,《上海名街誌》(上海:上海社會科學院出版社,2004)。

上海新四軍歷史研究會印刷印鈔分會編,《中國印刷史料選輯之三:歷代刻書概況》(北京:印刷工業出版社,1991)。

上海新四軍歷史研究會印刷印鈔分會編,《中國印刷史料選輯之四:裝訂源流和補遺》(北京:中國書籍出版社,1993)。

于伯銘,〈同文書局〉,《歷史教學》1982年第8期,頁47-48。

王戎笙主編,《中國考試史文獻集成》(北京:高等教育出版社,2003)。

王建輝,《出版與近代文明》(開封:河南大學出版社,2006)。

王重民,《中國善本書提要》(上海:上海古籍出版社,1983)。

王彬主編,《清代禁書總述》(北京:中國書店,1999)。

王道成,《科舉史話》(北京:中華書局,2004)。

王德昭,《清代科舉制度研究》(香港:中文大學出版社,1982)。

王爾敏,〈中國近代知識普及化傳播之圖說形式——點石齋畫報例〉,《中央研究院近代史研究所集刊》,第19期,1990年6月,頁135-172。

王爾敏、陳善偉編,《近代名人手劄真跡‧盛宣懷珍藏書牘初編》(香港:香港中文大學出版社,1987)。

王衛平,《明清時期江南地區的重商思潮》,《徐州師範大學學報(哲學社會科學版)》,2000年第2期,頁71-74。

王樨,《郵政》(《萬有文庫》,上海:商務印書館,1929)。

文娟,《結緣與流變——申報館與中國近代小說》(桂林:廣西師範大學出版社,2009)。

中國科學院圖書館整理,《續修四庫全書總目提要‧經部》(北京:中華書局,1993)。

中國科學院圖書館整理,《續修四庫全書總目提要(稿本)》(濟南:齊魯書社,1996)。

卡特著,吳澤炎譯,《中國印刷術的發明和它的西傳》(北京:商務印書館,1991)。

甘鵬雲，《經學源流考》（臺北：維新書局，1983）。
邱怡瑄，《紀昀的試律詩學》（臺北：國立政治大學中國文學系碩士論文，2009）。
申報館編，《最近之五十季》（上海：申報館，1923）。
田建平，《元代出版史》（石家莊：河北人民出版社，2003）。
左建，〈同文書局與石印書局〉，《蘭臺世界》，2013 年 5 月上旬，頁 144。
朱有主編，《中國近代學制史料》（上海：華東師範大學出版社，1986）。
杜信孚、杜同書，《全明分省分縣刻書考》（北京：線裝書局，2001）。
谷向陽、劉太品，《對聯入門》（北京：中華書局，2007）。
何宗美，《明末清初文人結社研究》（天津：南開大學出版社，2003）。
李弘祺，《宋代官學教育與科舉》（臺北：聯經出版事業股份有限公司，2004）。
李占才主編，《中國鐵路史（1876-1949）》（汕頭：汕頭大學出版社，1994）。
李孝悌，〈走向世界，還是擁抱鄉野——觀看《點石齋畫報》的不同視野〉，《中國學術》，2002 年第 11 期，頁 287-293。
李孝悌，〈建立新事業：晚清的百科全書家〉，《中央研究院歷史語言研究所集刊》第 81 卷第 3 期（2010 年 9 月），頁 655-662，675-686。
李治安，《元代政治制度研究》（北京：人民出版社，2003）。
李國榮，〈清代科場夾帶作弊的防範措施〉，《中國考試》，2004 年第 7 期（2004 年 7 月），頁 35-37。
李焯然，《丘濬評傳》（南京：南京大學出版社，2005）。
李新宇，《元代辭賦研究》（北京：中國社會科學出版社，2008）。
李幹，《元代社會經濟史稿》（武漢：湖北人民出版社，1985）。
李鳳萍，《晚明山人陳眉公研究》（臺北：東吳大學中國文學研究所碩士論文，1985）。
李學勤、呂文郁主編，《四庫大辭典》（長春：吉林大學出版社，1996）。

呂佳,《《申報》廣告設計風格演變探析》(蘇州:蘇州大學碩士學位論文,2009)。
邵志擇,〈《申報》第一任主筆蔣芷湘考略〉,《新聞與傳播研究》,第15卷第5期(2008年10月),頁55-61。
沈津,《美國哈佛大學哈佛燕京圖書館中文善本書志》(上海:上海辭書出版社,1999)。
宋軍,《申報的興衰》(上海:上海社會科學院出版社,1996)。
宋建昊,〈描潤本《古今圖書集成》述介〉,《文獻》,1997年第3期,頁255-260。
宋原放主編,《中國出版史料(古代部分)》(武漢:湖北教育出版社,2004)。
宋原放主編,《中國出版史料(近代部分)》(武漢:湖北教育出版社,2004)。
汪熙,〈關於買辦和買辦制度〉,《近代史研究》1980年第2期(1980年4月),頁171-216。
汪家熔,《中國出版通史・清代卷》(北京:中國書籍出版社,2008)。
巫仁恕,〈明代平民服飾的流行風尚與士大夫的反應〉,《新史學》第10卷3期(1999年),頁55-109。
吳永貴,《民國出版史》(福州:福建人民出版社,2011)。
吳永貴,〈論清末民營出版業的崛起及其意義〉,《陝西師範大學學報(哲學社會科學版)》,第37卷3期(2008年),頁80-84。
吳宗國,《唐代科舉考試研究》(瀋陽:遼寧大學出版社,1997)。
吳學文,〈《點石齋畫報》研究綜述〉,《文山師範高等專科學校學報》,第20卷第3期(2007年9月),頁56-58。
吳麗雯《清末民初石版印刷術傳入中國之發展及其影響》(新北市:淡江大學中文系碩士論文,1997)。
來新夏等,《中國近代圖書事業史》(上海:上海人民出版社,2000)。
官桂銓,〈明小說家余象斗及余氏刻小說戲曲〉,《文學遺產》增刊,第15輯(北京:中華書局,1983)。
林麗月,〈晚明「崇奢」思想隅論〉,《國立臺灣師範大學歷史學報》第

19 期（1991 年），頁 215-234。
林麗月，〈衣裳與風教：晚明的服飾風尚與「服妖」議論〉，《新史學》，第 10 卷第 3 期（1999 年 9 月），頁 111-157。
屈萬里，《普林斯頓大學葛思德東方圖書館中文善本書志》（《屈萬里全集》第 12 冊，臺北：聯經出版事業公司，1984）。
周心慧主編，《明代版刻圖釋》（北京：學苑出版社，1998）。
周彥文，〈論歷代書目中的制舉類書籍〉，《書目季刊》第 31 卷第 1 期（1997 年），頁 1-13。
周振鶴，《知者不言》（北京：三聯書店，2008）。
周振鶴，《晚清營業書目》（上海：上海書店出版社，2005）。
故宮博物院圖書館、遼寧省圖書館編，《清代內府刻書目錄解題》（北京：紫禁城出版社，1995）。
侯美珍，〈明清科舉八股小題文研究〉，《臺大中文學報》，第 25 期（2006 年 12 月），頁 153-198。
侯美珍〈明清科舉取士「重首場」現象的探討〉，《臺大中文學報》，第 23 期（2005 年 12 月），頁 323-368。
胡玉縉，《四庫提要補正》（臺北：中國辭典館復館籌辦處，1967）。
胡波，《香山買辦與近代中國》（廣州：廣東人民出版社，2007）。
胡奇光，《中國文禍史》（上海：上海人民出版社，1993）。
胡道靜，《中國古代的類書》（北京：中華書局，1982）。
紀德君，〈明代「通鑑」類史書之普及與通俗歷史教育之風行〉，《中國文化研究》2004 年春之卷（2004 年），頁 111-116。
姜公韜，《王弇州的生平與著述》（臺北：國立臺灣大學文學院，1974）。
香港中文大學中國文化研究所文物館、香港中文大學歷史系編，《買辦與近代中國》（香港：三聯書店，2009）。
姚公鶴，《上海閒話》（上海：上海古籍出版社，1989）。
姚覲光輯，《清代禁毀書目四種》（《萬有文庫》第 2 集第 7 冊，上海：商務印書館，1934）。
俞月亭，〈我國畫報的始祖──《點石齋畫報》初探〉，《新聞研究資

料》,1981年第5輯（1981年10月）,頁149-181。

祝尚書,《宋代科舉與文學考論》（鄭州：大象出版社,2006）。

祝尚書,〈論宋元時期的文章學〉,《四川大學學報（哲學社會科學版）》2006年第2期（2006年4月）,頁100-102,107。

陳力,《中國圖書史》（臺北：文津出版社,1996）。

陳平原,〈新聞與石印——《點石齋畫報》之成立〉,《開放時代》,2000年第7期（2000年7月）,頁60-66。

陳平原編,《點時齋畫報選》（貴陽：貴州教育出版社,2000）。

陳平原、夏曉虹編注,《圖像晚清》（天津：百花文藝出版社,2001）。

陳平原、王德威、商偉編,《晚明與晚清：歷史傳承與文化創新》（武漢：湖北教育出版社,2002）。

陳正宏、談蓓芳,《中國禁書簡史》（上海：學林出版社,2004）。

陳伯熙,《上海軼事大觀》（上海：上海書店出版社,2000）。

陳紅彥,《元本》（南京：江蘇古籍出版社,2002）。

陳鼓應、辛冠潔、葛榮晉主編,《明清實學簡史》（北京：社會科學文獻出版社,1994）。

高信成,《中國圖書發行史》（上海：復旦大學出版社,2005）。

高時良編,《中國近代教育史資料彙編》（上海：上海教育出版社,1992）。

郭姿吟,《明代書籍出版研究》（臺南：國立成功大學歷史研究所碩士論文,2002）。

陸費逵〈六十年中國之出版業與印刷業〉,《申報月刊》第1卷第1期（1932年）,頁13-18。

陸德海,〈從御選文章看康、乾官方文章思想的轉變〉,《四川大學學報（哲學社會科學版）》,2010年第4期（2010年7月）,頁84-85。

容肇祖,《明代思想史》（上海：開明書店,1941）。

孫琴安,《中國評點文學史》（上海：上海社會科學院出版社,1999）。

孫楷第,《中國通俗小說書目》（北京：作家出版社,1957）。

孫衛國,《王世貞史學研究》（北京：人民文學出版社,2006）。

唐力行,《商人與中國近世社會》（北京：商務印書館,2003）。

翁連溪編校，《中國古籍善本總目》（北京：線裝書局，2005）。
徐林，《明代中晚期江南士人社會交往研究》（長春：東北師範大學博士學位論文，2002）。
徐載平、徐瑞芳，《清末四十年申報史料》（北京：新華出版社，1988）。
夏咸淳，〈《唐宋八大家文鈔》與明代唐宋派〉，《天府新論》2002 年第 3 期，頁 81-89。
夏東元編著，《盛宣懷年譜長編》（上海：上海交通大學出版社，2004）。
殷秀成，《中西文化踫撞與融合背景下的傳播圖景：〈點石齋畫報〉研究》（長沙：湖南師範大學新聞學碩士論文，2009）。
曹之，《中國印刷術的起源》（武漢：武漢大學出版社，1994）。
曹紅軍，《康雍乾三朝中央機構刻印書研究》（南京：南京師範大學中國古典文獻學博士學位論文，2006）。
國立編譯館編，《新集四書注解群書提要》（臺北：華泰文化事業公司，2000）。
戚志芬，《中國的類書、政書和叢書》（北京：商務印書館，1996）。
戚福康，《中國古代書坊研究》（北京：商務印書館，2007）。
商衍鎏著，商志㘩校注，《清代科舉考試述錄及有關著作》（天津：百花文藝出版社，2004）。
章清，〈晚清西學彙編與本土回應〉，《復旦學報（社會科學版）》，2009 年 6 期，頁 48-57。
章清，〈「策問」與科舉體制下對「西學」的接引──以《中外策論大觀》為中心〉，《中央研究院近代研究所集刊》，第 58 期（2007 年 12 月），頁 53-103。
張中曉著，路莘整理，《無夢樓隨筆》（上海：上海遠東出版社，1996）。
張世虹，《晚清買辦與實業家徐潤研究》（廣州：暨南大學博士論文，2005）。
張仲民，《出版與文化政治：晚清的衛生書籍研究》（上海：上海書店出

版社，2009）。
張仲禮著，李榮昌譯，《中國紳士──關於其在 19 世紀中國社會中作用的研究》（上海：上海社會科學院出版社，1991）。
張仲禮、熊月之、沈祖煒主編，《中國近代城市發展與社會經濟》（上海：上海社會科學院出版社，1999）。
張秀民，《中國印刷史》（上海：上海人民出版社，1989）。
張秀民，《張秀民印刷史論文集》（北京：印刷工業出版社，1988）。
張連銀，《明代鄉試、會試試卷研究》（蘭州：西北師範大學文學院碩士論文，2004）。
張海鵬，張海瀛主編，《中國十大商幫》（合肥：黃山書社，1993）。
張智華，〈謝枋得《文章軌範》版本述略〉，《安徽師範大學學報》（人文社會科學版）第 28 卷 1 期（2002 年），頁 97-100。
張滌華，《類書流別》（北京：商務印書館，1985）。
張璉，《明代中央政府刻書研究》（臺北：中國文化大學史學研究所碩士論文，1983）。
張獻忠，《從精英文化到大眾傳播：明代商業出版研究》（桂林：廣西師範大學出版社，2015）。
張靜廬輯注，《中國近現代出版史料》（上海：上海書店出版社，2003）。
張樹棟、龐多益、鄭如斯，《簡明中華印刷通史》（桂林：廣西師範大學出版社，2004）。
程麗紅，《清代報人研究》（北京：社會科學文獻出版社，2008）。
傅璇琮，《唐代科舉與文學》（西安：陝西人民出版社，2003）。
黃仁生，《日本稀見元明文集考證與提要》（長沙：岳麓書社，2004）。
黃克武，〈經世文編與中國近代經世思想研究〉，《近代中國史研究通訊》，第 2 期（1986 年 9 月），頁 83-96。
黃林，《晚清新政時期圖書出版業研究》（長沙：湖南大學出版社，2007）。
黃超、向安強，〈清朝科舉考試舞弊要案的計量歷史學分析〉，《廣東教育學院學報》，第 30 卷第 1 期（2010 年 2 月），頁 97-103。

黃孟紅，《從點石齋畫報看清末婦女的生活形態》（南投：暨南國際大學歷史研究所碩士論文，2002）。

彭信威，《中國貨幣史》（上海：上海人民出版社，1958）。

尊經閣文庫編，《尊經閣文庫漢籍分類目錄》（東京：秀英舍，1934）。

董治安，夏傳才主編，《詩經要籍提要》（北京：學苑出版社，2003）。

賈志揚（John Chaffee），《宋代科舉》（臺北：東大圖書公司，1995）。

裴丹青，《從〈點石齋畫報〉看晚清社會文化的變遷》（開封：河南大學碩士論文，2005）。

裴芹，〈《古今圖書集成》同文版小考〉，《內蒙古民族師院學報（哲社版）》，1992年第4期，頁76-77。

楊玉良，〈清代中央官刻圖書綜述〉，《故宮博物院院刊》，第2期（1995年5月），頁51-56。

楊淑媛，〈明末復社之研究〉，《史苑》第50期（1990），頁53-73。

楊麗瑩，《清末民初的石印術與石印本研究：以上海地區為中心》（上海：上海古籍出版社，2018）。

楊麗瑩，《掃葉山房史研究》（上海：復旦大學中國古典文獻學博士論文，2005）。

楊麗霞，〈試論近代買辦的社會地位〉，《銅仁學院學報》第1卷第2期（2007），頁10-13。

葉再生，《中國近代現代出版通史》（北京：華文出版社，2002）。

鄧嗣禹編，《燕京大學圖書館目錄初稿・類書之部》（北京：燕京大學圖書館，1935）。

熊月之主編，《上海通史》（上海：上海人民出版社，1999）。

熊月之主編，《晚清新學書目提要》（上海：上海世紀出版社，2007）。

趙含坤，《中國類書》（石家莊：河北人民出版社，2005）。

鄭欽仁教授榮退紀念論文集編輯委員會編，《鄭欽仁教授榮退紀念論文集》（臺北：稻鄉出版社，1999）。

鄭振鐸，《西諦書話》（香港：三聯書店，1983）。

蔡盛琦，〈清末點石齋石印書局的興衰〉，《國史館學術集刊》第1期（2001年），頁1-30。

蔡惠如,《宋代杭州地區圖書出版事業研究》(臺北:國立臺灣大學圖書資訊學研究所碩士學位論文,1998)。

黎志剛,《中國近代的國家與市場》(香港:香港教育圖書公司,2003)。

劉家璧編訂,《中國圖書史資料集》(香港:龍門書店,1974)。

劉海峰編,《二十世紀科舉研究論文選編》(武漢:武漢大學出版社,2009)。

劉海峰,〈「策學」與科舉學〉,《教育學報》,第 5 卷第 6 期(2009 年 12 月),頁 114-123。

劉祥光,〈印刷與考試:宋代考試用參考書初探〉,《國立政治大學歷史學報》第 17 期(2000 年),頁 57-90。

劉廣京,〈一八八三年上海金融風潮〉,《復旦學報(社會科學版)》1983 年第 3 期,頁 94-102。

劉龍心,〈從科舉到學堂——策論與晚清的知識轉型(1901-1905)〉,《中央研究院近代研究所集刊》,第 58 期(2007 年 12 月),頁 105-139。

潘峰,《明代八股論評試探》(上海:復旦大學博士學位論文,2003)。

錢茂偉,《明代史學的歷程:以明代為中心的考察》(北京:社會科學文獻出版社,2003)。

蕭啟慶,《元代的族群文化與科舉》(臺北:聯經出版事業股份有限公司,2008)。

韓大成,《明代城市研究》(北京:中國人民出版社,1991)。

繆詠禾,《明代出版史稿》(南京:江蘇人民出版社,2000)。

謝水順、李珽,《福建古代刻書》(福州:福建人民出版社,2001)。

謝國楨,《明清之際黨社運動考》(北京:中華書局,1982)。

謝菁菁,〈《點石齋畫報》研究的三個階段及其學術史意義〉,《江西社會科學》,2010 年 10 期(2010 年 10 月),頁 213-219。

謝無量,〈王韜——清末變法論之首創者及中國報導文學之先驅者〉,《教學與研究》,1958 年第 3 期,頁 37-42。

鍾少華,《人類知識的新工具:中日近代百科全書研究》(北京:北京圖

書館出版社,1996)。

鐘毓龍,《科場回憶記》(杭州:浙江古籍出版社,1987)。

魏秀梅,〈從量的觀察探討清季學政的人事嬗遞〉,《中央研究院近代史研究所集刊》,第5期(1976年6月),頁93-119。

鄢國義,〈近代海派新聞畫家吳友如史事考〉,《安徽大學學報(哲學社會科學版)》,2013年第1期,2013年1月,頁96-104。

羅樹寶,《中國古代印刷史》(北京:印刷工業出版社,1993)。

羅炳綿,〈晚清商人習尚的變化及其他——讀徐愚齋自敘年譜〉,《食貨月刊》,第7卷1、2期(1977年),頁74-81。

蘇全有、岳曉傑,〈對《點石齋畫報》研究的回顧與反思〉,《重慶交通大學學報(社科版)》,第11卷3期(2011年6月),頁94-100。

嚴文郁,《中國書籍簡史》(臺北:臺灣商務印書館,1999)。

顧志興,《浙江出版史研究:中唐五代兩宋時期》(杭州:浙江人民出版社,1991)。

龔來國,《清「經世文編」研究:以編纂學為中心》(上海:復旦大學博士學位論文,2004)。

龔延明、高明揚,〈清代科舉八股文的衡文標準〉,《中國社會科學》,2005年第4期(2005年7月),頁183-186。

龔篤清,《明代八股文史探》(長沙:湖南人民出版社,2005)。

龔篤清,《八股文鑑賞》(長沙:岳麓書社,2006)。

Akin, Alexander. *East Asian cartographic print culture: the late Ming publishing boom and its trans-regional connections*. Amsterdam: Amsterdam University Press, 2021.

Britton, Roswell S. *The Chinese Periodical Press, 1800-1912*. Shanghai, Kelly & Walsh Limited, 1933. Reprinted Taipei: Ch'eng-wen Publishing, 1966.

Brokaw, Cynthia J. 1996. "Commercial Publishing in Late Imperial China: The Zou and Ma Family Businesses of Sibao, Fujian." *Late Imperial China* 17.1:49-92.

Brokaw, Cynthia and Christopher A. Reed, ed. 2010. *From Woodblocks to the Internet: Chinese Publishing and Print Culture in Transition, circa 1800*

to 2008. Leiden; Boston: Brill.
Brokaw, Cynthia and Chow Kai-Wing, ed., *Printing and Book Culture in Late Imperial China.* Berkeley: University of California Press, 2005.
Chow, Kai-wing. *Publishing, Culture, and Power in Early Modern China.* Stanford, Calif.: Stanford University Press, 2004.
Cohn, Don J., ed. *Vignettes from the Chinese: Lithographs from Shanghai in the Late Nineteenth Century.* Hong Kong: Research Centre for Translation, Chinese University of Hong Kong, 1987.
Culp, Robert Joseph. *The power of print in modern China: intellectuals and industrial publishing from the end of empire.* New York: Columbia University Press, 2019.
Elman, Benjamin A. and Alexander Woodside, ed. *Education and Society in Late Imperial China, 1600-1900.* Berkeley: University of California Press, 1994.
Elman, Benjamin A. *A Cultural History of Civil Examinations in Late Imperial China.* Berkeley: University of California Press, 2000.
Hao, Yen-p'ing. 1970. *The Comprador in Nineteenth Century China: Bridge Between East and West.* Cambridge: Harvard University Press.
Hao, Yen-p'ing. 1986. *The Commercial Revolution in Nineteenth-century China: the Rise of Sino-Western Mercantile Capitalism.* Berkeley: University of California Press.
Harrison, Henrietta. *The Man Awakened from Dreams: One Man's Life in North China Village, 1857-1942.* Stanford, Calif.: Stanford University Press, 2005.
North China Herald Office. 1850-1940. *North China Herald.* Shanghai, China: North China Herald.
Reed, Christopher A. Reed. 2004. *Gutenberg in Shanghai: Chinese Print Capitalism, 1876-1937.* Vancouver, B.C.: University of British Columbia Press.
Typograhus Sinensis. 1834. "Estimate of the proportionate expense of

Xylography, Lithography, and Typography, as applied to Chinese printing; view of the advantages and disadvantages." *Chinese Repository* 3 (1834): 246-252.

Wagner, Rudolf G. ed. *Joining the Global Public: Words, Images, and City in Early Chinese Newspapers, 1870-1910*. Albany, NY: State University of New York Press, 2007.

Ye Xiaoqing. 2003. *The Dianshizhai Pictorial: Shanghai Urban Life 1884-1898*. Ann Arbor, Mich.: Center for Chinese Studies, University of Michigan.

後　記

　　本書是筆者研究坊刻舉業用書的成果，由八篇文章組成。除〈坊刻舉業用書的淵源〉外，其他文章曾發表在港、臺的學術期刊上：〈元代坊刻舉業用書的生產活動〉發表在《書目季刊》（第44卷第2期，2010年9月）、〈明代坊刻舉業用書出版的沉寂與復興的考察〉發表在《書目季刊》（第41卷第4期，2008年3月）、〈明中晚期坊刻舉業用書的出版及朝野人士的反應〉發表在《漢學研究》（第27卷第1期，2009年3月）、〈清代坊刻舉業用書的影響與朝廷的回應〉發表在《中國文化研究所學報》（第54期，2012年1月）、〈清代坊刻四書舉業用書的生產活動〉發表在《漢學研究》（第30卷第3期，2012年9月）、〈晚清石印舉業用書的生產與流通：以1880-1905年的上海民營石印書局為中心的考察〉發表在《中國文化研究所學報》（第57期，2013年7月）、〈點石齋石印書局及其舉業用書的生產活動〉發表在《故宮學術季刊》（第31卷第2期，2013年12月）、附錄的〈晚清同文書局的興衰起落與經營方略〉發表在《漢學研究》（第33卷第1期，2015年3月）。其中有關元代和清代坊刻舉業用書的幾篇文章，進一步實現了筆者在博士論文答辯時對明中葉坊刻舉業用書研究的承諾，拓展了對元、清兩朝坊刻舉業用書的研究。本書也期望成為二〇〇九年出版的《舉業

津梁：明中葉以後坊刻制舉用書的生產與流通》的姐妹篇，總結筆者在這個研究領域的成果，並為相關研究者提供便利的參考資料。

本書稿的完成，要感謝以下的人。

首先是感謝二〇〇二年在新加坡國立大學中文系退休，目前在文萊大學亞洲研究所擔任資深教授的李焯然教授。李教授在我完成碩士學位後，又鼓勵我繼續攻讀博士學位。李教授在這多年來求學期間給我在方向的指引、疑惑的解答、錯誤的糾正，令我獲益匪淺，終身受益。這部書的出版，可視為贈予李教授的一份遲來的榮休禮物。

內人秀琳的支持與諒解允許我在後顧無憂的情況下投入學術研究，以及完成此書的修訂和補充工作。

學生書局編輯陳蕙文老師百忙之中為此書的出版工作付出辛勞，在此一併致謝。

本書一些篇章曾得到臺灣學生書局《書目季刊》、臺灣國家圖書館漢學研究中心《漢學研究》、香港中文大學《中國文化研究所學報》、臺灣故宮博物院《故宮學術季刊》等刊物編委和審稿人的賞識，允許我先發表若干研究心得，也謹在此表達我誠摯的謝意。

自知個人的識見和學養有限，本書難免有疏漏和未盡完善之處，敬希讀書不吝指正。

國家圖書館出版品預行編目資料

再論舉業津梁：坊刻舉業用書的淵源與發展

沈俊平著. – 初版. – 臺北市：臺灣學生，2024.08
面；公分

ISBN 978-957-15-1948-7 (平裝)

1. 書業 2. 書史 3. 中國

487.7092　　　　　　　　　　　　　　113008511

再論舉業津梁：坊刻舉業用書的淵源與發展

著 作 者	沈俊平
出 版 者	臺灣學生書局有限公司
發 行 人	楊雲龍
發 行 所	臺灣學生書局有限公司
地 　　址	臺北市和平東路一段 75 巷 11 號
劃撥帳號	00024668
電 　　話	(02)23928185
傳 　　眞	(02)23928105
E - m a i l	student.book@msa.hinet.net
網 　　址	www.studentbook.com.tw
登記證字號	行政院新聞局局版北市業字第玖捌壹號
定 　　價	新臺幣五〇〇元
出版日期	二〇二四年八月初版
I S B N	978-957-15-1948-7

48702　　　　　有著作權・侵害必究